技能应用速成系列

Fluent 2020 流体计算从入门到精通
（升级版）

凌桂龙　编著

电子工业出版社
Publishing House of Electronics Industry
北京·BEIJING

内 容 简 介

Fluent 软件是目前国际上比较流行的商业 CFD 软件,只要涉及流体、热传递及化学反应等工程的问题,都可以用 Fluent 来进行求解。

本书分三个部分共 18 章,由浅入深地讲解了 Fluent 仿真计算的各种功能。第一部分为基础知识(第 1~6 章),包括流体力学和计算流体力学基础 Fluent 简介、网格、计算设置、计算结果后处理等功能介绍;第二部分为功能应用(第 7~11 章),针对 Fluent 的具体物理模型给出了相应的案例,包括动网格模型、组分传输与燃烧模型、多孔介质模型、多相流模型和离散相模型的数值模拟等;第三部分为行业应用(第 12~18 章),针对多个行业中用 Fluent 可以解决的流体仿真计算问题进行详细的讲解,涉及建筑、机械、航空航天、水利海洋、汽车、能源化工和电器等相关行业工程中的应用。

本书结构严谨、条理清晰、重点突出,非常适合 Fluent 的初中级读者学习,既可作为高等院校理工科相关专业的教材,也可作为相关行业工程技术人员及相关培训机构教师和学员的参考书。

未经许可,不得以任何方式复制或抄袭本书之部分或全部内容。
版权所有,侵权必究。

图书在版编目(CIP)数据

Fluent 2020 流体计算从入门到精通:升级版 / 凌桂龙编著. —北京:电子工业出版社,2021.5
(技能应用速成系列)
ISBN 978-7-121-41074-1

Ⅰ.①F… Ⅱ.①凌… Ⅲ.①流体力学-工程力学-计算机仿真-应用软件 Ⅳ.①TB126-39

中国版本图书馆 CIP 数据核字(2021)第 075792 号

责任编辑:许存权
印　　刷:三河市鑫金马印装有限公司
装　　订:三河市鑫金马印装有限公司
出版发行:电子工业出版社
　　　　　北京市海淀区万寿路 173 信箱　邮编 100036
开　　本:787×1 092　1/16　印张:32.25　字数:826 千字
版　　次:2021 年 5 月第 1 版
印　　次:2021 年 5 月第 1 次印刷
定　　价:89.00 元

凡所购买电子工业出版社图书有缺损问题,请向购买书店调换。若书店售缺,请与本社发行部联系,联系及邮购电话:(010)88254888,88258888。
质量投诉请发邮件至 zlts@phei.com.cn,盗版侵权举报请发邮件至 dbqq@phei.com.cn。
本书咨询联系方式:(010)88254484,xucq@phei.com.cn。

Fluent 具有丰富的物理模型、先进的数值计算方法和强大的前后处理功能,在航空航天、汽车设计、石油天然气、涡轮机设计等方面有着广泛的应用。例如,在石油天然气工业中的应用就包括燃烧、井下分析、喷射控制、环境分析、油气消散/聚集、多相流、管道流动等。

Fluent 可计算的物理问题包括可压与不可压流体、耦合传热、热辐射、多相流、粒子输送过程、化学反应和燃烧问题。还拥有诸如气蚀、凝固、沸腾、多孔介质、相间传质、非牛顿流、喷雾干燥、动静干涉、真实气体等大批复杂现象的使用模型。

本书以最新的 Fluent 2020 版本进行编写,该版本较以前的版本在性能方面有一定的改善,改进了以前版本中一些不足的地方。

本书特点

- 详略得当。本书在编写过程中遵循的原则是将编者十多年的 CFD 经验结合 Fluent 软件的各项功能,从点到面,对基础知识进行详细的讲解。
- 信息量大。本书包含的内容全面,读者在学习的过程中不应只关注细节,还应从整体出发,了解 CFD 的分析流程,需要关注它包括什么内容。
- 结构清晰。本书结构清晰、由浅入深,从结构上主要分为基础知识、功能应用和行业应用三大类,在讲解基础知识的过程中穿插实例讲解,在介绍综合应用的过程中也同步回顾重点基础知识。

本书内容

本书基于 Fluent 2020 版本编写而成,分为三部分:第一部分为基础知识;第二部分为功能应用,是根据 Fluent 相关计算模型而编写的计算实例;第三部分为行业应用,是根据 Fluent 的应用领域而编写的计算实例。通过以上三个部分的介绍,可使读者对 Fluent 软件有充分的认识和理解,从而快速掌握新版本软件的应用。

第一部分:**基础知识**。主要介绍计算流体力学的理论知识和 Fluent 的基本操作及后处理的相关知识。内容涉及流体力学的发展、流体力学的基本物理定律、CFD 商业软件及其各自的特点、网格划分技术、Fluent 软件的求解过程和后处理等相关知识。

第 1 章　流体力学基础　　　　第 2 章　计算流体力学基础
第 3 章　Fluent 简介　　　　　第 4 章　生成网格
第 5 章　计算设置　　　　　　第 6 章　计算结果后处理

第二部分:**功能应用**。根据 Fluent 软件的功能而专门定制算例,主要从 Fluent 求解的实际物理问题入手,给出其具体模型的计算算例。主要模型包括动网格模型、组分传输与燃烧模型、多孔介质模型、多相流模型及离散相模型,在讲解过程中,各个模型并不是相互孤立的,而是相互穿插的,如动网格模型的算例中还包括两相流模型及传热模型。

第 7 章　动网格问题的数值模拟　　　第 8 章　组分传输与燃烧
第 9 章　多孔介质数值模拟　　　　　第 10 章　多相流模型
第 11 章　离散相的数值模拟

第三部分：行业应用。通过具体的行业实例来讲解 Fluent 软件的应用,主要内容包括 Fluent 软件在建筑、机械、航空航天、水利海洋、汽车、能源化工和电器等相关行业工程中的应用。

第 12 章　建筑行业中的应用　　　　　第 13 章　机械行业中的应用
第 14 章　航空航天行业中的应用　　　第 15 章　水利海洋工程中的应用
第 16 章　汽车行业中的应用　　　　　第 17 章　能源化工行业中的应用
第 18 章　电器行业中的应用

本书配套资源包括书中所有案例的源文件,请加 QQ 群 3966529 获取,或在华信教育资源网(www.hxedu.com.cn)免费注册后下载,也可以从百度网盘中获取(链接地址：https://pan.baidu.com/s/1KugLQNw4DiyfGftSiPka_w,提取码：fhw3),读者可以使用 Fluent 软件打开相应的源文件,根据本书的介绍进行学习。

读者对象

本书适合 Fluent 初学者和期望提高利用 Fluent 进行流体仿真分析计算能力的读者,具体包括如下人员。

★ 相关作业从业人员　　　　　　★ Fluent 的初中级读者
★ 高等院校理工科相关专业的学生　★ 相关培训机构的教师和学员

本书作者

本书主要由凌桂龙编写,虽然作者在编写过程中力求叙述准确、完善,但由于水平有限,书中欠妥之处,请读者及各位同行批评指正,在此表示诚挚的谢意。

读者服务

为了方便解决本书读者的疑难问题,读者在学习过程中如遇到与本书有关的技术问题,可以发邮件到 caxbook@126.com,或访问作者博客 http://blog.sina.com.cn/caxbook 并留言,也可以加 QQ 群(3966529)或微信公众号进行交流,我们会尽快给予解答,竭诚为读者服务。

(微信服务公众号)

编著者

目 录

第一部分 基础知识

第1章 流体力学基础 … 2
- 1.1 基本概念 … 3
- 1.2 流体流动的分类 … 6
- 1.3 边界层和物体阻力 … 6
- 1.4 层流和湍流 … 8
- 1.5 流体流动的控制方程 … 8
- 1.6 边界条件 … 9
- 1.7 流体力学专业词汇 … 11
- 1.8 本章小结 … 13

第2章 计算流体力学基础 … 14
- 2.1 计算流体力学的发展 … 15
- 2.2 计算流体力学的求解过程 … 16
- 2.3 数值模拟方法和分类 … 16
- 2.4 有限体积法的基本思想 … 18
- 2.5 有限体积法的求解方法 … 19
- 2.6 计算流体力学应用领域 … 21
- 2.7 本章小结 … 21

第3章 Fluent 简介 … 22
- 3.1 Fluent 概述 … 23
- 3.2 Fluent 的软件结构 … 23
  - 3.2.1 Fluent 启动 … 24
  - 3.2.2 Fluent 用户界面 … 26
  - 3.2.3 Fluent 文件的读入与输出 … 27
- 3.3 Fluent 软件特点 … 31
- 3.4 Fluent 求解步骤 … 34
  - 3.4.1 制定分析方案 … 34
  - 3.4.2 求解步骤 … 35
- 3.5 Fluent 使用的文件类型 … 36
- 3.6 本章小结 … 36

第4章 生成网格 … 37
- 4.1 网格生成概述 … 38
  - 4.1.1 网格划分技术 … 38
  - 4.1.2 网格类型 … 38
- 4.2 ANSYS ICEM CFD 网格划分 … 39
  - 4.2.1 工作流程 … 40
  - 4.2.2 ICEM CFD 的文件类型 … 40
  - 4.2.3 ICEM CFD 的用户界面 … 41
  - 4.2.4 ANSYS ICEM CFD 基本用法 … 42
  - 4.2.5 ANSYS ICEM CFD 实例分析 … 69
- 4.3 Meshing 模式 … 81
  - 4.3.1 启动 Meshing 模式 … 81
  - 4.3.2 导入模型 … 82
  - 4.3.3 网格设置 … 83
  - 4.3.4 切换到 Solution 模式 … 85
- 4.4 GAMBIT 网格划分 … 85
  - 4.4.1 GAMBIT 生成网格的步骤 · 85
  - 4.4.2 GAMBIT 图形用户界面 … 87
  - 4.4.3 GAMBIT 菜单命令 … 88
  - 4.4.4 几何建模 … 89
  - 4.4.5 网格划分 … 91
  - 4.4.6 设定区域类型 … 93

4.5 本章小结 …………………………… 96

第5章 计算设置 …………………………… 97

5.1 网格导入与工程项目保存 …………… 98
 5.1.1 启动 Fluent ………………… 98
 5.1.2 网格导入 …………………… 99
 5.1.3 网格质量检查 ……………… 99
 5.1.4 显示网格 …………………… 100
 5.1.5 修改网格 …………………… 101
 5.1.6 光顺网格与交换单元面 … 104
 5.1.7 项目保存 …………………… 105
5.2 设置求解器及操作条件 …………… 105
 5.2.1 求解器设置 ………………… 106
 5.2.2 操作条件设置 ……………… 107
5.3 物理模型设定 ……………………… 108
 5.3.1 多相流模型 ………………… 108
 5.3.2 能量方程 …………………… 110
 5.3.3 湍流模型 …………………… 110
 5.3.4 辐射模型 …………………… 113
 5.3.5 组分输运和反应模型 …… 115
 5.3.6 离散项模型 ………………… 116
 5.3.7 凝固和熔化模型 …………… 117
 5.3.8 气动噪声模型 ……………… 118
5.4 材料性质设定 ……………………… 119
 5.4.1 物性参数 …………………… 119
 5.4.2 参数设定 …………………… 120
5.5 边界条件设定 ……………………… 122
 5.5.1 边界条件分类 ……………… 122
 5.5.2 边界条件设置 ……………… 123
 5.5.3 常用边界条件类型 ……… 125
5.6 求解控制参数设定 ………………… 141
 5.6.1 求解方法设置 ……………… 142
 5.6.2 松弛因子设置 ……………… 143
 5.6.3 求解极限设置 ……………… 144
5.7 初始条件设定 ……………………… 145
 5.7.1 定义全局初始条件 ……… 145
 5.7.2 定义局部区域初始值 …… 146
5.8 求解设定 …………………………… 147
 5.8.1 求解设置 …………………… 147
 5.8.2 求解过程监视 ……………… 148
5.9 本章小结 …………………………… 152

第6章 计算结果后处理 …………………… 153

6.1 Fluent 的后处理功能 ……………… 154
 6.1.1 创建表面 …………………… 154
 6.1.2 图形及可视化技术 ……… 155
 6.1.3 动画技术 …………………… 157
6.2 CFD-Post 后处理器 ………………… 158
 6.2.1 启动后处理器 ……………… 158
 6.2.2 工作界面 …………………… 159
 6.2.3 创建位置 …………………… 159
 6.2.4 创建对象 …………………… 169
 6.2.5 创建数据 …………………… 176
6.3 Tecplot 使用介绍 …………………… 177
 6.3.1 工作界面 …………………… 178
 6.3.2 Tecplot 数据格式 ………… 181
 6.3.3 Tecplot 基本操作 ………… 182
6.4 本章小结 …………………………… 184

第二部分 功能应用

第7章 动网格问题的数值模拟 ………… 186

7.1 动网格问题概述 …………………… 187
7.2 齿轮泵的动态模拟 ………………… 188
 7.2.1 案例简介 …………………… 188
 7.2.2 Fluent 求解计算设置 …… 188
 7.2.3 求解计算 …………………… 194
 7.2.4 计算结果后处理及分析 … 196
7.3 水波的动态模拟 …………………… 199
 7.3.1 案例简介 …………………… 199
 7.3.2 Fluent 求解计算设置 …… 199

    7.3.3　求解计算 …………… 205
    7.3.4　计算结果后处理及分析 ‥ 207
  7.4　钻头运动的动态模拟 ……… 208
    7.4.1　案例简介 …………… 208
    7.4.2　Fluent 求解计算设置 …… 208
    7.4.3　求解计算 …………… 213
    7.4.4　计算结果后处理及分析 ‥ 216
  7.5　本章小结 …………………… 217

第8章　组分传输与燃烧 ………… 218

  8.1　组分传输与燃烧概述 ……… 219
  8.2　爆炸燃烧的数值模拟 ……… 221
    8.2.1　案例简介 …………… 221
    8.2.2　Fluent 求解计算设置 …… 221
    8.2.3　求解计算 …………… 224
    8.2.4　计算结果后处理及分析 ‥ 227
  8.3　石油燃烧的数值模拟 ……… 228
    8.3.1　案例简介 …………… 228
    8.3.2　Fluent 求解计算设置 …… 229
    8.3.3　求解计算 …………… 237
    8.3.4　计算结果后处理及分析 ‥ 238
  8.4　燃气炉内燃烧的数值模拟 …… 240
    8.4.1　案例简介 …………… 240
    8.4.2　Fluent 求解计算设置 …… 240
    8.4.3　求解计算 …………… 246
    8.4.4　计算结果后处理及分析 ‥ 248
  8.5　壁面反应数值模拟 ………… 249
    8.5.1　案例简介 …………… 249
    8.5.2　Fluent 求解计算设置 …… 249
    8.5.3　求解计算 …………… 254
    8.5.4　计算结果后处理及分析 ‥ 256
  8.6　本章小结 …………………… 257

第9章　多孔介质数值模拟 ……… 258

  9.1　多孔介质模型概述 ………… 259
  9.2　多孔介质燃烧的数值模拟 …… 260
    9.2.1　案例简介 …………… 260
    9.2.2　Fluent 求解计算设置 …… 260
    9.2.3　求解计算 …………… 264
    9.2.4　计算结果后处理及分析 ‥ 266
  9.3　本章小结 …………………… 267

第10章　多相流模型 ……………… 268

  10.1　多相流模型概述 …………… 269
  10.2　气穴现象的数值模拟 ……… 271
    10.2.1　案例简介 …………… 271
    10.2.2　Fluent 求解计算设置 … 271
    10.2.3　求解计算 …………… 276
    10.2.4　计算结果后处理及分析 ‥ 278
  10.3　水中气泡破碎过程的数值
      模拟 ………………………… 279
    10.3.1　案例简介 …………… 279
    10.3.2　Fluent 求解计算设置 … 279
    10.3.3　求解计算 …………… 284
    10.3.4　计算结果后处理及分析 ‥ 288
  10.4　本章小结 …………………… 290

第11章　离散相的数值模拟 ……… 291

  11.1　离散相模型概述 …………… 292
  11.2　喷雾干燥过程的数值模拟 … 293
    11.2.1　案例简介 …………… 293
    11.2.2　Fluent 求解计算设置 … 293
    11.2.3　求解计算 …………… 298
    11.2.4　计算结果后处理及分析 ‥ 301
  11.3　弯管磨损的数值模拟 ……… 303
    11.3.1　案例简介 …………… 303
    11.3.2　Fluent 求解计算设置 … 303
    11.3.3　求解计算 …………… 308
    11.3.4　计算结果后处理及分析 ‥ 309
  11.4　本章小结 …………………… 311

第三部分 行业应用

第12章 建筑行业中的应用 ……… 314

12.1 高层建筑室外通风数值模拟 · 315
- 12.1.1 案例介绍 ……………… 315
- 12.1.2 启动 Fluent 并导入网格 · 315
- 12.1.3 定义求解器 …………… 316
- 12.1.4 定义模型 ………………… 317
- 12.1.5 设置材料 ………………… 317
- 12.1.6 边界条件 ………………… 318
- 12.1.7 求解控制 ………………… 320
- 12.1.8 初始条件 ………………… 321
- 12.1.9 求解过程监视 …………… 321
- 12.1.10 计算求解 ……………… 322
- 12.1.11 结果后处理 …………… 322

12.2 室内通风模拟分析 ………… 324
- 12.2.1 案例介绍 ………………… 324
- 12.2.2 启动 Fluent 并导入网格 · 325
- 12.2.3 定义求解器 ……………… 325
- 12.2.4 定义模型 ………………… 326
- 12.2.5 设置材料 ………………… 327
- 12.2.6 边界条件 ………………… 327
- 12.2.7 求解控制 ………………… 329
- 12.2.8 初始条件 ………………… 329
- 12.2.9 求解过程监视 …………… 330
- 12.2.10 计算求解 ……………… 330
- 12.2.11 结果后处理 …………… 331

12.3 本章小结 …………………… 334

第13章 机械行业中的应用 ……… 335

13.1 阀门运动 …………………… 336
- 13.1.1 案例介绍 ………………… 336
- 13.1.2 启动 Fluent 并导入网格 · 336
- 13.1.3 定义求解器 ……………… 337
- 13.1.4 定义模型 ………………… 338
- 13.1.5 设置材料 ………………… 338
- 13.1.6 边界条件 ………………… 339
- 13.1.7 设置分界面 ……………… 340
- 13.1.8 动网格设置 ……………… 340
- 13.1.9 求解控制 ………………… 342
- 13.1.10 初始条件 ……………… 343
- 13.1.11 求解过程监视 ………… 344
- 13.1.12 计算求解 ……………… 344
- 13.1.13 结果后处理 …………… 345

13.2 风力涡轮机分析 …………… 346
- 13.2.1 案例介绍 ………………… 346
- 13.2.2 启动 Fluent 并导入网格 · 346
- 13.2.3 定义求解器 ……………… 347
- 13.2.4 定义模型 ………………… 348
- 13.2.5 设置材料 ………………… 348
- 13.2.6 边界条件 ………………… 349
- 13.2.7 设置分界面 ……………… 351
- 13.2.8 动网格设置 ……………… 352
- 13.2.9 求解控制 ………………… 353
- 13.2.10 初始条件 ……………… 353
- 13.2.11 求解过程监视 ………… 354
- 13.2.12 计算结果输出设置 …… 354
- 13.2.13 计算求解 ……………… 355
- 13.2.14 结果后处理 …………… 355

13.3 本章小结 …………………… 357

第14章 航空航天行业中的应用 … 358

14.1 火箭发射 …………………… 359
- 14.1.1 案例介绍 ………………… 359
- 14.1.2 启动 Fluent 并导入网格 · 359
- 14.1.3 设置分界面 ……………… 361
- 14.1.4 定义求解器 ……………… 362
- 14.1.5 定义模型 ………………… 363
- 14.1.6 设置材料 ………………… 364
- 14.1.7 边界条件 ………………… 365
- 14.1.8 动网格设置 ……………… 366
- 14.1.9 求解控制 ………………… 372
- 14.1.10 初始条件 ……………… 373
- 14.1.11 求解过程监视 ………… 373

14.1.12 计算求解……………… 374
14.1.13 结果后处理……………… 375
14.2 机翼超音速流动………………… 376
14.2.1 案例介绍………………… 376
14.2.2 启动Fluent并导入网格· 376
14.2.3 定义求解器……………… 377
14.2.4 定义模型………………… 377
14.2.5 设置材料………………… 378
14.2.6 边界条件………………… 379
14.2.7 求解控制………………… 380
14.2.8 初始条件………………… 380
14.2.9 求解过程监视…………… 381
14.2.10 计算求解……………… 381
14.2.11 结果后处理…………… 383
14.3 本章小结…………………………… 387

第15章 水利海洋工程中的应用……… 388

15.1 自由表面流动…………………… 389
15.1.1 案例介绍………………… 389
15.1.2 启动Fluent并导入网格· 389
15.1.3 定义求解器……………… 390
15.1.4 定义湍流模型…………… 390
15.1.5 设置材料………………… 391
15.1.6 定义多相流模型………… 391
15.1.7 求解控制………………… 392
15.1.8 初始条件………………… 393
15.1.9 求解过程监视…………… 393
15.1.10 动画设置……………… 394
15.1.11 计算求解……………… 395
15.1.12 结果后处理…………… 396
15.2 凸台绕流………………………… 397
15.2.1 案例介绍………………… 397
15.2.2 启动Fluent并导入网格· 397
15.2.3 定义求解器……………… 398
15.2.4 定义湍流模型…………… 399
15.2.5 设置材料………………… 399
15.2.6 定义多相流模型………… 400
15.2.7 边界条件………………… 401

15.2.8 求解控制………………… 404
15.2.9 初始条件………………… 405
15.2.10 计算结果输出设置…… 407
15.2.11 求解过程监视………… 407
15.2.12 动画设置……………… 407
15.2.13 计算求解……………… 409
15.2.14 结果后处理…………… 409
15.3 本章小结…………………………… 414

第16章 汽车行业中的应用……………… 415

16.1 催化转换器内多孔介质流动· 416
16.1.1 案例介绍………………… 416
16.1.2 启动Fluent并导入网格· 416
16.1.3 定义求解器……………… 417
16.1.4 定义湍流模型…………… 417
16.1.5 设置材料………………… 418
16.1.6 设置计算域……………… 419
16.1.7 边界条件………………… 420
16.1.8 求解控制………………… 421
16.1.9 初始条件………………… 421
16.1.10 求解过程监视………… 422
16.1.11 计算求解……………… 423
16.1.12 结果后处理…………… 423
16.2 车灯传热分析…………………… 428
16.2.1 案例介绍………………… 428
16.2.2 启动Fluent并导入网格· 428
16.2.3 定义求解器……………… 429
16.2.4 定义模型………………… 429
16.2.5 设置材料………………… 430
16.2.6 设置区域条件…………… 431
16.2.7 边界条件………………… 433
16.2.8 求解控制………………… 437
16.2.9 初始条件………………… 438
16.2.10 求解过程监视………… 438
16.2.11 计算求解……………… 441
16.2.12 结果后处理…………… 442
16.3 本章小结…………………………… 443

第17章　能源化工行业中的应用 …… 444

17.1　反应器内粒子流动 …… 445
17.1.1　案例介绍 …… 445
17.1.2　启动 Fluent 并导入网格 · 445
17.1.3　定义求解器 …… 446
17.1.4　定义湍流模型 …… 446
17.1.5　边界条件 …… 447
17.1.6　定义离散相模型 …… 448
17.1.7　修改边界条件 …… 450
17.1.8　设置材料 …… 450
17.1.9　求解控制 …… 451
17.1.10　初始条件 …… 451
17.1.11　求解过程监视 …… 452
17.1.12　计算求解 …… 452
17.1.13　结果后处理 …… 453

17.2　表面化学反应模拟 …… 455
17.2.1　案例介绍 …… 455
17.2.2　启动 Fluent 并导入网格 · 455
17.2.3　定义求解器 …… 456
17.2.4　定义能量模型 …… 457
17.2.5　定义多组分模型 …… 457
17.2.6　设置材料 …… 458
17.2.7　边界条件 …… 461
17.2.8　求解控制 …… 466
17.2.9　初始条件 …… 466
17.2.10　求解过程监视 …… 467
17.2.11　计算求解 …… 467
17.2.12　结果后处理 …… 468

17.3　本章小结 …… 471

第18章　电器行业中的应用 …… 472

18.1　芯片传热分析 …… 473
18.1.1　案例介绍 …… 473
18.1.2　启动 Fluent 并导入网格 · 473
18.1.3　定义求解器 …… 474
18.1.4　定义模型 …… 474
18.1.5　设置材料 …… 475
18.1.6　设置区域条件 …… 476
18.1.7　边界条件 …… 477
18.1.8　求解控制 …… 479
18.1.9　初始条件 …… 479
18.1.10　求解过程监视 …… 480
18.1.11　计算求解 …… 481
18.1.12　结果后处理 …… 481
18.1.13　网格自适应 …… 484
18.1.14　计算求解 …… 486
18.1.15　结果后处理 …… 487

18.2　固体燃料电池分析 …… 489
18.2.1　案例介绍 …… 489
18.2.2　启动 Fluent 并导入网格 · 489
18.2.3　定义求解器 …… 491
18.2.4　定义模型 …… 491
18.2.5　设置材料 …… 494
18.2.6　设置区域条件 …… 497
18.2.7　边界条件 …… 498
18.2.8　求解控制 …… 500
18.2.9　初始条件 …… 501
18.2.10　求解过程监视 …… 501
18.2.11　计算求解 …… 502
18.2.12　结果后处理 …… 502

18.3　本章小结 …… 505

第一部分 基础知识

流体力学基础

流体力学是研究流体(液体和气体)的力学运动规律及其应用的学科,主要研究在各种力的作用下流体本身的状态,以及流体和固体壁面、流体和流体间、流体与其他运动形态之间相互作用的力学问题,是力学的一个重要分支,在生活、环保、科学技术及工程中具有重要的应用价值。

学习目标

(1) 了解流体流动的基本概念。
(2) 掌握流体力学的基础理论。
(3) 掌握流体流动的控制方程。

1.1 基本概念

在学习 Fluent 流体计算之前,我们首先来了解一下流体计算的一些基本概念。

(1) 流体的密度:是单位体积内所含物质的多少。若密度是均匀的,则有:

$$\rho = \frac{M}{V} \tag{1-1}$$

式中:ρ 为流体的密度;M 是体积为 V 的流体内所含物质的质量。

由上式可知,密度的单位是 kg/m^3。对于密度不均匀的流体,其某一点处密度的定义为:

$$\rho = \lim_{\Delta V \to 0} \frac{\Delta M}{\Delta V} \tag{1-2}$$

例如,零下 4℃时水的密度为 $1000kg/m^3$,常温 20℃时空气的密度为 $1.24kg/m^3$。各种流体的具体密度值可查阅相关文献。

> **提示**
>
> 流体的密度是流体本身固有的物理量,它随着温度和压强的变化而变化。

(2) 流体的重度:流体的重度与流体的密度有一个简单的关系式,即:

$$\gamma = \rho g \tag{1-3}$$

式中:g 为重力加速度,其值为 $9.81m/s^2$。流体的重度单位为 N/m^3。

(3) 流体的比重:为该流体的密度与零下 4℃时水的密度之比。

(4) 流体的黏性:在研究流体流动时,若考虑流体的黏性,则称为黏性流动,相应地称流体为黏性流体;若不考虑流体的黏性,则称为理想流体的流动,相应地称流体为理想流体。

流体的黏性可由牛顿内摩擦定律表示:

$$\tau = \mu \frac{du}{dy} \tag{1-4}$$

> **说明**
>
> 牛顿内摩擦定律适用于空气、水、石油等大多数机械工业中的常用流体。凡是符合切应力与速度梯度成正比的流体就称为牛顿流体,即严格满足牛顿内摩擦定律且 μ 保持为常数的流体,否则就称其为非牛顿流体。例如,溶化的沥青、糖浆等流体均属于非牛顿流体。

非牛顿流体有以下三种不同的类型。

① 塑性流体,如牙膏等,他们有一个保持不产生剪切变形的初始应力 τ_0,只有克服了这个初始应力,其切应力才与速度梯度成正比,即:

$$\tau = \tau_0 + \mu \frac{du}{dy} \tag{1-5}$$

② 假塑性流体，如泥浆等。其切应力与速度梯度的关系是：

$$\tau = \mu \left(\frac{du}{dy}\right)^n \quad (n<1) \tag{1-6}$$

③ 胀塑性流体，如乳化液等。其切应力与速度梯度的关系是：

$$\tau = \mu \left(\frac{du}{dy}\right)^n \quad (n>1) \tag{1-7}$$

（5）流体的压缩性：是指在外界条件发生变化时，其密度和体积发生了变化。这里的条件有两种，一种是外部压强发生了变化，另一种是流体的温度发生了变化。

流体的等温压缩率为 β，当质量为 M，体积为 V 的流体外部压强发生 Δp 的变化时，相应地其体积也发生了 ΔV 的变化，则定义流体的等温压缩率为：

$$\beta = -\frac{\Delta V / V}{\Delta p} \tag{1-8}$$

这里的负号是考虑到 Δp 与 ΔV 总是符号相反的缘故；β 的单位为 1/Pa。流体等温压缩率的物理意义为当温度不变时，每增加单位压强所产生的流体体积的相对变化率。

考虑到压缩前后流体的质量不变，上式还有另外一种表示形式，即：

$$\beta = \frac{d\rho}{\rho dp} \tag{1-9}$$

气体的等温压缩率可由以下气体状态方程求得：

$$\beta = 1/p \tag{1-10}$$

流体的体积膨胀系数为 α，当质量为 M，体积为 V 的流体温度发生 ΔT 的变化时，相应地其体积也发生了 ΔV 的变化，则定义流体的体积膨胀系数为：

$$\alpha = \frac{\Delta V / V}{\Delta T} \tag{1-11}$$

考虑到膨胀前后流体的质量不变，上式还有另外一种表示形式，即：

$$\alpha = \frac{d\rho}{\rho dT} \tag{1-12}$$

这里的负号是考虑到随着温度的增高，体积必然增大，则密度必然减小；α 的单位为 1/K。体积膨胀系数的物理意义为当压强不变时，每增加单位温度所产生的流体体积的相对变化率。

气体的体积膨胀系数可由以下气体状态方程求得：

$$\alpha = 1/T \tag{1-13}$$

在研究流体流动时，若考虑到流体的压缩性，则称为可压缩流动，相应地称流体为可压缩流体，例如相对速度较高的气体流动。

若不考虑流体的压缩性，则称为不可压缩流动，相应地称流体为不可压缩流体，如水、油等液体的流动。

（6）液体的表面张力：液体表面相邻两部分之间的拉应力是分子作用力的一种表现。液面上的分子受液体内部分子吸引而使液面趋于收缩，表现为液面任何两部分之间具有拉应力，称为表面张力，其方向和液面相切，并与两部分的分界线相垂直。单位长度上的表面张力用 σ 表示，单位是 N/m。

(7) 质量力和表面力：作用在流体微团上的力可分为质量力与表面力。

质量力：与流体微团质量大小有关并且集中作用在微团质量中心上的力称为质量力。如在重力场中的重力 mg，直线运动的惯性力 ma 等。

质量力是一个矢量，一般用单位质量所具有的质量力来表示，其形式如下：

$$f = f_x i + f_y j + f_z k \tag{1-14}$$

式中：f_x、f_y、f_z 为单位质量力在 x、y、z 轴上的投影，或简称为单位质量分力。

表面力：大小与表面面积有关而且分布作用在流体表面上的力称为表面力。表面力按其作用方向可以分为两种：一种是沿表面内法线方向的压力，称为正压力；另一种是沿表面切向的摩擦力，称为切应力。

作用在静止流体上的表面力只有沿表面内法线方向的正压力，单位面积上所受到的表面力称为这一点处的静压强。静压强有以下两个特征：

① 静压强的方向垂直指向作用面。

② 流场内一点处静压强的大小与方向无关。

> **说明**
>
> 对于理想流体流动，流体质点只受到正压力，没有切向力。对于黏性流体流动，流体质点所受到的作用力既有正压力，也有切向力。单位面积上所受到的切向力称为切应力。对于一元流动，切向力由牛顿内摩擦定律求出；对于多元流动，切向力可由广义牛顿内摩擦定律求得。

(8) 绝对压强、相对压强与真空度。一个标准大气压的压强是 760mmHg，相当于 101325Pa，通常用 p_{atm} 表示。若压强大于大气压，则以此压强为计算基准得到的压强称为相对压强，也称为表压强，通常用 p_r 表示。

若压强小于大气压，则压强低于大气压的值就称为真空度，通常用 p_v 表示。

如以压强 0Pa 为计算的基准，则这个压强就称为绝对压强，通常用 p_s 表示。这三者的关系如下：

$$p_r = p_s - p_{atm}, \quad p_v = p_{atm} - p_s \tag{1-15}$$

> **说明**
>
> 在流体力学中，压强都用符号 p 表示，但一般有一个约定，对于液体来说，压强用相对压强；对于气体来说，特别马赫数大于 0.1 的流动，应视为可压缩流动，压强用绝对压强。当然，特殊情况应有所说明。

(9) 静压、动压和总压。对于静止状态下的流体而言，只有静压强。对于流动状态的流动，有静压、动压和总压强之分。

在一条流线上，流体质点的机械能是守恒的，这就是伯努里（Bernoulli）方程的物理意义，对于理想流体的不可压缩流动其表达式如下：

$$\frac{p}{\rho g}+\frac{v^2}{2g}+z=H \tag{1-16}$$

式中：$p/\rho g$ 称为压强水头，也是压能项，p 为静压强；$v^2/2g$ 称为速度水头，也是动能项；z 称为位置水头，也是重力势能项；这三项之和就是流体质点的总机械能；H 称为总的水头高。

若把上面等式两边同时乘以 ρg，则有：

$$p+\frac{1}{2}\rho v^2+\rho gz=\rho gH \tag{1-17}$$

式中：p 称为静压强，简称静压；$\frac{1}{2}\rho v^2$ 称为动压强，简称动压，也是动能项；ρgH 称为总压强，简称总压。

> **提示**
>
> 对于不考虑重力的流动，总压就是静压和动压之和。

1.2 流体流动的分类

流体流动按运动形式分：若 $\text{rot}\vec{v}=0$，则流体做无旋运动；若 $\text{rot}\vec{v}\neq 0$，则流体做有旋运动。

流体流动按时间变化分：若 $\frac{\partial}{\partial t}=0$，则流体做定常运动；若 $\frac{\partial}{\partial t}\neq 0$，则流体做不定常运动。

流体流动按空间变化分：流体的运动有一维运动、二维运动和三维运动。

1.3 边界层和物体阻力

1. 边界层

对于工程实际中大量出现的大雷诺数问题，应该分成两个区域：外部势流区域和边界层区域。

对于外部势流区域，可以忽略黏性力，因此可以采用理想流体运动理论解出外部流动，从而知道边界层外部边界上的压力和速度分布，并将其作为边界层流动的外边界条件。

在边界层区域必须考虑黏性力，而且只有考虑了黏性力才能满足黏性流体的黏附条件；边界层虽小，但是物理量在物面上的分布、摩擦阻力及物面附近的流动都是和边界层内的流动联系在一起的，因此非常重要。

描述边界层内黏性流体运动的是 N-S 方程，但是由于边界层厚度 δ 比特征长度小很多，而且 x 方向速度分量沿法向的变化比切向的大得多，所以 N-S 方程可以在边界层内做很大的简化,简化后的方程称为普朗特边界层方程,它是处理边界层流动的基本方程。边界层示意图如图 1-1 所示。

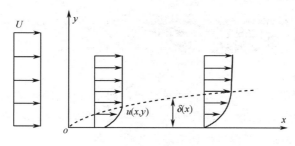

图 1-1　边界层示意图

大雷诺数边界层流动的性质如下:

边界层的厚重较物体的特征长度小得多,即 δ/L（边界层相对厚度）是一个小量。边界层内黏性力和惯性力同阶。

对于二维平板或楔边界层方程,可通过以下量阶分析得到:

$$\frac{\partial u}{\partial x}+\frac{\partial v}{\partial y}=0$$

$$\frac{\partial u}{\partial t}+u\frac{\partial u}{\partial x}+v\frac{\partial u}{\partial y}=\frac{\partial U}{\partial t}+U\frac{\partial U}{\partial x}+v\frac{\partial^2 u}{\partial y^2}$$

（1-18）

边界条件:在物面 $y=0$ 上,$u=v=0$;在 $y=\delta$ 或 $y\to\infty$ 时,$u=U(x)$。

初始条件:当 $t=t_0$ 时,已知 u、v 的分布。

对于曲面物体,则应采用贴体曲面坐标系,从而建立相应的边界层方程。

2. 物体阻力

阻力是由流体绕物体流动所引起的切向应力和压力差造成的,故阻力可分为摩擦阻力和压差阻力两种。

摩擦阻力是指作用在物体表面的切向应力在来流方向上的投影的总和,是黏性直接作用的结果。

压差阻力是指作用在物体表面的压力在来流方向上的投影的总和,是黏性间接作用的结果,是由于边界层的分离,在物体尾部区域产生尾涡而形成的。压差阻力的大小与物体的形状有很大关系,故又称为形状阻力。

摩擦阻力与压差阻力之和称为物体阻力。

物体的阻力系数由下式确定:

$$C_D=\frac{F_D}{\frac{1}{2}\rho V_\infty^2 A}$$

（1-19）

式中：A 为物体在垂直于运动方向或来流方向的截面积。例如,对于直径为 d 的小圆球的低速运动来说,其阻力系数为:

$$C_D=\frac{24}{Re}$$

（1-20）

式中：$Re = \dfrac{V_\infty d}{\nu}$，此式在 $Re<1$ 时，计算值与试验值吻合得较好。

1.4 层流和湍流

自然界中的流体流动状态主要有两种形式，即层流和湍流。在许多中文文献中，湍流也被称为紊流。层流是指流体在流动过程中两层之间没有相互混掺，而湍流是指流体不处于分层流动状态。一般说来，湍流是普通的，而层流则属于个别情况。

对于圆管内的流动，当 $Re \leq 2300$ 时，管流一定为层流；$Re \geq 8000 \sim 12000$ 时，管流一定为湍流；当 $2300 < Re < 8000$，流动处于层流与湍流间的过渡区。

因为湍流现象是高度复杂的，所以至今还没有一种方法能够全面、准确地对所有流动问题中的湍流现象进行模拟。在涉及湍流的计算中，都要对湍流模型的模拟能力及计算所需系统资源进行综合考虑后，再选择合适的湍流模型进行模拟。

Fluent 中采用的湍流模拟方法包括 Spalart-Allmaras 模型、standard k-epsilon 模型、RNG（重整化群）k-epsilon 模型、Realizable k-epsilon 模型、v2-f 模型、RSM（Reynolds Stress Model，雷诺应力模型）模型和 LES（Large Eddy Simulation，大涡模拟）方法。

1.5 流体流动的控制方程

流体流动要受物理守恒定律的支配，基本的守恒定律包括：质量守恒定律、动量守恒定律、能量守恒定律。

如果流动包含有不同成分的混合或相互作用，系统还要遵守组分守恒定律。如果流动处于湍流状态，系统还要遵守附加湍流输运方程。控制方程是这些守恒定律的数学描述。

1. 质量守恒方程

任何流动问题都必须满足守恒定律。该定律可表述为：单位时间内流体微元体中质量的增加，等于同一时间间隔内流入该微元体的净质量。按照这一定律，可以得出质量守恒方程：

$$\frac{\partial \rho}{\partial t} + \frac{\partial}{\partial x_i}(\rho u_i) = S_m \tag{1-21}$$

该方程是质量守恒方程的一般形式，适用于可压流动和不可压流动。源项 S_m 是从分散的二级相中加入到连续相的质量（如由于液滴的蒸发），源项也可以是任何自定义源项。

2. 动量守恒方程

动量守恒定律也是任何流动系统都必须满足的基本定律。该定律可表述为：微元体中流体的动量对时间的变化率等于外界作用在该微元体上的各种力之和。

该定律实际上是牛顿第二定律。按照这一定律，可导出动量守恒方程：

$$\frac{\partial}{\partial t}(\rho u_i) + \frac{\partial}{\partial x_j}(\rho u_i u_j) = -\frac{\partial p}{\partial x_i} + \frac{\partial \tau_{ij}}{\partial x_j} + \rho g_i + F_i \qquad (1-22)$$

式中：P 为静压；τ_{ij} 为应力张量；g_i 和 F_i 分别为 i 方向上的重力体积力和外部体积力（如离散相相互作用产生的升力），F_i 包含了其他的模型相关源项，如多孔介质和自定义源项。

应力张量由下式给出：

$$\tau_{ij} = \left[\mu\left(\frac{\partial u_i}{\partial x_j} + \frac{\partial u_j}{\partial x_i}\right)\right] - \frac{2}{3}\mu\frac{\partial u_l}{\partial x_l}\delta_{ij} \qquad (1-23)$$

3．能量守恒方程

能量守恒定律是包含有热交换的流动系统必须满足的基本定律。该定律可表述为：微元体中能量的增加率等于进入微元体的净热流量加上体积力与表面力对微元体所做的功。该定律实际上是热力学第一定律。

流体的能量 E 通常是内能 i、动能 $K = \frac{1}{2}(u^2 + v^2 + w^2)$ 和势能 P 三项之和，内能 i 与温度 T 之间存在一定关系，即 $i = c_p T$，其中 c_p 是比热容。可以得到以温度 T 为变量的能量守恒方程：

$$\frac{\partial(\rho T)}{\partial t} + \text{div}(\rho u T) = \text{div}\left(\frac{k}{c_p}\text{grad}T\right) + S_T \qquad (1-24)$$

式中：c_p 为比热容；T 为温度；k 为流体的传热系数；S_T 为流体的内热源及由于黏性作用流体的机械能转换为热能的部分，有时简称 S_T 为黏性耗散项。

> **说明**
>
> 虽然能量方程是流体流动与传热的基本控制方程，但对于不可压缩流动，若热交换量小到可以忽略时，可不考虑能量守恒方程。此外，它是针对牛顿流体得出的，对于非牛顿流体，应使用另外形式的能量守恒方程。

1.6 边界条件

对于求解流动和传热问题，除了使用上节介绍的三大控制方程外，还要指定边界条件，对于非定常问题还要指定初始条件。

边界条件就是在流体运动边界上控制方程应该满足的条件，一般会对数值计算产生重要的影响。即使对于同一个流场的求解，随着方法的不同，边界条件和初始条件的处理方法也不同。

在 CFD 模拟计算时，基本的边界类型包括以下几种：

(1)入口边界条件。

入口边界条件就是指定入口处流动变量的值。常见的入口边界条件有速度入口边界条件、压力入口边界条件和质量流量入口边界条件。

速度入口边界条件:用于定义流动速度和流动入口的流动属性相关的标量。这一边界条件适用于不可压缩流,如果用于可压缩流会导致非物理结果,这是因为它允许驻点条件浮动。应注意不要让速度入口靠近固体妨碍物,因为这会导致流动入口驻点属性具有太高的非一致性。

压力入口边界条件:用于定义流动入口的压力及其他标量属性。它既适用于可压流,也可用于不可压流。压力入口边界条件可用于压力已知但是流动速度或速率未知的情况。这一情况可用于很多实际问题,如浮力驱动的流动。压力入口边界条件也可用来定义外部或无约束流的自由边界。

质量流量入口边界条件:用于已知入口质量流量的可压缩流动。在不可压缩流动中不必指定入口的质量流量,因为密度为常数时,速度入口边界条件就确定了质量流量条件。当要求达到的是质量和能量流速而不是流入的总压时,通常就会使用质量入口边界条件。

> **说明**
>
> 调节入口总压可能会导致解的收敛速度较慢,当压力入口边界条件和质量流量入口边界条件都可以接受时,应选择压力入口边界条件。

(2)出口边界条件。

压力出口边界条件:压力出口边界条件需要在出口边界处指定表压。表压值的指定只用于亚声速流动。如果当地流动变为超声速,就不再使用指定表压,此时压力要从内部流动中求出,包括其他的流动属性。

在求解过程中,如果压力出口边界处的流动是反向的,回流条件也需要指定。如果对于回流问题指定了比较符合实际的值,收敛性困难问题就会不明显。

质量出口边界条件:当流动出口的速度和压力在解决流动问题之前是未知时,可以使用质量出口边界条件来模拟流动。需要注意的是,如果模拟可压缩流或者包含压力出口时,不能使用质量出口边界条件。

(3)固体壁面边界条件。

对于黏性流动问题,可设置壁面为无滑移边界条件,也可指定壁面切向速度分量(壁面平移或者旋转运动时),给出壁面切应力,从而模拟壁面滑移。可以根据当地流动情况,计算壁面切应力和与流体换热情况。壁面热边界条件包括固定热通量、固定温度、对流换热系数、外部辐射换热、对流换热等。

(4)对称边界条件。

对称边界条件应用于计算的物理区域是对称的情况。在对称轴或者对称平面上,没有对流通量,垂直于对称轴或者对称平面的速度分量为0。因此在对称边界上,垂直边界的速度分量为0,任何量的梯度为0。

(5）周期性边界条件。

如果流动的几何边界、流动和换热是周期性重复的，则可以采用周期性边界条件。

1.7 流体力学专业词汇

由于大多数 CFD 商用软件都是英文版的，为了方便读者使用和查询，本节对流体力学中主要专业词汇的中英文对照进行汇总，如表 1-1 所示。

表 1-1 流体力学专业词汇中英文对照

英 文	中 文	英 文	中 文
(non)linear	（非）线性	moment	矩
(non)uniform	（非）均匀	momentum thickness	动量厚度
absolute(gage,vacuum) pressure	绝对（表，真空）压力	momentum(energy)-flux	动量（能量）流量
acceleration	加速度	momentum-integral relation	动量积分关系
area moment of inertia	惯性面积矩	navier-Stokes Equations	N-S 方程
atmospheric pressure	大气压力	net force	合力
average velocity	平均速度	newtonian fluid	牛顿流体
barometer	气压计	newtonian fluids	牛顿流体
bernoulli	伯努力	no slip	无滑移
bernoulli equation	伯努力方程	nondimensionalization	无量纲化
blasius equation	布拉修斯方程	no-slip condition	无滑移条件
body force	体力	nozzle	喷嘴
boundaries	边界	one-dimensional	一维
boundary layer	边界层	operator	算子
breakdown	崩溃	osborne Reynolds	奥斯鲍恩·雷诺
calculus	微积分	parabolic	抛物线
cartesian coordinates	笛卡儿坐标	parallel plates	平行平板
centroid	质心	partial differential equation	偏微分方程
channel	槽道	pathline	迹线
coefficient of viscosity	黏性系数	perfect-gas law	理想气体定律
composite dimensionless variable	组合无量纲变量	plane(curved) surface	平（曲）面
compressible(incompressible)	（不）可压的	plate	板
conservation of mass	质量	poiseuille flow	伯肖叶流动
conservation of mass(momentum, energy)	质量（动量,能量）守恒	prandtl	普朗特
continuum	连续介质	pressure	压力，压强
control volume	控制体	pressure center	压力中心

续表

英　文	中　文	英　文	中　文
control-volume	控制体	pressure distribution(gradient)	压力分布（梯度）
convective acceleration	对流加速度	Pressure gradient	压力梯度
Coordinate transformation	坐标变换	Random fluctuations	随机脉动
Couette Flow	库塔流动	Rate of work	功率
density	密度	Rectangular coordinates	直角坐标（系）
differential	微分	reservoir	水库
dimension	量刚尺度	Reynolds	雷诺
Displacement thickness	排移厚度	Reynolds number	雷诺数（Re）
dot product	点乘	Reynolds transport theorem	雷诺输运定理
Drag	阻力	rigid-body	刚体
Dye filament	染色丝	Roughness	粗糙度
dynamics	动力学	scalar	标量
elliptic	椭圆的	Second-order	二阶
Energy(hydraulic) grade line	能级线	Shaft work	轴功
equilibrium	平衡	Shape factor	形状因子
Euler	欧拉	shear(normal) stress	剪（正）应力
eulerian(lagrangian) method of description	欧拉（拉格朗日）观点，方法	Similarity	相似
field of flow	流场	Skin-friction coefficient	壁面摩擦系数
Flat-plate boundary	平板边界层	solution	解答
flow pattern	流型（谱）	Soomth	平滑
fluid mechanics	流体力学	specific weight	比重
Flux	流率	Stagnation enthalpy	滞止焓
Fourier's law	傅里叶定律	statics	静力学
Free body	隔离体	steady(unsteady)	（非）定常
function	函数	strain	应变
Heat flow	热流量	streamline(tube)	流线（管）
Heat transfer	热传到	substantial(material) derivative	随体（物质）导数
horizontal	水平的	surface force	表面力
hydrostatic	水静力学，流体静力学	Surroundings	外围
hyperbolic	双曲线的	System	体系
Imaginary	假想	thermal conductivity	热传导
inertia	惯性，惯量	thermodynamics	热力学
Infinitesimal	无限小	Time derivative	时间导数

续表

英　文	中　文	英　文	中　文
Inlet, outlet	进、出口	total derivative	全导数
Instability	不稳定性	Transition	转变
integral	积分	variable	变量
Integrand	被积函数	vector	矢量
Internal(external) flow	内（外）流	Vector sum	矢量和
Jet flow	射流	velocity distribution	速度分布
Karman	卡门	velocity field	速度场
kinematics	运动学	velocity gradient	速度梯度
kinetic(potential, internal)energy	动（势，内）能	Velocity profile	速度剖面
Lagrange	拉格朗日	Venturi tube	文图里管
Laminar	层流	vertical	垂直的，直立的
Linear(Angular)-momentum relation	线（角）动量关系式	viscous(inviscid)	（无）黏性的
Liquid	流体	volume rate of flow	体积流量
local acceleration	当地加速度	Volume(mass) flow	体积（质量）流量
Mean value	平均值	Volume(mass) rate of flow	体积（质量）流率
mercury	水银	Wall shear stress	壁面剪应力

1.8　本章小结

为了方便初学者迅速进入学习计算流体动力学分析的大门，本章介绍了流体力学中支配流体流动的基本物理定律，包括一些基本假设、概念及流体力学的基本方程组等，为读者更好地学习计算流体力学以及掌握 CFD 软件打下坚实的基础。

第2章

计算流体力学基础

计算流体动力学（Computational Fluid Dynamics）简称为 CFD，其基本定义是通过计算机进行数值计算，模拟流体流动时的各种相关物理现象，包含流动、热传导、声场等。计算流体动力学广泛应用于航空航天器设计、汽车设计、生物医学工程、化工处理工程、涡轮机设计、半导体设计等诸多工程领域。

学习目标

(1) 掌握计算流体力学的基本概念。
(2) 掌握计算流体力学的求解过程、数值求解方法。
(3) 了解计算流体力学的应用领域。

2.1 计算流体力学的发展

计算流体动力学是 20 世纪 60 年代伴随计算科学与工程（Computational Science and Engineering, CSE）迅速崛起的一门学科分支，经过半个多世纪的迅猛发展，这门学科已经相当成熟，一个重要的标志就是近几十年来，各种 CFD 通用软件的陆续出现，成为商业化软件，服务于传统的流体力学和流体工程领域，如航空航天、船舶、水利等领域。

由于 CFD 通用软件的性能日益完善，应用的范围也不断扩大，在化工、冶金、建筑、环境等相关领域中也有广泛应用，现在我们利用它来模拟计算平台内部的空气流动状况，也算是在较新的领域中的应用。

现代流体力学的研究方法包括理论分析、数值计算和实验研究三个方面。这些方法针对不同的角度进行研究，相互补充。理论分析研究能够表述参数影响形式，为数值计算和实验研究提供了有效的指导；试验是认识客观现实的有效手段，验证理论分析和数值计算的正确性；计算流体力学通过提供模拟真实流动的经济手段补充理论及试验的不足。

更重要的是，计算流体力学提供了廉价的模拟、设计和优化的工具，以及提供了分析三维复杂流动的工具。在复杂的情况下，测量往往是很困难的，甚至是不可能的，而计算流体力学则能方便地提供全部流场范围的详细信息。

与试验相比，计算流体力学具有对参数没有什么限制、费用少、流场无干扰的特点，因此选择它来进行模拟计算。简单来说，计算流体力学所扮演的角色，是通过直观地显示计算结果，来对流动结构进行仔细的研究。

计算流体力学在数值研究上大体沿两个方向发展，一个是在简单的几何外形下，通过数值方法来发现一些基本的物理规律和现象，或者发展更好的计算方法；另一个则为解决工程实际需要，直接通过数值模拟进行预测，为工程设计提供依据。理论的预测来自于数学模型的结果，而不是来自于一个实际的物理模型的结果。

计算流体力学是多领域交叉的学科，涉及计算机科学、流体力学、偏微分方程的数学理论、计算几何、数值分析等，这些学科的交叉融合，相互促进和支持，推动了学科的深入发展。

CFD 方法是对流场的控制方程用计算数学的方法将其离散到一系列网格节点上来求其离散数值解的一种方法。控制所有流体流动的基本定律是：质量守恒定律、动量守恒定律和能量守恒定律。由它们分别导出连续性方程、动量方程（N-S 方程）和能量方程。

在应用 CFD 方法进行平台内部空气流场模拟计算时，首先需要选择或者建立过程的基本方程和理论模型，依据的基本原理是流体力学、热力学、传热传质等平衡或守恒定律。

从基本原理出发可以建立质量、动量、能量、湍流特性等守恒方程组，如连续性方程、扩散方程等。这些方程构成非线性偏微分方程组，不能用经典的解析法，只能用数值方法求解。求解上述方程必须首先给定模型的几何形状和尺寸，确定计算区域，并给出恰当的进出口、壁面及自由面的边界条件。而且还需要适宜的数学模型及包括相应的初值在内的过程方程的完整数学描述。

求解的数值方法主要有有限差分法（FDM）和有限元法（FEM）以及有限分析法（FAM），应用这些方法可以将计算域离散为一系列的网格并建立离散方程组，离散方程

的求解是由一组给定的猜测值出发迭代推进，直至满足收敛标准。

常用的迭代方法有 Gauss-Seidel 迭代法、TDMA 方法、SIP 法和 LSORC 法等。利用上述差分方程及求解方法即可编写计算程序或选用现有软件实施过程的 CFD 模拟。

2.2 计算流体力学的求解过程

CFD 数值模拟一般遵循以下几个步骤：

（1）建立所研究问题的物理模型，再将其抽象成为数学、力学模型。然后确定要分析的几何体的空间影响区域。

（2）建立整个几何形体与其空间影响区域，即计算区域的 CAD 模型，将几何体的外表面和整个计算区域进行空间网格划分。网格的稀疏以及网格单元的形状都会对以后的计算产生很大的影响。不同的算法格式为保证计算的稳定性和计算效率，一般对网格的要求也不同。

（3）加入求解所需要的初始条件，入口与出口处的边界条件一般为速度、压力条件。

（4）选择适当的算法，设定具体的控制求解过程和精度的一些条件，对所需分析的问题进行求解，并保存数据文件结果。

（5）选择合适的后处理器（Post Processor）读取计算结果文件，分析并显示出来。

以上这些步骤构成了 CFD 数值模拟的全过程。其中数学模型的建立是理论研究的课程，一般由理论工作者完成。

2.3 数值模拟方法和分类

在运用 CFD 方法对一些实际问题进行模拟时，常常需要设置工作环境、边界条件和选择算法等，特别是算法的选择对模拟的效率及其正确性有很大影响，需要特别重视。要正确设置数值模拟的条件，有必要了解数值模拟的过程。

随着计算机技术和计算方法的发展，许多复杂的工程问题都可以采用区域离散化的数值计算并借助计算机得到满足工程要求的数值解。数值模拟技术是现代工程学形成和发展的重要动力之一。

区域离散化是用一组有限个离散的点来代替原来连续的空间。实施过程是把所计算的区域划分成许多互不重叠的子区域，确定每个子区域的节点位置和该节点所代表的控制体积。节点是需要求解未知物理量的几何位置、控制体积、应用控制方程或守恒定律的最小几何单位。

一般把节点看成控制体积的代表。控制体积和子区域并不总是重合的。在区域离散化过程开始时，由一系列与坐标轴相应的直线或曲线簇所划分出来的小区域成为子区域。网格是离散的基础，网格节点是离散化物理量的存储位置。

常用的离散化方法有有限差分法、有限单元法和有限体积法。

1. 有限差分法

有限差分法是数值解法中最经典的方法。它是将求解区域划分为差分网格，用有限个网格节点代替连续的求解域，然后将偏微分方程（控制方程）的导数用差商代替，推导出含有离散点上有限个未知数的差分方程组。

这种方法产生和发展得比较早，也比较成熟，较多用于求解双曲线和抛物线型问题。用它求解边界条件较为复杂，尤其是求解椭圆型问题时，不如有限元法或有限体积法方便。

构造差分的方法有多种形式，目前主要采用的是泰勒级数展开方法。其基本的差分表达式主要有四种形式：一阶向前差分、一阶向后差分、一阶中心差分和二阶中心差分，其中前两种形式为一阶计算精度，后两种形式为二阶计算精度。通过对时间和空间几种不同差分形式的组合，可以组合成不同的差分计算格式。

2. 有限单元法

有限单元法是将一个连续的求解域任意分成适当形状的许多微小单元，并于各小单元分片构造插值函数，然后根据极值原理（变分或加权余量法）将问题的控制方程转化为所有单元上的有限元方程，把总体的极值作为各单元极值之和，即将局部单元总体合成，形成嵌入了指定边界条件的代数方程组，求解该方程组就得到各节点上待求的函数值。

有限单元求解的速度比有限差分法和有限体积法慢，在商用 CFD 软件中应用并不广泛。目前常用的商用 CFD 软件中，只有 FIDAP 采用的是有限单元法。

> 提示
>
> 有限单元法对椭圆型问题有更好的适应性。

3. 有限体积法

有限体积法又称为控制体积法，是将计算区域划分为网格，并使每个网格点周围有一个互不重复的控制体积，将待解的微分方程对每个控制体积积分，从而得到一组离散方程。

其中的未知数是网格节点上的因变量。子域法加离散是有限体积法的基本思想。有限体积法的基本思路易于理解，并能得出直接的物理解释。

离散方程的物理意义是因变量在有限大小的控制体积中的守恒原理，如同微分方程表示因变量在无限小的控制体积中的守恒原理一样。

有限体积法得出的离散方程要求因变量的积分守恒对任意一组控制集体都得到满足，对整个计算区域自然也得到满足，这是有限体积法的优点。

有一些离散方法，如有限差分法，仅当网格极其细密时，离散方程才满足积分守恒；而有限体积法即使在粗网格情况下，也显示出准确的积分守恒。

就离散方法而言，有限体积法可看作有限单元法和有限差分法的中间产物，三者各有所长。有限差分法较直观，理论成熟，精度可选，但对于不规则区域的处理较为烦琐，虽然网格生成可以使有限差分法应用于不规则区域，但对于区域的连续性等要求较严。

使用有限差分法的好处在于易于编程，易于并行。

有限单元法适用于处理复杂区域，精度可选。缺点是花费内存和计算量巨大，并行时不如有限差分法和有限体积法直观。

有限体积法适用于流体计算，可以应用于不规则网格，适用于并行。但精度基本上只能是二阶的。

有限单元法在应力应变、高频电磁场方面的特殊优点正在被逐步重视。

由于 Fluent 是基于有限体积法的，所以下面将以有限体积法为例介绍数值模拟的基础知识。

2.4 有限体积法的基本思想

有限体积法是从流体运动积分形式的守恒方程出发来建立离散方程的。

三维对流扩散方程的守恒型微分方程如下：

$$\frac{\partial(\rho\phi)}{\partial t}+\frac{\partial(\rho u\phi)}{\partial x}+\frac{\partial(\rho v\phi)}{\partial y}+\frac{\partial(\rho w\phi)}{\partial z}=\frac{\partial}{\partial x}\left(K\frac{\partial \phi}{\partial x}\right)+\frac{\partial}{\partial x}\left(K\frac{\partial \phi}{\partial y}\right)+\frac{\partial}{\partial x}\left(K\frac{\partial \phi}{\partial z}\right)+S_\phi \quad (2\text{-}1)$$

式中 ϕ 是对流扩散物质函数，如温度、浓度。

上式用散度和梯度表示如下：

$$\frac{\partial}{\partial t}(\rho\phi)+\text{div}(\rho u\phi)=\text{div}(K\text{grad}\phi)+S_\phi \quad (2\text{-}2)$$

将方程（2-2）在时间步长 Δt 内对控制体体积 CV 积分，可得：

$$\int_{CV}\left(\int_t^{t+\Delta t}\frac{\partial}{\partial t}(\rho\phi)\text{d}t\right)\text{d}V+\int_t^{t+\Delta t}\left(\int_A n\cdot(\rho u\phi)\text{d}A\right)\text{d}t=\int_t^{t+\Delta t}\left(\int_A n\cdot(K\text{grad}\phi)\text{d}A\right)\text{d}t+\int_t^{t+\Delta t}\int_{CV}S_\phi \text{d}V\text{d}t$$

(2-3)

式中散度积分已用格林公式化为面积积分，A 为控制体的表面积。

该方程的物理意义是：Δt 时间段和体积 CV 内 $\rho\phi$ 的变化，加上 Δt 时间段通过控制体表面的对流量 $\rho u\phi$，等于 Δt 时间段通过控制体表面的扩散量，加上 Δt 时间段控制体 CV 内源项的变化。

例如，一维非定常热扩散方程为：

$$\rho c\frac{\partial T}{\partial t}=\frac{\partial}{\partial x}\left(k\frac{\partial T}{\partial t}\right)+S \quad (2\text{-}4)$$

在 Δt 时间段的控制体积内部积分形式为：

$$\int_t^{t+\Delta}\int_{CV}\rho c\frac{\partial T}{\partial t}\text{d}V\text{d}t=\int_t^{t+\Delta}\int_{CV}\frac{\partial}{\partial}\left(k\frac{\partial T}{\partial x}\right)\text{d}V\text{d}t+\int_t^{t+\Delta}\int_{CV}S\text{d}V\text{d}t \quad (2\text{-}5)$$

上式可写成如下形式：

$$\int_w^e\left[\int_t^{t+\Delta t}\rho c\frac{\partial T}{\partial t}\text{d}t\right]\text{d}V=\int_t^{t+\Delta t}\left[\left(kA\frac{\partial T}{\partial x}\right)_e-\left(kA\frac{\partial T}{\partial x}\right)_w\right]\text{d}t+\int_t^{t+\Delta t}\overline{S}\Delta V\text{d}t \quad (2\text{-}6)$$

式（2-6）中，A 是控制体面积，ΔV 是体积，$\Delta V = A\Delta x$，Δx 是控制体宽度，$\overline{S}$ 是控制体中平均源强度。如图 2-1 所示，设 P 点 t 时刻的温度为 T_P^0，而 $t+\Delta t$ 时的 P 点温度为 T_P，则式（2-6）可化为：

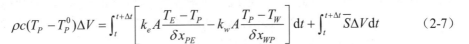

$$\rho c(T_P - T_P^0)\Delta V = \int_t^{t+\Delta t}\left[k_e A\frac{T_E - T_P}{\delta x_{PE}} - k_w A\frac{T_P - T_W}{\delta x_{WP}}\right]\mathrm{d}t + \int_t^{t+\Delta t}\overline{S}\Delta V \mathrm{d}t \qquad (2\text{-}7)$$

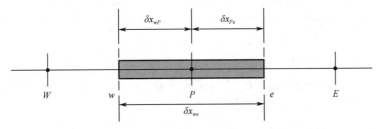

图 2-1　一维有限体积单元示意图

为了计算式（2-7）右端的 T_P、T_E 和 T_W 对时间的积分，引入一个权数 $\theta = 0 \sim 1$，将积分表示成 t 和 $t+\Delta t$ 时刻的线性关系为：

$$I_T = \int_t^{t+\Delta t} T_P \mathrm{d}t = [\theta T_P + (1-\theta)T_P^0]\Delta t \qquad (2\text{-}8)$$

式（2-7）可写成：

$$\rho c\left(\frac{T_P - T_P^0}{\Delta t}\right)\Delta x = \theta\left[\frac{k_e(T_E - T_P)}{\delta x_{PE}} - \frac{k_w(T_P - T_W)}{\delta x_{WP}}\right] + (1-\theta)\left[\frac{k_e(T_E^0 - T_P^0)}{\delta x_{PE}} - \frac{k_w(T_P^0 - T_w^0)}{\delta x_{WP}}\right] + \overline{S}\Delta x \qquad (2\text{-}9)$$

上式右端第二项中 t 时刻的温度为已知，因此该式是 $t+\Delta t$ 时刻 T_P、T_E、T_W 之间的关系式。列出计算域上所有相邻三个节点上的方程，则可形成求解域中所有未知量的线性代数方程，给出边界条件后可求解代数方程组。

> **提示**
>
> 由于流体运动的基本规律都是守恒的，而有限体积法的离散形式也是守恒的，因此有限体积法在流体流动计算中应用广泛。

2.5　有限体积法的求解方法

控制方程被离散化以后即可进行求解。下面介绍几种常用的压力与速度耦合求解算法，分别是 SIMPLE 算法、SIMPLEC 算法和 PISO 算法。

1. SIMPLE 算法

SIMPLE 算法是目前实际工程中应用最为广泛的一种流场计算方法，它属于压力修正法的一种。该方法的核心是采用"猜测-修正"的过程，在交错网格的基础上来计算压力场，从而达到求解动量方程的目的。

SIMPLE 算法的基本思想可以叙述为：对于给定的压力场，求解离散形式的动量方程，得到速度场。因为压力是假定的或者不精确的，这样得到的速度场一般都不满足连续性方程的条件，因此，必须对给定的压力场进行修正。修正的原则是，修正后的压力场相对应的速度场能满足这一迭代层次上的连续方程。

根据这个原则，把由动量方程的离散形式所规定的压力与速度的关系代入连续方程的离散形式，从而得到压力修正方程，再由压力修正方程得到压力修正值。接着，根据修正后的压力场，求得新的速度场。然后检查速度场是否收敛。

若不收敛，用修正后的压力值作为给定压力场，开始下一层次的计算，直到获得收敛的解为止。在上面所述的过程中，核心问题在于如何获得压力修正值及如何根据压力修正值构造速度修正方程。

2．SIMPLEC 算法

SIMPLEC 算法与 SIMPLE 算法在基本思路上是一致的，不同之处在于 SIMPLEC 算法在通量修正方法上有所改进，加快了计算的收敛速度。

3．PISO 算法

PISO 算法的压力速度耦合格式是 SIMPLE 算法族的一部分，它是基于压力速度校正之间的高度近似关系的一种算法。SIMPLE 和 SIMPLEC 算法的一个限制就是在压力校正方程解出之后新的速度值和相应的流量不满足动量平衡。因此，必须重复计算，直至平衡得到满足。

为了提高该计算的效率，PISO 算法执行了两个附加的校正：相邻校正和偏斜校正。PISO 算法的主要思想是将解压力校正方程阶段中的 SIMPLE 和 SIMPLEC 算法所需的重复计算移除。经过一个或更多的附加 PISO 循环，校正的速度会更接近满足连续性和动量方程。这一迭代过程被称为动量校正或者邻近校正。

PISO 算法在每个迭代中要花费稍多的 CPU 时间，但极大地减少了达到收敛所需要的迭代次数，尤其是对于过渡问题，这一优点更为明显。

对于具有一些倾斜度的网格，单元表面质量流量校正和邻近单元压力校正差值之间的关系是相当简略的。因为沿着单元表面的压力校正梯度的分量开始是未知的，所以需要进行一个和上面所述的 PISO 邻近校正中相似的迭代步骤。

初始化压力校正方程的解之后，重新计算压力校正梯度，然后用重新计算出来的值更新质量流量校正。这个被称为偏斜矫正的过程极大地减少了计算高度扭曲网格所遇到的收敛性困难。

PISO 偏斜校正可以使我们在基本相同的迭代步中，从高度偏斜的网格上得到与更为正交的网格上不相上下的解。

2.6 计算流体力学应用领域

近十多年来，CFD 有了很大的发展，替代了经典流体力学中的一些近似计算法和图解法，过去的一些典型教学实验，如 Reynolds 实验，现在完全可以借助 CFD 手段在计算机上实现。

所有涉及流体流动、热交换、分子输运等现象的问题，几乎都可以通过计算流体力学的方法进行分析和模拟。CFD 不仅作为一个研究工具，而且还作为设计工具在水利工程、土木工程、环境工程、食品工程、海洋结构工程、工业制造工程等领域发挥作用。典型的应用场合及相关的工程问题包括：

- 水轮机、风机和泵等流体机械内部的流体流动。
- 飞机和航天飞机等飞行器的设计。
- 汽车流线外形对性能的影响。
- 洪水波及河口潮流计算。
- 风载荷对高层建筑物稳定性及结构性能的影响。
- 温室及室内的空气流动和环境分析。
- 电子元器件的冷却。
- 换热器性能分析及换热器片形状的选取。
- 河流中污染物的扩散。
- 汽车尾气对街道环境的污染。

对这些问题的处理，过去主要借助于基本的理论分析和大量的物理模型实验，而现在大多采用 CFD 的方式加以分析和解决，CFD 技术现已发展到完全可以分析三维黏性湍流及漩涡运动等复杂问题的程度。

2.7 本章小结

本章首先介绍了用数值方法求解流体力学问题的基本思想，进而阐述计算流体力学的相关基础知识，包括数值模拟方法、空间和方程的离散方法及常用算法等。通过本章的学习，读者可以掌握计算流体力学的基本概念，了解目前常用的 CFD 商用软件。

第 3 章

Fluent 简介

Fluent 是世界领先的 CFD 计算分析软件,在流体力学模拟仿真中被广泛应用。由于它一直以用户界面友好而著称,所以对初学者来说非常容易上手。Fluent 的软件设计基于软件群的思想,从用户需求角度出发,针对各种复杂流动的物理现象,采用不同的离散格式和数值方法,以期在特定的领域内使计算速度、稳定性和精度等方面达到最佳组合,从而高效率地解决各领域的复杂流动计算问题。

学习目标

(1) 了解 Fluent 软件结构。
(2) 了解 Fluent 软件的基本特点及分析思路。
(3) 掌握 Fluent 软件的求解步骤。
(4) 掌握 Fluent 软件的文件类型。

3.1 Fluent 概述

Fluent 软件是当今世界 CFD 仿真领域功能全面的软件包之一，具有广泛的物理模型，利用它能够快速准确地得到 CFD 分析结果。

Fluent 是用于模拟具有复杂外形的流体流动及热传导的计算机软件。它提供了完全的网格灵活性，用户可以使用非结构网格，例如二维三角形或四边形网格、三维四面体/六面体/金字塔形网格来解决具有复杂外形的流动，甚至可以使用混合型非结构网格。该软件还允许用户根据解的具体情况对网格进行修改（细化/粗化）。

对于大梯度区域，如自由剪切层和边界层，为了非常准确地预测流动，自适应网格是非常有用的。与结构网格和块结构网格相比，这一特点很明显地减少了产生"好"网格所需要的时间。对于给定精度，解适应细化方法使网格细化变得很简单，由于网格细化仅限于那些需要更多网格的求解域，大大减少了计算量。

Fluent 是用 C 语言编写的，因此具有很好的灵活性与很强的能力，如动态内存分配、高效的数据结构、灵活控制等。除此之外，为了高效地执行、交互地控制及灵活适应各种机器与操作系统，Fluent 使用 client/server 结构，因此它允许同时在用户桌面工作站和强有力的服务器上分别运行程序。

Fluent 软件拥有模拟流动、湍流、热传递和反应等广泛物理现象的能力，在工业上的应用包括从流过飞机机翼的气流到炉膛内的燃烧，从鼓泡塔到钻井平台，从血液流动到半导体生产，以及从无尘室设计到污水处理装置等。软件中的专用模型可用于开展缸内燃烧、空气声学、涡轮机械和多相流系统的模拟工作。

现今，全世界范围内数以千计的公司将 Fluent 与产品研发过程中的设计和优化阶段相整合，并从中获益。先进的求解技术可提供快速、准确的 CFD 结果，提供灵活的移动和变形网格，以及出众的并行可扩展能力。用户自定义函数可实现全新的用户模型和扩展现有模型。

Fluent 交互式的求解器设置、求解和后处理能力，可轻易暂停计算过程，利用集成的后处理器检查结果，改变设置，随后用简单的操作继续执行计算。ANSYS CFD-Post 可以读入 Case 和 Data 文件，并利用其先进的后处理工具开展深入分析，同时对比多个算例。

ANSYS Workbench 集成 ANSYS Fluent 后，给用户提供了与所有主要 CAD 系统的双向连接功能，其中包括 ANSYS Design Modeler 强大的几何修复和生成能力，以及 ANSYS Meshing 的先进网格划分技术。该平台通过一个简单的拖放操作便可共享不同应用程序的数据和计算结果。

3.2 Fluent 的软件结构

Fluent 的软件结构主要包括前处理器、求解器和后处理器三部分。

1. 前处理器

前处理器主要用于建立所要计算的几何模型和网格划分。在 Fluent 的早期版本中，通常使用 GAMBIT 软件来完成几何模型的建立和网格划分。

在 Fluent 软件整合进 ANSYS 软件包之后，可以通过 ANSYS 软件包中的 Design Modeler 来建立几何模型，通过 Meshing 软件或者 ICEM CFD 软件来进行网格划分。

在最新版本的 Fluent 中，已经集成了 Meshing 功能，可以利用 Meshing 模式划分高质量的非结构网格。

2. 求解器

求解器是 Fluent 软件模拟计算的核心程序。一旦网格被读入 Fluent，剩下的任务就是使用解算器进行计算，其中包括边界条件的设定、流体物性的设定、解的执行、网格的优化等。

3. 后处理器

Fluent 软件带有功能强大的后处理功能，同时还可借助于 ANSYS 软件包中的 CFD-Post 软件进行专业化的后处理。

3.2.1 Fluent 启动

启动 Fluent 程序，有直接启动和在 Workbench 中启动两种方式。

1. 直接启动

（1）在 Windows 系统中，单击"开始"→"所有程序"→ANSYS 2020→Fluent 2020 命令，便可启动 Fluent，进入软件主界面。

（2）在 Linux 系统中，在终端窗口中输入"/usr/ansys_inc/v2020/Fluent/ntbin/ntx86/Fluent.exe"后按【Enter】键，则可启动 Fluent。

2. 在 Workbench 中启动

在 Workbench 中启动 Fluent，首先需要运行 Workbench 程序，然后导入 Fluent 模块，进入程序，步骤如下。

（1）在 Windows 系统中，单击"开始"→"所有程序"→ANSYS 2020→Workbench 命令，启动 ANSYS Workbench，进入如图 3-1 所示的主界面。

（2）双击主界面 Toolbox（工具箱）中的 Component Systems→Fluent 选项，即可在项目管理区创建分析项目 A，如图 3-2 所示。

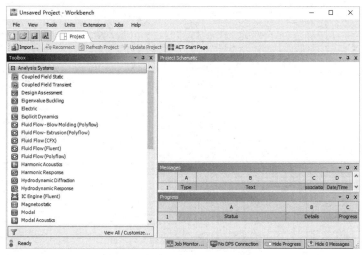

图 3-1 Workbench 主界面

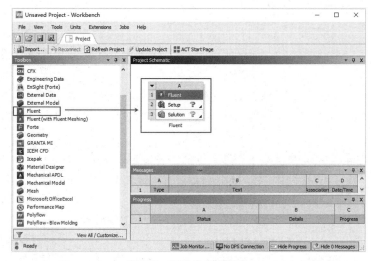

图 3-2 创建分析项目 A

（3）双击分析项目 A 中的 Setup，将直接进入 Fluent。Fluent 启动后，弹出 Fluent Launcher 对话框，如图 3-3 所示。

（4）通过对话框可以设置计算问题是二维问题（2D）或者三维问题（3D）、设置计算的精度（单精度或者双精度）、设置计算过程是串行计算或是并行计算、设置项目打开后是否直接显示网格等功能。

勾选 Meshing Mode 复选框可以进入 Fluent 的网格划分模式。

提示

Meshing Mode 只有在 3D 模型下才可选，因为 Fluent 整合的 Meshing 功能只能划分三维网格。

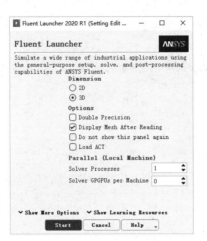

图 3-3　Fluent Launcher 对话框

3.2.2　Fluent 用户界面

Fluent 用户界面用于定义并求解问题，包括导入网格、设置求解条件及进行求解计算等。

Fluent 可以导入的网格类型较多，包括 ANSYS Meshing 生成的网格、CFX 网格工具生成的网格、CFX 后处理中包含的网格信息、ICEM CFD 生成的网格、GAMBIT 生成的网格等。

Fluent 中内置了大量的材料数据库，包括各种常用的流体、固体材料，如水、空气、铁、铝等。用户可以直接使用这些材料定义求解问题，也可以在这些材料的基础上进行修改或创建一种新材料。

Fluent 中可以设置的求解条件很多，包括定常/非定常问题、求解域、边界条件和求解参数。

Fluent 界面如图 3-4 所示，界面大致分为以下区域：

（1）主菜单：Fluent 遵循了常规软件的主菜单方式，其中包含了软件的全部功能。

（2）工具栏：包括打开、保存、视图显示等操作功能。

（3）模型设置区：包括 Fluent 计算分析的全部内容，包括网格、求解域、边界条件后处理显示等。

（4）设置选项卡：在模型设置区某一功能被选中后，设置选项卡将用来对这一功能进行详细设置。

（5）右半部分分为上下两个区域，上面是图形区，以图形方式直观显示模型；下面是文本信息区。

> **提示**
>
> Fluent 默认的图形显示界面通常是黑色或者渐变的浅蓝色背景，通过以下步骤可改变 Fluent 图形显示界面的背景颜色。

第3章 Fluent 简介

图 3-4 Fluent 界面

① 如图 3-5 所示，在 Files 功能卡中单击 Preferences 选项，弹出如图 3-6 所示的 Display Options（显示设置）对话框。

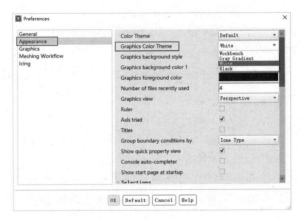

图 3-5 File 选项　　　　图 3-6 Preferences 对话框

② 在 Preferences 对话框中，将 Graphics Color Theme 改为 White。
③ 保存设置，则将图形区的背景颜色改为白色。

3.2.3 Fluent 文件的读入与输出

Fluent 除可以读入、输出必要的网格文件、算例文件和进程文件外，还保存了与其他软件的接口，这些软件包括 CFX、ABAQUS、NASTRAN、Fluent 等，同时还有与 I-DEAS 和 ANSYS 的接口。所有的读入与输出操作均可以在 File 菜单中完成，本小节将逐项进行介绍。

3.2.3.1 读取网格文件

Mesh 文件是包含各个网格点坐标值和网格连接信息,以及各分块网格类型和节点数量等信息的文件。在 Fluent 中,网格文件是算例文件的一个子集,因此在读取网格文件时可以用 File→Read→Mesh 菜单来操作。

打开菜单并读入网格文件。这些网格文件的格式必须是 Fluent 软件内定的格式,可以用来生成 Fluent 内定格式网格的网格软件有 GAMBIT、TGrid 和 ICEM CFD。

除使用 Fluent 内定格式的网格文件外,Fluent 还可以输入其他格式的网格文件。

输入其他格式文件的菜单操作是 File→Import。

主要的格式文件包括 GAMBIT、I-DEAS、NASTRAN、PATRAN、CGNS 等。

3.2.3.2 读写算例文件和数据文件

在 Fluent 中,与数值模拟过程相关的信息保存在算例文件和数据文件中。在保存文件时,可以选择将文件保存为二进制格式或纯文本格式。二进制文件的优点是占用系统资源少,运行速度快。Fluent 在读取文件时可以自动识别文件格式。Fluent 还可以根据计算开始前的设置,在间隔一定的迭代步数时自动保存文件。

1. 读/写算例文件

如前所述,算例文件中包含了网格信息、边界条件、用户界面、图形环境等信息,其扩展名为.cas,其读入操作可以单击 File→Read→Case 命令,打开文件选择窗口,即可读入所需的算例文件。

与此相类似,单击 File→Write→Case 命令,打开文件选择窗口,即可保存算例文件。

2. 读/写数据文件

数据文件记录了流场的所有数据信息,包括每个流场参数在各网格单元内的值及残差的值,其扩展名为.dat。

数据文件的保存过程与算例文件类似,单击 File→Read→Data 命令,打开文件选择窗口,可读入数据文件;单击 File→Write→Data 命令,可以保存数据文件。

3. 同时读/写算例文件和数据文件

算例文件和数据文件包含了与计算相关的所有信息,因此使用这两种文件即可开始新的计算。在 Fluent 中,可以同时读入这两种文件,单击 File→Read→Case&Data 命令,打开文件选择窗口,然后选择相关的算例文件完成读入工作,Fluent 会自动将与算例有关的数据文件一并读入。

单击 File→Write→Case&Data 命令,打开文件选择窗口,然后单击 Save(保存)按钮,即可将与当前计算相关的算例文件和数据文件同时保存在相应的目录中。

4. 自动保存算例和数据文件

在 Fluent 中,还可以使用自动保存功能以减少人工操作。使用这项功能,可以设定文件保存频率，即每隔一定的迭代步数就自动保存算例和数据文件。单击 File→Write→Autosave 命令，弹出 Autosave（自动保存）对话框，如图 3-7 所示。可以分别设定算例文件和数据文件的保存间隔。在系统默认设置中，文件保存间隔为 0，即不做自动保存。

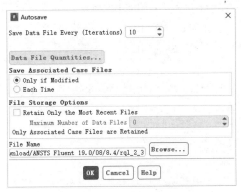

图 3-7　Autosave 对话框

在 File Name 文本框中可以为需要保存的文件命名，如果在命名过程中未使用扩展名，则系统会自动为所保存的算例文件和数据文件分别添加.cas 和.dat。

> **提示**
>
> 如果在命名过程中使用.gz 或.z 的后缀，则系统会用相应的压缩方式保存算例文件和数据文件。这里.gz 和.z 是 Fluent 中的压缩文件格式。

3.2.3.3　创建与读取进程文件

进程文件（Journal File）是 Fluent 的一个命令集合，其内容用 Scheme 语言写成。可以通过两个途径创建进程文件：一个是在用户进入图形用户界面后，系统自动记录用户的操作和命令输入，自动生成进程文件；另一个是用户使用文本编辑器直接用 Scheme 语言创建进程文件，其工作过程与用 FORTRAN 语言编程类似。

进程文件中可以使用注释语句，Scheme 语言用分号";"作为注释语句的标志。在一行语句前面使用分号";"，则表明该行为注释行，用户可以在注释行中为进程文件添加说明信息，也可以锁定一些无用的命令行。

使用进程文件可以重复过去的操作，包括恢复图形界面环境和重复过去的参数设置等。形象地说，使用进程文件就是重播用户曾经进行的操作，这个重播过程中包含了用户曾经进行过的各种有用和无用的操作过程。因此其使用效率比下面将介绍的描述文件要低。

单击 File→Write→Start Journal 命令，系统即开始记录进程文件。此时原来的 Start Journal（开始进程）菜单变为 Stop Journal（终止进程），如单击 Stop Journal（终止进程）菜单，则记录过程停止。

单击 File→Read→Journal 命令，打开选择文件窗口，选择要打开的进程文件，然后单击 OK 按钮即可打开进程文件。

3.2.3.4 创建记录文件

与进程文件类似，记录文件（Transcript File）也是用 Scheme 语言写成的，可以记录用户的所有键盘输入和菜单输入动作，不同的是，记录文件不能被读入进行重播操作。记录文件只是为计算做一个完整的操作记录，以便在程序出错时可以回过头来进行检查。

录制进程文件菜单的下方就是录制记录文件的菜单，其录制和停止过程也与进程文件的类似。

单击 File→Write→Start Transcript 命令，即开始录制记录文件。

单击 File→Write→Stop Transcript 命令，则停止录制过程。

3.2.3.5 读/写边界函数分布文件

边界函数分布文件（Profile File）用于定义计算边界上的流场条件，例如可以用边界函数分布文件定义管道入口处的速度分布。边界函数分布文件的读/写操作如下。

（1）单击 File→Read→Profile 命令，打开文件选择窗口，然后选择文件，即可读入边界函数分布文件。

（2）单击 File→Write→Profile 命令，打开 Write Profile 对话框，如图 3-8 所示，选择创建新的边界文件还是覆盖原有文件，同时在 Surface（表面）中选择要定义的边界区域，再在 Value（值）中选择要指定的流场参数，单击 Write（写）按钮即可生成边界函数分布文件。

图 3-8 Write Profile（写边界函数分布）面板

边界函数分布文件既可以用在原来的算例中，也可以用在新的算例中。例如，在管道计算中，用户为出口定义了速度分布，并将它保存在一个边界函数分布文件中。在计算另一个新的算例时，用户可以读入这个文件作为新的管道计算的出口条件。

3.2.3.6 保存图像文件

图形显示窗口显示的图像可以用很多种方式和文件格式进行保存。保存操作可以用 Fluent 软件内部工具进行保存，也可以使用第三方图形软件保存屏幕显示的图像。

Fluent 内部有一个 Save Picture（保存图形）对话框，在保存图像文件前，可以使用这个对话框对图像文件的保存格式、颜色方案等进行设置,如图 3-9 所示。

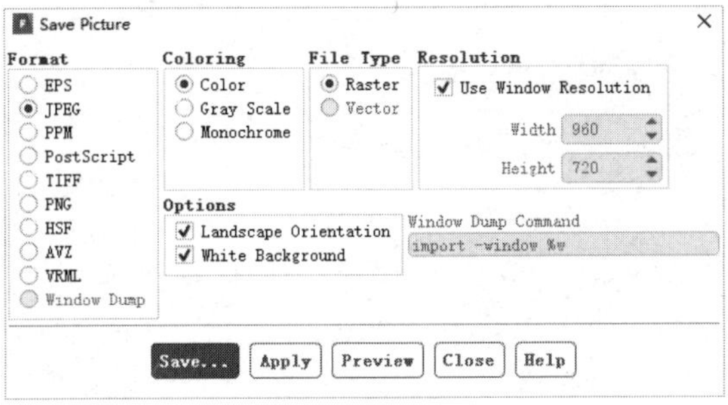

图 3-9　Save Picture（保存图形）对话框

通过该对话框可以选择图像文件格式、颜色方案、文件类型、分辨率和方向,还可预览图像文件。图像文件格式的差别不大,可以根据需要进行选择。颜色方案是选择将文件保存为彩色图像、灰度图像或单色图像。文件类型可以为光栅格式和矢量格式,其区别是光栅格式的文件读/写速度较快,但是图像质量较差;矢量格式读写速度慢但是图像质量高。

在设置完成后,单击 Preview（预览）按钮检查图像是否满足需要,如果与预想的效果相去甚远,则可重新调整上述几项参数设置;如果对预览结果满意,则可单击 Save（保存）按钮保存图像。如果想了解参数的含义,可以单击 Help（帮助）按钮获得在线帮助信息。

3.2.3.7　读入Scheme 源文件

Scheme 语言的源文件可以用三种方式读入,第一种是在菜单中作为 Scheme 文件读入,第二种是在菜单中作为进程文件读入,第三种是用 Scheme 语言的函数命令读入。

如果 Scheme 文件比较大,可以通过 File→Read→Scheme 命令读入。

或者使用如下函数命令读入:

> (load "file.scm")

小的 Scheme 文件可以用 File→Read→Journal 命令读入。

或者用命令 file/read-journal 读入,还可以用"."或 source 命令读入,例如:

> . file.scm

或

> source file.scm

3.3　Fluent 软件特点

　　Fluent 软件具有丰富的物理模型,使其能够被广泛应用。另外软件强大的模拟能力还扩展到旋转机械、气动噪声、内燃机和多相流系统等领域的应用。此外,Fluent 软件在多物理场方面的模拟能力使其应用范围非常广泛,是目前功能最全的 CFD 软件。

Fluent 因其用户界面友好、算法健壮、新用户容易上手等优点，一直在用户中有着良好的口碑。长期以来，功能强大的模块、易用性，以及专业的技术支持等所有这些因素，使得 Fluent 一直受到企业的青睐。

1．网格技术，数值技术，并行计算

计算网格是任何 CFD 计算的核心，它通常把计算域划分为几千甚至几百万个单元，在单元上计算并存储求解变量，Fluent 使用非结构化网格技术，这就意味着可以有各种各样的网格单元：二维的四边形和三角形单元，三维的四面体核心单元、六面体核心单元、棱柱和多面体单元。这些网格可以使用 Fluent 的前处理软件 GAMBIT 自动生成，也可以选择在 ICEM CFD 工具中生成。

在目前的 CFD 市场，Fluent 以其在非结构网格的基础上提供丰富物理模型而著称，久经考验的数值算法和鲁棒性极好的求解器保证了计算结果的精度，新的 NITA 算法大大减少了求解瞬态问题所需的时间，成熟的并行计算能力适用于 NT、Linux 或 UNIX 平台，而且既适用于单机的多处理器又适用于网络连接的多台机器。动态加载平衡功能自动监测并分析并行性能，通过调整各处理器间的网格分配平衡各 CPU 的计算负载。

2．湍流和噪声模型

Fluent 的湍流模型一直处于商业 CFD 软件的前沿，它提供的丰富的湍流模型中有经常使用到的湍流模型、针对强旋流和各相异性流的雷诺应力模型等，随着计算机性能的显著提高，Fluent 已经将大涡模拟（LES）纳入其标准模块，并且开发了更加高效的分离涡模型（DES）。Fluent 提供的壁面函数和加强壁面处理的方法，可以很好地处理壁面附近的流动问题。

气动声学在很多工业领域中备受关注，模拟起来却相当困难，如今，使用 Fluent 可以有多种方法计算由非稳态压力脉动引起的噪声，瞬态大涡模拟（LES）预测的表面压力可以使用 Fluent 内嵌的快速傅里叶变换（FFT）工具转换成频谱。

Fflow-Williams&Hawkings 声学模型可以用于模拟从非流线型实体到旋转风机叶片等各式各样的噪声源的传播，宽带噪声源模型允许在稳态结果的基础上进行模拟，这是一个快速评估设计是否需要改进的非常实用的工具。

3．动态和移动网格

内燃机、阀门、弹体投放和火箭发射都是包含有运动部件的例子，Fluent 提供的动网格模型满足这些具有挑战性的应用需求。它提供几种网格重构方案，根据需要用于同一模型中的不同运动部件，仅需要定义初始网格和边界运动即可。

动网格与 Fluent 提供的其他模型如雾化模型、燃烧模型、多相流模型、自由表面预测模型和可压缩流模型相兼容。搅拌槽、泵、涡轮机械中的周期性运动可以使用 Fluent 中的动网格模型（Moving Mesh）进行模拟，滑移网格和多参考坐标系模型被证实非常可靠，并和其他相关模型如 LES 模型、化学反应模型和多相流等有很好的兼容性。

4．传热、相变、辐射模型

许多流体流动伴随传热现象，Fluent 提供一系列应用广泛的对流、热传导及辐射模

型。对于热辐射情况，P1 和 Rossland 模型适用于介质光学厚度较大的环境，基于角系数的 surface to surface 模型适用于介质不参与辐射的情况，DO 模型（Discrete ordinates）适用于包括玻璃的任何介质，DTRM 模型（Discrete ray tracing module）也同样适用。

太阳辐射模型使用光线追踪算法，包含了一个光照计算器，它允许光照和阴影面积的可视化，这使得气候控制的模拟更加有意义。

其他与传热紧密相关的模型有汽蚀模型、可压缩流体模型、热交换器模型、壳导热模型、真实气体模型和湿蒸汽模型。相变模型可以追踪分析流体的融化和凝固。离散相模型（DPM）可用于液滴和湿粒子的蒸发及煤的液化。

易懂的附加源项和完备的热边界条件使得 Fluent 的传热模型成为满足各种模拟需要的成熟可靠的工具。

5．化学反应模型

化学反应模型，尤其是湍流状态下的化学反应模型，在 Fluent 软件中自其诞生以来一直占据很重要的地位，多年来，Fluent 强大的化学反应模拟能力帮助工程师完成了对各种复杂燃烧过程的模拟。

涡耗散概念、PDF 转换以及有限速率化学模型已经加入 Fluent 的主要模型中：如涡耗散模型、均衡混合颗粒模型、小火焰模型，以及模拟大量气体燃烧、煤燃烧、液体燃料燃烧的预混合模型。NOx 生成的模型也被广泛应用与定制。

对许多工业应用中涉及发生在固体表面的化学反应，Fluent 表面反应模型可以用来分析气体和表面组分之间的化学反应及不同表面组分之间的化学反应，以确保表面沉积和蚀刻现象被准确预测。

对催化转化、气体重整、污染物控制装置及半导体制造等的模拟都受益于这一技术。Fluent 的化学反应模型可以和大涡模拟（DES）及分离涡（DES）湍流模型联合使用，将这些非稳态湍流模型耦合到化学反应模型中，才有可能预测火焰稳定性及燃尽特性。

6．多相流模型

多相流混合物广泛应用于工业中，Fluent 软件是在多相流建模方面的领导者，其丰富的模拟能力可以帮助工程师洞察设备内难以探测的现象，Eulerian 多相流模型通过分别求解各相的流动方程的方法分析相互渗透的各种流体或各相流体，对于颗粒相流体采用特殊的物理模型进行模拟。

在很多情况下，占用资源较少的混合模型也用来模拟颗粒相与非颗粒相的混合。Fluent 可模拟三相混合流（液、颗粒、气），如泥浆气泡柱和喷淋床的模拟。可以模拟相间传热和相间传质的流动，使得对均相及非均相的模拟成为可能。

在 Fluent 标准模块中还包括许多其他的多相流模型，对于其他的一些多相流流动，如喷雾干燥器、煤粉高炉、液体燃料喷雾，可以使用离散相模型（DPM）。射入的粒子、泡沫及液滴与背景流之间进行发热、质量及动量的交换。

VOF 模型（Volume of Fluid）可以用于对界面的预测比较感兴趣的自由表面流动，如海浪。汽蚀模型已被证实可以很好地应用到水翼艇、泵及燃料喷雾器的模拟。沸腾现象可以很容易地通过用户自定义函数来实现。

7. 前处理和后处理

Fluent 提供专门的工具用来生成几何模型及网格创建。GAMBIT 允许用户使用基本的几何构建工具创建几何，也可用来导入 CAD 文件，然后修正几何以便于 CFD 分析，为了方便灵活地生成网格。Fluent 还提供了 TGrid，这是一种采用最新技术的体网格生成工具。

这两款软件都具有自动划分网格及通过边界层技术、非均匀网格尺寸函数及六面体为核心的网格技术快速生成混合网格的功能。对于涡轮机械，可以使用 G/Turbo，熟悉的术语及参数化的模板可以帮助用户快速完成几何的创建及网格的划分。

Fluent 的后处理可以生成有实际意义的图片、动画、报告，这使得 CFD 的结果非常容易被转换成工程师和其他人员可以理解的图形，表面渲染、迹线追踪仅是该工具的几个特征，却使 Fluent 的后处理功能独树一帜。Fluent 的数据结果还可以导入到第三方的图形处理软件或 CAE 软件进行进一步的分析。

8. 定制工具

用户自定义函数在用户定制 Fluent 时很受欢迎，其功能强大的资料库和大量的指南提供了全方位的技术支持。

Fluent 的全球咨询网络可以提供或帮助创建任何类型装备设施的平台，如旋风分离器、汽车 HVAC 系统和熔炉。另外，一些附加应用模块，如质子交换膜（PEM）、固体氧化物燃料电池、磁流体、连续光纤拉制等模块已经投入使用。

3.4 Fluent 求解步骤

Fluent 是一个 CFD 的求解器，在计算分析之前要先勾勒出一个计划，然后再按照计划进行工作。

3.4.1 制定分析方案

在制定方案之前，需要了解下列问题。

（1）确定工作目标：即明确计算的内容是什么？计算结果的精度要有多高？

（2）选择计算模型：要考虑如何划定流场？流场的起止点在哪里？边界条件如何定义？是否可以用二维进行计算？网格的拓扑结构应该是什么样的？

（3）选择物理模型：流动是无黏流、层流，还是湍流？流动是可压的，还是不可压的？需要考虑传热问题吗？流场是定常的，还是非定常的？在计算中是否还要考虑其他物理问题？

（4）确定求解流程：要计算的问题能否用系统默认的设置简单地完成？是否有什么窍门可以加快计算的收敛？计算机的内存是否够用？计算需要多长时间？

仔细思考这些问题可以更好地完成计算，否则在计算的过程中就会经常遇到意想不到的问题,并且经常返工,浪费时间,降低工作效率。

3.4.2 求解步骤

在确定所解决问题的特征之后,需要通过以下几个基本步骤来解决问题。
(1)创建网格。
(2)运行合适的解算器:2D、3D、2DDP、3DDP。
(3)输入网格。
(4)检查网格。
(5)选择解的格式。
(6)选择需要解的基本方程:层流还是湍流(无黏)、化学组分还是化学反应、热传导模型等。
(7)确定所需要的附加模型:风扇、热交换、多孔介质等。
(8)指定材料物理性质。
(9)指定边界条件。
(10)调节解的控制参数。
(11)初始化流场。
(12)计算解。
(13)检查结果。
(14)保存结果。
(15)必要的话,可以细化网格,改变数值和物理模型。

Fluent 的计算步骤与菜单的对应项如表 3-1 所示。

表 3-1 Fluent 计算步骤及对应菜单项

步 骤	对应菜单项
输入网格	File
检查网格	Grid
选择求解格式	Define
选择基本方程	Define
物质属性	Define
边界条件	Define
调整求解控制参数	Solve
初始化流场	Solve
计算求解	Solve
检查结果	Display/Report
保存结果	File
根据结果对网格做适应性调整	Adapt

3.5 Fluent 使用的文件类型

使用 Fluent 时，会涉及多种类型的文件，Fluent 读入的文件类型包括 grid、case、data、profile、Scheme 及 journal 文件，输出的文件类型包括 case、data、profile、journal 及 transcript 等。

Fluent 还可以保存当前窗口的布局以及保存图形窗口的副本。表 3-2 给出了 Fluent 用到的主要文件类型。

表 3-2 Fluent 的文件类型

文件类型	扩展名	作　用
grid（网格文件）	.msh	记录网格数据信息
case（项目文件）	.cas	记录物理数据、区域定义、网格信息
data（数据文件）	.dat	记录每个网格数据信息及收敛的历史记录（残差值）
profile（边界信息文件）	用户指定	用于指定边界区域上的流动条件
journal（日志文件）	用户指定	记录用户输入过的各类命令
transcript（副本文件）	用户指定	记录全部输入及输出信息
HardCopy（硬拷贝文件）	取决于输出格式	将图形窗口中的内容副本输出为 JPEG、TIFF、PostScript 等格式文件
Export（输出文件）	取决于输出格式	将计算数据输出为 AVS、FAST、FIELDVIEW、EnSight 等软件可读入的格式文件
Interpolat（转接文件）	用户指定	用于两种网格方案之间的数据文件交换
Scheme（源文件）	.scm	用 Scheme 语言编写的源程序文件
配置文件	.Fluent	记录对 Fluent 进行定制和控制的文件

3.6 本章小结

本章介绍了 Fluent 软件的基本知识，包括 Fluent 的主要计算方式和适用范围、Fluent 的图形用户界面和文字用户界面、Fluent 与其他 CAD/CAE 软件的接口、各种文件在 Fluent 中的导入和导出方法、Fluent 的计算步骤等。

第4章

生成网格

在使用商用 CFD 软件的工作中，大约有 80% 的时间花费在网格划分上，可以说网格划分能力的高低是决定工作效率的主要因素之一。特别是对于复杂的 CFD 问题，网格生成极为耗时，且极易出错，因此，网格质量直接影响 CFD 计算的精度和速度，有必要对网格生成方式给予足够的重视。

学习目标

(1) 掌握 ANSYS ICEM CFD 的网格生成方法。
(2) 掌握 Fluent Meshing 的网格生成方法。
(3) 掌握 GAMBIT 的网格生成方法。

4.1 网格生成概述

4.1.1 网格划分技术

由于实际工程计算中的大多数计算区域较为复杂,因而不规则区域内网格的生成是计算流体力学一个十分重要的研究领域。实际上,CFD 计算结果最终的精度及计算过程的效率主要取决于所生成的网格与所采用的算法。

现有各种生成网格的方法在一定的条件下都有其优越性和弱点,各种求解流场的算法也各有其适应范围。一个成功而高效的数值计算,只有在网格的生成及求解流场的算法这两者之间有良好的匹配时才能实现。

Fluent 划分网格的途径有两种:一种是用 Fluent 自带的 Meshing 功能进行网格划分;另一种是由其他的 CAD 软件完成造型工作,再导入其他网格生成软件(如 ICEM CFD)中生成网格。

4.1.2 网格类型

从总体上来说,CFD 计算中采用的网格可以大致分为结构化网格和非结构化网格两大类。一般数值计算的正交与非正交曲线坐标系中生成的网格都是结构化网格,其特点是每一节点与其邻点之间的连接关系固定不变且隐含在所生成的网格中,因而我们不必专门设置数据去确认节点与邻点之间的这种联系。

从严格意义上讲,结构化网格是指网格区域内所有的内部点都具有相同的毗邻单元。结构化网格的主要优点有以下几点:
- 网格生成的速度快。
- 网格生成的质量好。
- 数据结构简单。
- 对曲面或空间的拟合大多数采用参数化或样条插值的方法得到,区域光滑,与实际的模型更容易接近。
- 它可以很容易地实现区域的边界拟合,适合流体和表面应力集中等方面的计算。

结构化网格最典型的缺点是适用的范围比较窄。尤其随着近几年计算机和数值方法应用的快速发展,人们对求解区域的复杂性的要求越来越高,在这种情况下,结构化网格生成技术就显得力不从心。

在结构化网格中,每一个节点及控制容积的几何信息必须加以存储,但该节点的邻点关系是可以依据网格编号的规律而自动得出,因而不必专门存储这类信息,这是结构化网格的一大优点。

但是,当计算区域比较复杂时,即使应用网格生成技术也难以妥善地处理所求解的不规则区域,这时可以采用组合网格,又称块结构化网格。在这种方法中,把整个求解区域分为若干个小块，每一块中均采用结构化网格，块与块之间可以是并接的，即两块之间用一条公共边连接，也可以是部分重叠的。

这种网格生成方法既有结构化网格的优点，同时又不要求一条网格线贯穿在整个计算区域中，给处理不规则区域带来很多方便，目前应用很广。这种网格生成中的关键是两块之间的信息传递。

同结构化网格的定义相对应，非结构化网格是指网格区域内的内部点不具有相同的比邻单元。即与网格剖分区域内的不同内点相连的网格数目不同。从定义上可以看出，结构化网格和非结构化网格有相互重叠的部分，即非结构化网格中可能会包含结构化网格的部分。

非结构化网格技术从 20 世纪 60 年代开始得到了发展，主要是弥补结构化网格不能解决任意形状和任意连通区域的网格剖分的欠缺。

由于对不规则区域的特别适应性自 20 世纪 80 年代以来得到了迅速的发展，到 90 年代，非结构化网格的研究达到了高峰时期。由于非结构化网格的生成技术比较复杂，随着人们对求解区域复杂性的不断提高，对非结构化网格生成技术的要求越来越高。

从现在的调查情况来看，非结构化网格生成技术中仅平面三角形的自动生成技术比较成熟，平面四边形网格的生成技术正在走向成熟。

4.2 ANSYS ICEM CFD 网格划分

ANSYS ICEM CFD 是一款计算前后处理的软件，包括几何创建、网格划分、前处理条件设置、后处理等功能。在 CFD 网格生成领域，优势更为突出。

ANSYS ICEM CFD 提供了高级几何获取、网格生成、网格优化及后处理工具，以满足当今复杂分析对集成网格生成与后处理工具的需求。

为了在网格生成与后处理中与几何保持紧密联系，ANSYS ICEM CFD 被用于诸如计算流体动力学与结构分析中。

ANSYS ICEM CFD 的网格生成工具提供了参数化创建网格的能力，包括许多不同格式，例如：

（1）Multiblock structured（多块结构网格）。

（2）Unstructured hexahedral（非结构六面体网格）。

（3）Unstructured tetrahedral（非结构四面体网格）。

（4）Cartesian with H-grid refinement（带 H 型细化的笛卡儿网格）。

（5）Hybird meshed comprising hexahedral, tetrahedral, pyramidal and/or prismatic elements（混合了六面体、四面体、金字塔或棱柱形网格的杂交网格）。

（6）Quadrilateral and triangular surface meshes（四边形和三角形表面网格）。

ANSYS ICEM CFD 提供了几何与分析间的直接联系。在 ICEM CFD 中，集合可以以商用 CAD 设计软件包、第三方公共格式、扫描的数据或点数据的任何格式导入。

4.2.1 工作流程

ICEM CFD 的一般工作流程如图 4-1 所示，主要包括以下 5 个步骤：
（1）打开/创建一个工程。
（2）创建/导入几何体。
（3）创建网格。
（4）检查/编辑网格。
（5）生成求解器的导入文件。

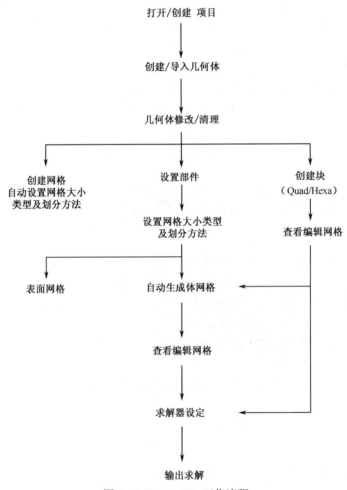

图 4-1　ICEM CFD 工作流程

4.2.2 ICEM CFD 的文件类型

ICEM CFD 工作流程中的一般文件类型如表 4-1 所示。

表 4-1　ICEM CFD 文件类型

文件类型	扩展名	说　　明
Tetin	*.tin	包括几何实体、材料点、块关联及网格尺寸等信息
Project	*.prj	工程文件，包含有项目信息
Blocking	*.blk	包含块的拓扑信息
Boundary conditions	*.fbc	包含边界条件
Attributes	*.atr	包含属性、局部参数及单元信息
Parameters	*.par	包含模型参数及单元类型信息
Journal	*.jrf	包含所有操作的记录
Replay	*.rpl	包含回放脚本

4.2.3　ICEM CFD 的用户界面

ICEM CFD 的图形用户接口（GUI）提供了一个创建和编辑计算网格的完整环境。图 4-2 所示为 ICEM CFD 的图形用户界面。左上角为主菜单，在其下方为工具按钮，包含了诸如 Save 及 Open 之类的命令。

与工具按钮栏相平齐的为功能选项卡，它从左至右的顺序也是一个典型网格生成过程的顺序。

单击选项卡上的标签，可将功能按钮显示在前台，单击其中的按钮，可激活该按钮所关联的数据对象区（Data Entry Zone）。

同时还包含选择工具条，在界面的右下角还包含文本信息区和图形显示区。在用户界面的左上角为操作控制树目录，用户可以使用该目录修改规定显示、属性及创建子集等。

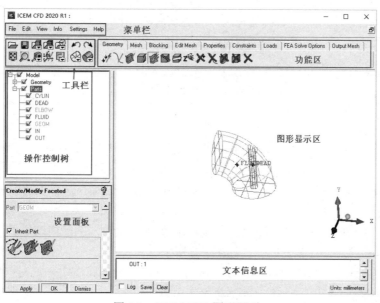

图 4-2　ICEM CFD 图形界面

4.2.4　ANSYS ICEM CFD 基本用法

ICEM CFD 是功能强大的几何建模和网格划分工具，本节将介绍 ICEM CFD 几何模型创建、几何模型导入、网格生成、块的生成、网格编辑、网格输出等基本操作。

4.2.4.1　ICEM CFD 几何模型的创建

在进行流体计算中，不可避免地要创建流体计算域模型。除使用其他几何建模软件以外，ICEM CFD 也具备一定的几何建模能力，其主要包含以下两种建模思路：

（1）自底向上建模方式。遵循"点—线—面"的几何生成方法。首先创建几何关键点，由点连接生成曲线，再由曲线生成曲面。这里与其他软件不同的是，ICEM CFD 中并没有实体的概念。其最高一级几何为曲面。至于在创建网格中所建的 body 只是拓扑意义上的体。

（2）自顶向下建模方式。在 ICEM CFD 中可以创建一些基本几何，如箱体、球体、圆柱体。在建模过程中，可以直接创建这些基本几何，然后通过其他方式对几何进行修改。

下面介绍基本几何的创建方式，包括点、线、面等。

1．点的创建

单击 Geometry 标签，再单击 ![icon]（创建点）按钮，即可进入点创建工具面板。该面板包含的按钮如图 4-3 所示，下面依次进行功能描述。

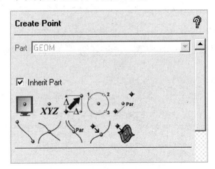

图 4-3　点创建工具面板

（1）Part（部件）：若未勾选 Inherit Part 复选框，则该区域可编辑。可将新创建的点放入指定的 Part 中。默认此项为 GEOM，且 Inherit Part 被勾选。

（2）![icon] Screen Select（屏幕选择点）：单击该按钮后可在屏幕上选取任何位置进行点的创建。

（3）![icon] Explicit Coordinates（坐标输入）：单击此按钮，进行精确位置点的创建。可选模式包括单点创建及多点创建，如图 4-4 所示。

图 4-4（a）为单点创建模式，输入点的 x、y、z 坐标即可创建点。而图 4-4（b）则为多点创建模式，可以使用表达式创建多个点。

表达式可以包含有+、-、/、*、^、()、sin()、cos()、tan()、asin()、acos()、atan()、log()、log10()、exp()、sqrt()、abs()、distance(pt1,pt2)、angle(pt1,pt2,pt3)、X(pt1)、Y(pt1)、

Z(pt1)。所有的角度均以"°"为单位。

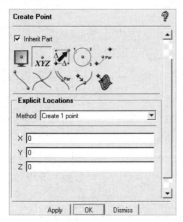
（a）单点创建模式

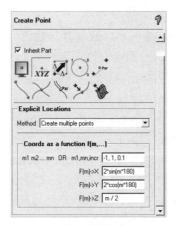
（b）多点创建模式

图 4-4　点的创建方式

- 第一个文本框表示变量，包含有两种格式：列表形式（m1 m2 ... mn）与循环格式（m1, mn, incr）。主要区别在于是否有逗号。没有逗号为列表格式，有逗号为循环格式。

如 0.1 0.3 0.5 0.7 为列表格式；而 0.1, 0.5, 0.1 则为循环格式，表示起始值为 0.1，终止值为 0.5，增量为 0.1。

- F(m)->X 为点的 X 方向坐标，通过表达式进行计算。
- F(m)->Y 为点的 Y 方向坐标，通过表达式进行计算。
- F(m)->Z 为点的 Z 方向坐标，通过表达式进行计算。

图 4-4（b）中实际上是创建一个螺旋形的点集。

（4）Base Point and Delta（基点偏移法）：以一个基准点及其偏移值创建点。使用时需要指定基准点以及相对该点的 x、y、z 坐标。

（5）Center of 3 Points（三点定圆心）：可以利用此按钮创建三个点或圆弧的中心点。选取三个点创建中心点，其实是创建了由此三点构建的圆的圆心。

（6）Based on 2 Locations（两点之间定义点）：此命令按钮利用屏幕上选取的两点创建另一个点。单击此按钮后出现如图 4-5 所示的操作面板。

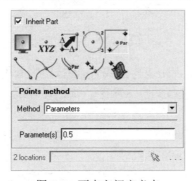

图 4-5　两点之间定义点

用此方法创建点有两种方式，其一为如图 4-5 所示的参数方法，其二为指定点的个数的方法。

如图 4-5 所示，若设置参数值为 0.5，则创建所指定两点连线的中点。此处的参数为偏离第一点的距离，该距离计算方式为两点连线的长度与指定参数的乘积。

而采用指定点的个数的方式，则在两点间创建一系列点。若指定点个数为 1，则创建中点。

（7）Curve Ends（线的端点）：单击此按钮创建两个点，所创建的点为选取的曲线的两个终点。

（8）Curve-Curve Intersection（线段交点）：创建两条曲线相交所形成的交点。

（9）Parameter along a Curve（线上定义点）：与方式（6）类似，所不同的是此按钮选取的是曲线，创建的是曲线的中点或沿曲线均匀分布的 N 个点。

（10）Project Point to Curve（投影到线上的点）：将空间点投影到某一曲线上，创建新的点。该按钮中的选项可以使新创建的点分割曲线。

（11）Project Point to Surface（投影到面上的点）：将空间点投影到曲面上创建新的点。

创建点的方式一共有 11 种，其中前 3 种主要用于几何创建，后面 8 种主要用于划分网格中辅助几何的构建。但它们都可以用于创建几何体。

2．线的创建

单击 Geometry 标签，再单击（创建线）按钮，即可进入线创建工具面板。该面板包含的按钮如图 4-6 所示，下面对部分按钮进行功能描述。

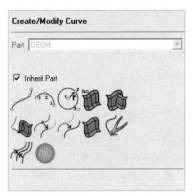

图 4-6　线创建工具面板

（1）From Points（多点生成样条线）：该按钮为利用已存在的点或选择多个点创建曲线。需要说明的是：若选择的点为两个，则创建直线；若点的数目多于两个，则自动创建样条曲线。

（2）Arc Through 3 Points（3 点定弧线）：圆弧创建按钮。圆弧的创建方式有两种：①三点创建圆弧；②圆心及两点。

选用三点创建圆弧时，第一点为圆弧起点，最后选择的点为圆弧终点。

采用第二种方式进行圆弧创建时，也有两种方式，如图 4-7 所示。若采用 Center 的方式，则第一个选取的点与第二点间的距离为半径，第三点表示圆弧弯曲的方向。若采用 Start/End 方式，则第一点并非圆心，只是指定了圆弧的弯曲方向，而第二点与第三点为圆弧的起点与终点。当然这两种方式均可以人为地确定圆弧半径。

（3）Arc from Center Point/2 Points on Plane（圆心和两点定义圆）：该按钮主要用于创建圆。采用如图 4-8 所示的方式，规定一个圆心加两个点的方式。选取点时，第一次选择的点为圆心。

若没有人为地确定半径值，则第一点与第二点间的距离为圆的半径值。可以设定起始角与终止角。若规定了半径值，则其实是用第一点与半径创建圆，第二点与第三点的作用是联合第一点确定圆所在的平面。

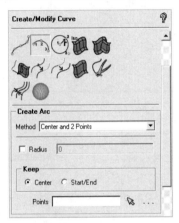 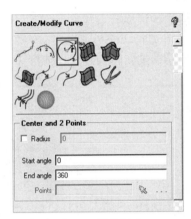

图 4-7　圆弧的创建　　　　　　图 4-8　圆的创建

（4）Surface Parameter（表面内部抽线）：根据平面参数创建曲线。该按钮的功能与块切割的作法很相似，本功能在实际应用中用得很少。

（5）Surface-Surface Intersection（面相交线）：此功能按钮用于获取两相交面的交线。使用起来也很简单，直接选取两个相交的曲面即可。选择方式可以是直接选取面、选择 part 以及选取两个子集。

（6）Project Curve on Surface（投影到面上的线）：曲线向面投影。有两种操作方式，即沿面法向投影和指定方向投影。沿面法向投影方式只需要指定投影曲线及目标面。而选用指定方向投影的方式，则需要人为指定投影方向。

3．面的创建

单击 Geometry 标签，再单击（创建面）按钮，即可进入面创建工具面板。该面板包含的按钮如图 4-9 所示，下面对部分按钮进行功能描述。

（1）From Curves（由线生成面）：单击此按钮，可以通过曲线创建面。可选模式包括选择二～四条边界曲线创建面、选择多条重叠或不相互连接的线创建面和选择四个点创建面。

（2）Curve Driven（放样）：单击此按钮，可以通过选取一条或多条曲线沿引导线扫掠创建面。

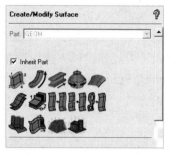

图 4-9　面创建工具面板

（3）Sweep Surface（沿直线方向放样）：单击此按钮，可以通过选取一条曲线沿矢量方向或直线扫掠创建面。

（4）Surface of Revolution（回转）：单击此按钮，可以通过设定起始和结束角度，选取一条曲线沿轴回转创建面，如图 4-10 所示。

图 4-10　回转创建面的设置

（5）Loft surface on several curves（利用数条曲线放样成面）：单击此按钮，可以通过利用多条曲线放样的方法生成面。

4.2.4.2　几何文件导入

由于 ICEM CFD 的建模功能较弱，因此，对于一些复杂结构模型，常需要在专业的 CAD 软件中进行创建，然后再将几何文件导入 ICEM CFD 来完成网格划分。

ICEM CFD 可以接受多种 CAD 软件绘制的几何文件，如图 4-11 所示。

4.2.4.3　网格生成

ICEM CFD 生成的网格主要分为四面体网格、六面体网格、三棱柱网格、O-Grid 网格等。其中：

- 四面体网格能够很好地贴合复杂的几何模型，生成过程较简单。
- 六面体网格质量高，需要生成的网格数量相对较少，适合对网格质量要求较高的模型，但生成过程复杂。

- 三棱柱网格适合薄壁几何模型。
- O-Grid 网格适合圆或圆弧模型。

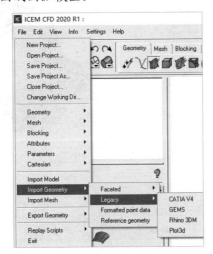

图 4-11 ICEM CFD 可导入的 CAD 格式

选择哪种网格类型进行网格划分要根据实际模型的情况来确定,甚至可以将几何模型分割成不同的区域,采用多种网格类型来进行网格划分。

ICEM CFD 为复杂模型提供了自动网格生成功能,使用此功能能够自动生成四面体网格和描述边界的三棱柱网格,网格生成工具如图 4-12 所示。

图 4-12 网格生成工具

网格生成主要具备以下功能:

1. Global Mesh Setup(全局网格设定)

(1) （全局网格尺寸）:设定最大网格尺寸及比例尺来确定全局网格尺寸,如图 4-13 所示。

- Scale Factor(比例因子):用来改变全局的网格尺寸(体、表面、线),通过乘以其他参数来得到实际网格参数。
- Global Element Seed Size(全局单元源尺寸):用来设定模型中最大可能的网格大小。

> **提示**
> 参数值可以设置任意大的值,实际网格很可能达不到那么大。

- Display(显示):显示体网格的大小示意图,如图 4-14 所示。

(2) （表面网格尺寸）:设定表面网格类型及大小,如图 4-15 所示。

图 4-13 全局网格尺寸设置

图 4-14 体网格的大小示意图

Mesh type（网格类型）有以下四种网格类型可供选择：
- All Tri：所有网格单元类型为三角形。
- Quad w/one Tri：面上的网格单元大部分为四边形，最多允许有一个三角形网格单元。
- Quad Dominant：面上的网格单元大部分为四边形，允许有一部分三角形网格单元存在。这种网格类型多用于复杂的面，此时如果生成全部四边形网格会导致网格质量非常低，对于简单的几何，该网格类型和 Quad w/one Tri 生成的网格效果相似。
- All Quad：所有网格单元类型为四边形。

Mesh Method（网格生成方法）有以下四种网格生成方法可供选择：
- AutoBlock：自动块方法，自动在每个面上生成二维的 Block，然后生成网格。
- Patch Dependent：根据面的轮廓线来生成网格，该方法能够较好地捕捉几何特征，创建以四边形为主的高质量网格。
- Patch Independent：网格生成过程不严格按照轮廓线，使用稳定的八叉树方法，在生成网格过程中能够忽略小的几何特征，适用于精度不高的几何模型。
- Shrinkwrap：是一种笛卡儿网格生成方法，会忽略大的几何特征，适用于复杂的几何模型快速生成面网格，此方法不适合薄板类实体的网格生成。

（3） （体网格尺寸）：设定体网格类型及大小，如图 4-16 所示。

图 4-15 表面网格尺寸设置

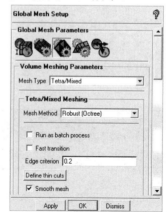

图 4-16 体网格尺寸

Mesh Type（网格类型）有以下三种网格类型可供选择。
- Tetra/Mixed：是一种应用广泛的非结构网格类型。在默认情况下自动生成四面体网格（Tetra），通过设定可以创建三棱柱边界层网格（Prism），也可以在计算域内部生成以六面体单位为主的体网格（Hexcore），或者生成既包含边界层又包含六面体单元的网格。
- Hex-Dominant：是一种以六面体网格为主的体网格类型，此种网格在近壁面处网格质量较好，在模型内部网格质量较差。
- Cartesian：是一种自动生成的六面体非结构网格。

不同的体网格类型对应着不同的网格生成方法，Mesh Method（网格生成方法）主要有以下几种可供选择。
- Robust（Octree）：适用于 Tetra/Mixed 网格类型，此方法使用八叉树方法生成四面体网格，是一种自上而下的网格生成方法，即先生成体网格，然后生成面网格。对于复杂模型，不需要花费大量时间用于几何修补和面网格的生成。
- Quick（Delaunay）：适用于 Tetra/Mixed 网格类型，此方法生成四面体网格是一种自下而上的网格生成方法，即先生成面网格，然后生成体网格。
- Smooth（Advancing Front）：适用于 Tetra/Mixed 网格类型，此方法生成四面体网格是一种自下而上的网格生成方法，即先生成面网格，然后生成体网格。与 Quick 方法不同的是，近壁面网格尺寸变化平缓，对初始的面网格质量要求较高。
- Tgrid：适用于 Tetra/Mixed 网格类型，此方法生成四面体网格是一种自下而上的网格生成方法，能够使近壁面网格尺寸变化平缓。
- Body-Fitted：适用于 Cartesian 网格类型，此方法创建非结构笛卡儿网格。
- Staircase（Global）：适用于 Cartesian 网格类型，该方法可以对笛卡儿网格进行细化。
- Hexa-Core：适用于 Cartesian 网格类型，该方法生成六面体为主的网格。

（4）（棱柱网格尺寸）：设定棱柱网格大小，如图 4-17 所示。

在 Global Prism Parameters（全局参数）中包括以下参数。
- Growth law（增长规律）：有 Exponential（指数）、Linear（线性）两种类型。
- Initial height（初始高度）：不指定时自动计算。
- Number of layers（层数）：设定层数。
- Height ratio（高度比率）：设定高度比率。
- Total height（总高度）：总棱柱厚度。
- Compute params（将计算余下的参数）：指定以上四个参数中的三个，余下的一个可通过计算得到。

在 Prism element part controls（局部参数）中，可为各个 part 单独设定初始高度，高度比率和层数如图 4-18 所示。

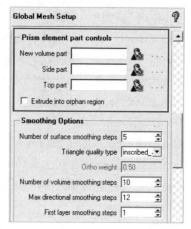

图 4-17　棱柱网格尺寸　　　　　图 4-18　棱柱网格局部参数设置

- New volume part：指定新的 part 存放棱柱单元或者从已有的面或体网格 part 中选择。
- Side part：存放侧面网格的 part。
- Top part：存放最后一层棱柱顶部三角形面单元。
- Extrude into orphan region：当选中时，向已有体单元外部生长棱柱，而不是向内。

在 Smoothing Options（光顺选项）中包括如下参数。

- Number of surface smoothing steps（光顺步数）：当仅拉伸一层时，设表面/体光顺步为 0，值的设定根据模型及用户的经验。
- Triangle quality type（三角网格质量类型）：一般选择 Laplace。
- Max directional smoothing steps（最大光顺步数）：根据初始棱柱质量重新定义拉伸方向，在每层棱柱生成过程中都计算。

其他还有如下参数。

- Fix marching direction（保持正交）：保持棱柱网格生成与表面正交。
- Min prism quality（最低网格质量）：设置最低允许棱柱质量，当质量不满足时，从新方向光顺或者用金字塔型单元覆盖或替换。
- Ortho weight（正交权因子）：节点移动权因子（0 为提高三角形质量，1 为提高棱柱正交性）。
- Fillet ratio（圆角比率）：0 表示无圆角，1 表示圆角曲率等于棱柱层高度，如图 4-19 所示。

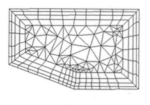　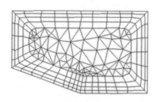　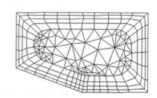

(a) Fillet ratio=0　　　　(b) Fillet ratio=0.5　　　　(c) Fillet ratio=1

图 4-19　圆角比率

- Max prism angle（最大棱柱角）：控制弯曲附近或到邻近曲面棱柱层的生成，在棱柱网格停止的位置用金字塔连接形成网格，通常设置为 120°到 180°范围内，如图 4-20 所示。

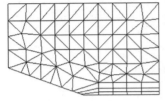 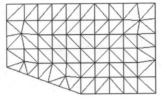 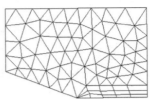

(a) 原始网格　　　　　(b) Max prism angle = 180 deg　　　(c) Max prism angle = 140 deg

图 4-20　最大棱柱角

- Max height over base（最大基准高度）：限制棱柱体网格的纵横比，在棱柱体网格的纵横比超过指定值的区域，棱柱层停止生长，如图 4-21 所示。

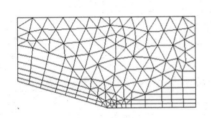 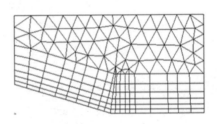

(a) 原始网格　　　　　　　　　　(b) Max height over base = 1.0

图 4-21　最大基准高度

- Prism height limit factor（棱柱高度限制系数）：限制网格的纵横比，如果 factor 达到指定值，棱柱体网格的高度不会扩展，保证指定的棱柱体网格层数，如果相邻两个单元尺寸差异的 factor 大于 2 时，功能失效，如图 4-22 所示。

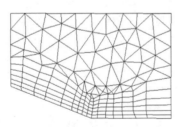 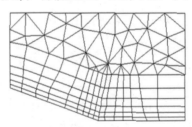

(a) 原始网格　　　　　　　　　　(b) Limit Factor = 0.5

图 4-22　棱柱高度限制系数

（5）（设定周期性网格）：设定周期性网格的类型及尺寸，如图 4-23 所示。
棱柱网格尺寸和设定周期性网格设置相对简单，限于篇幅在此不再赘述，请参考帮助文档。

2. Parts Mesh Setup（特定部位网格尺寸设定）

设定几何模型中指定区域的网格尺寸，如图 4-24 所示。可以通过将几何模型中的特征尺寸区域定义为一个 Part，设置较小的网格尺寸来捕捉细致的几何特征，或者将对计

Note

算结果影响不大的几何区域定义为一个 Part：设置较大的网格尺寸来减少网格生成的计算量，提高数值计算的效率。

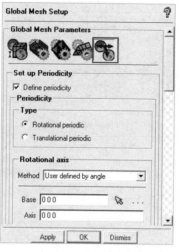

图 4-23　设定周期性网格

Part Mesh Setup

Part	Prism	Hexa-core	Maximum size	Height	Height ratio	Num layers	Tetra size ratio	Tetra width	Min size limit	Max deviation	Prism height limit factor	Prism growth law	Internal wall	Split wall
CYLIN			5	1	1.2	0	1.2	0	0	0	0	undefined		
DEAD														
ELBOW			5	1	1.2	0	1.2	0	0	0	0	undefined		
FLUID														
GEOM			1					0	0	0	0	undefined		
IN			5	0	0	0	0	0	0	0	0	undefined		
OUT			5	0	0	0	0	0	0	0	0	undefined		

Show size params using scale factor
Apply inflation parameters to curves
Remove inflation parameters from curves
Highlighted parts have at least one blank field because not all entities in that part have identical parameters
Apply　Dismiss

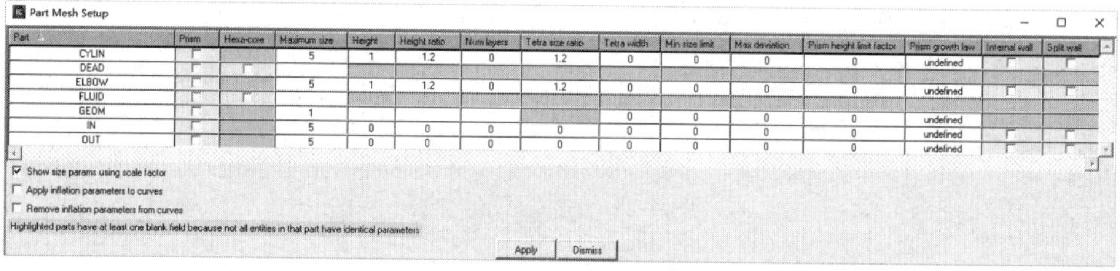

图 4-24　特定部位网格尺寸设定

3. Surface Mesh Setup（表面网格设定）

通过鼠标选择几何模型中一个或几个面，设定其网格尺寸，如图 4-25 所示。

主要参数如下：

- Maximum size：基于边的长度。
- Height：面上体网格的高，仅适用于六面体/三棱柱。
- Height ratio：六面体/三棱柱层的增长率。
- Number of layers：均匀的四面体增长层数或三棱柱增长层数，大小由表面参数确定。
- Tetra size ratio：四面体平均生长率。
- Minimum size：表面最小的四面体，自动细分的限制。
- Maximum deviation：表面三角形中心到表面的距离小于设定值，就停止细分。

4. Curve Mesh Parameters（曲线网格参数）

设定几何模型中指定曲线的网格尺寸，如图 4-26 所示。

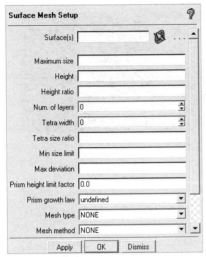
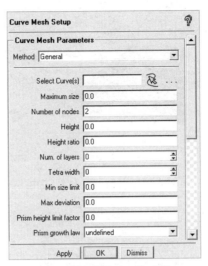

图 4-25　表面网格设定　　　　图 4-26　曲线网格参数

主要参数如下：
- Maximum size：基于边的长度。
- Number of nodes：沿曲线的节点数。
- Height：面上体网格的高，仅适用于六面体/三棱柱。
- Height ratio：六面体/三棱柱层的增长率。
- Number of layers：均匀的四面体增长层数或三棱柱增长层数，大小由表面参数确定。
- Tetra size ratio：四面体平均生长率。
- Minimum size：表面最小的四面体，自动细分的限制。
- Maximum deviation：表面三角形中心到表面的距离小于设定值，就停止细分。

5. Create Mesh Density（网格加密）

通过选取几何模型上的一点，指定加密宽度、网格尺寸和比例，生成以指定点为中心的网格加密区域，如图 4-27 所示。

- Size：网格尺寸。
- Ratio：网格生长比率。
- Width：密度盒内填充网格的层数。

图 4-27　网格加密

网格加密的类型有两种：
- Points：用 2~8 个位置的点（2 点为圆柱状），如图 4-28 所示。
- Entity bounds：用选择对象的边界作密度盒。

6. Define Connections（定义连接）

同时定义连接两个不同的实体，如图 4-29 所示。

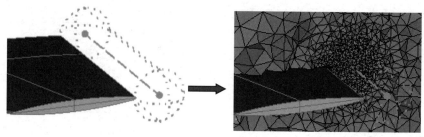

图 4-28 两点网格加密

7. Mesh Curve（生成曲线网格）

为一维曲线生成网格，如图 4-30 所示。

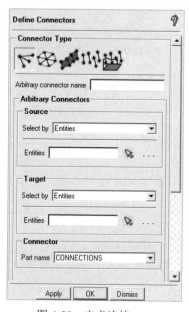

图 4-29 定义连接

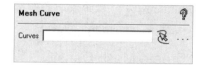

图 4-30 生成曲线网格

8. Compute Mesh（计算网格）

根据前面的设置生成二维面网格、三维体网格或三棱柱网格。

（1）（面网格）：生成二维面网格，如图 4-31 所示。

MeshType（网格类型）有以下四种网格类型可供选择。

- All Tri：所有网格单元类型为三角形。
- Quad w/one Tri：面上的网格单元大部分为四边形，最多允许有一个三角形网格单元。
- Quad Dominant：面上的网格单元大部分为四边形，允许有一部分三角形网格单元的存在。这种网格类型多用于复杂的面，此时如果生成全部四边形网格会导致网格质量非常低，对于简单的几何，该网格类型和 Quad w/one Tri 生成的网格的效果相似。
- All Quad：所有网格单元类型为四边形。

（2）：生成三维体网格，如图 4-32 所示。

图 4-31　面网格

图 4-32　体网格

Mesh Type（网格类型）有以下四种网格类型可供选择。
- Tetra/Mixed：是一种应用广泛的非结构网格类型。在默认情况下自动生成四面体网格（Tetra），通过设定可以创建三棱柱边界层的网格（Prism），也可以在计算域内部生成以六面体单位为主的体网格（Hexcore），或者生成既包含边界层又包含六面体单元的网格。
- Hex-Dominant：是一种以六面体网格为主的体网格类型，此种网格在近壁面处网格质量较好，在模型内部网格质量较差。
- Cartesian：是一种自动生成的六面体非结构网格。
- ：生成三棱柱网格，一般用来细化边界，如图 4-33 所示。

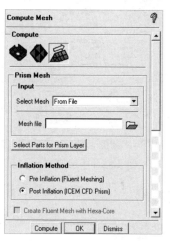
图 4-33　三棱柱网格

4.2.4.4　块的生成

除了自动生成网格，ICEM CFD 还可以通过生成 Block（块）来逼近几何模型，在块上生成质量更高的网格。

ICEM CFD 生成块的方式主要有两种：自上而下及自下而上。自上而下生成的块方式类似于雕刻家，将一整块以切割、删除等操作方式，构建符合要求的块。

而自下而上则类似于建筑师，从无到有一步步地以添加的方式构建符合要求的块。不管是以何种方式进行块的构建，最终的块通常都是相类似的。块生成工具如图 4-34 所示。

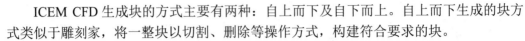

图 4-34　块生成工具

1. Create Block（生成块）

生成块用于包含整个几何模型，如图 4-35 所示。

生成块的方法如下。

- （生成初始块）：通过选定部位的方法生成块。
- （从顶点或面生成块）：使用选定顶点或面的方法生成块。
- （拉伸面）：使用拉伸二维面的方法生成块。
- （从二维到三维）：将二维面生成三维块。
- （从三维到二维）：将三维块转换成二维面。

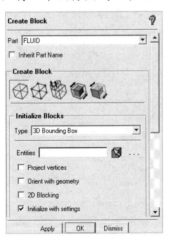

图 4-35　生成块面板

2. Split Block（分割块）

将块沿几何变形部分分割开来，从而使块能够更好地逼近几何模型，如图 4-36 所示。

分割块的方法如下。

- （分割块）：直接使用界面分割块。
- （生成 O-Grid 块）：将块生成 O-Grid 网格形式。
- （延长分割）：延长局部的分割面。
- （分割面）：通过面上边线分割面。

- ■（指定分割面）：通过端点分割块。
- ■（自由分割）：通过手动指定的面分割块。

3. ■Merge Vertices（合并顶点）

将两个以上的顶点合并成一个顶点，如图4-37所示。

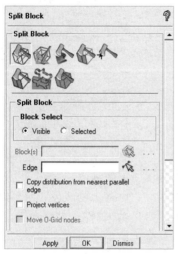

图4-36　Split Block 面板

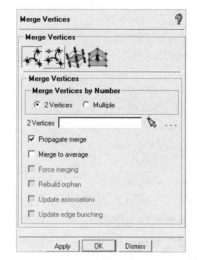

图4-37　Merge Vertices 面板

合并顶点的方法如下。
- ■（合并指定顶点）：通过指定固定点和合并点的方法，将合并点向固定点移动，从而合成新顶点。
- ■（使用公差合并顶点）：合并在指定公差极限内的顶点。
- ■（删除块）：通过删除块的方法将原来块的顶点合并。
- ■（指定边缘线）：通过指定边缘线的方法将端点合并到线上。

4. ■Edit Blocks（编辑块）

通过编辑块的方法得到特殊的网格形式，如图4-38所示。
编辑块的方法如下。
- ■（合并块）：将一些块合并为一个较大的块。
- ■（合并面）：将面和与之相邻的块合并。
- ■（修正O-Grid网格）：更改O-Grid网格的尺寸因子。
- ■（周期顶点）：将选定的几个顶点之间生成周期性。
- ■（修改块类型）：通过修改块类型生成特殊网格类型。
- ■（修改块方向）：改变块的坐标方向。
- ■（修改块编号）：更改块的编号。

5. ■Associate（生成关联）

在块与几何模型之间生成关联关系，从而使块更加逼近几何模型，如图4-39所示。

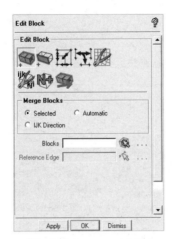

图 4-38 Edit Block 面板

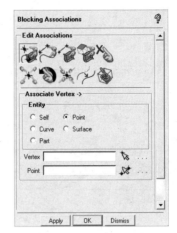

图 4-39 Associate 面板

生成关联的方法包括如下几种。

- （关联顶点）：选择块上的顶点及几何模型上的顶点，将两者关联。
- （关联边界与线段）：选择块上的边界和几何体上的线段，将两者关联。
- （关联边界到面）：将块上的边界关联到几何体的面上。
- （关联面到面）：将块上的面关联到几何体的面上。
- （删除关联）：删除选中的关联。
- （更新关联）：自动在块与最近的几何体之间建立关联。
- （重置关联）：重置选中的关联。
- （快速生成投影顶点）：将可见顶点或选中顶点投影到相对应点、线或面上。
- （生成或取消复合曲线）：将多条曲线形成群组，形成复合曲线，从而可以将多条边界关联到一条直线上。
- （自动关联）：以最合理的原则自动关联块和几何模型。

6. Move Vertices（移动顶点）

通过移动顶点的方法使网格角度达到最优化，如图 4-40 所示。

移动顶点的方法包括如下几种。

- （移动顶点）：直接用鼠标拖动顶点。
- （指定位置）：为顶点直接指定位置，可以直接指定顶点坐标，或者选择参考点和相对位置的方法指定顶点位置。
- （沿面排列顶点）：指定平面，将选定顶点沿着面边界排列。
- （沿线排列顶点）：指定参考线段，将选定顶点移动至此线段上。
- （设定边界长度）：通过修改边界长度的方法移动顶点。
- （移动或旋转顶点）：移动或旋转顶点。

7. Transform Blocks（变换块）

通过对块的变换复制生成新的块，如图 4-41 所示。

变换块的方法主要包括如下几种。

- （移动）：通过移动的方法生成新块。
- （旋转）：通过旋转的方法生成新块。
- （镜像）：通过镜像的方法生成新块。
- （成比例缩放）：以一定比例缩放生成新块。
- （周期性复制）：周期性的复制生成新块。

图 4-40　Move Vertices 面板

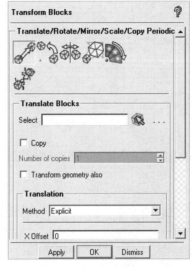
图 4-41　Transform Blocks 面板

8. Edit Edges（编辑边界）

通过对块的边界进行修整以适应几何模型，如图 4-42 所示。

编辑边界的方法包括如下几种。

- 分割边界。
- 移出分割。
- 通过关联的方法设定边界形状。
- 移出关联。
- 改变分割边界类型。

9. Pre-Mesh Params（预设网格参数）

指定网格参数供用户预览，如图 4-43 所示。

预设网格参数包括如下几种。

- （更新尺寸）：自动计算网格尺寸。
- （指定因子）：指定一固定值将网格密度变为原来的 n 倍。
- （边界参数）：指定边界上节点个数和分布原则。
- （匹配边界）：将目标边界与参考边界相比较，按比例生成节点个数。
- （细化块）：允许用户使用一定的原则细化块。

图 4-42 Edit Edge 面板　　　　　　图 4-43 Pre-Mess Params 面板

10. Pre-Mesh Quality（预览网格质量）

该功能预览网格质量，以便修正网格，如图 4-44 所示。

11. Pre-Mesh Smooth（预览网格平滑）

预览网格平滑以提高网格质量，如图 4-45 所示。

图 4-44 Pre-Mesh Quality 面板　　　　图 4-45 Pre-Mesh Smooth 面板

12. Check Blocks（检查块）

检查块的结构，如图 4-46 所示。

13. Delete Blocks（删除块）

删除选定的块，如图 4-47 所示。

预览网格质量、预览网格平滑、检查块和删除块设置相对简单，限于篇幅在此不再赘述，请参考帮助文档。

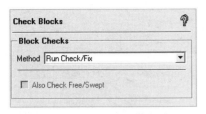
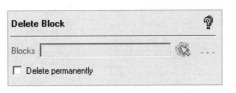

图 4-46 Check Blocks 面板　　　　图 4-47 Delete Block 面板

4.2.4.5　网格编辑

网格生成以后，要查看网格质量是否满足计算要求，若不满足，就需要进行网格修改，网格编辑选项可实现这样的目的，网格编辑选项如图 4-48 所示。

图 4-48　网格编辑选项

1. Create Elements（生成元素）

手动生成不同类型的元素，元素类型包括点、线、三角形、矩形、四面体、棱柱、金字塔、六面体等，如图 4-49 所示。

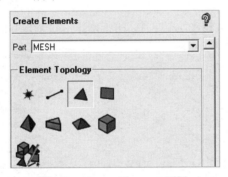

图 4-49　Create Elements 面板

2. Extrude Mesh（扩展网格）

通过拉伸面网格来生成体网格的方法，如图 4-50 所示。
扩展网格的方法包括如下几种。
- Extrude by Element Normal（通过单元拉伸）。
- Extrude Along Curve（通过沿曲线拉伸）。
- Extrude by Vector（通过沿矢量方向拉伸）。
- Extrude by Rotation（通过旋转拉伸）。

3. Check Mesh（检查网格）

检查并修复网格，提高网格质量，如图 4-51 所示。

图 4-50　Extrude Mesh 面板

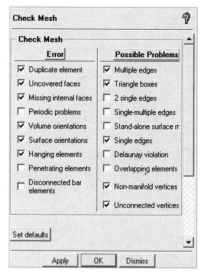

图 4-51　Check Mesh 面板

4. Display Mesh Quality（显示网格质量）

显示网格质量，如图 4-52 所示。

5. Smooth Mesh Globally（平顺全局网格）

修剪自动生成的网格，删去质量低于某值的网格节点，提高网格质量，如图 4-53 所示。

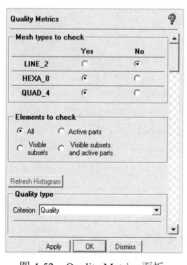

图 4-52　Quality Metrics 面板

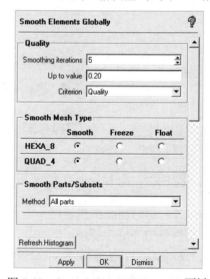

图 4-53　Smooth Elements Globally 面板

平顺全局网格的类型包括如下几种。

- Smooth（平顺）：通过平顺特定单元类型的单元来提高网格质量。
- Freeze（冻结）：通过冻结特定单元类型的单元使得在平顺过程中该单元不被改变。
- Float(浮动)：通过几何约束来控制特定单元类型的单元在平顺过程中的移动。

6. Smooth Hexahedral Mesh-Orthogonal（平顺六面体网格）

修剪非结构化网格，提高网格质量，如图4-54所示。

平顺类型包括如下几种。

- Orthogonality（正交）：平顺将努力保持正交性和第一层的高度。
- Laplace（拉普拉斯）：平顺将尝试通过设置控制函数来使网格均一化。

冻结选项包括如下几种。

- All Surface Boundaries（所有表面边界）：冻结所有边界点。
- Selected Parts（选择部分）：冻结所选择部分的边界点。

7. Repair Mesh（修复网格）

手动修复质量较差的网格，如图4-55所示。

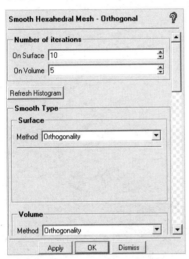
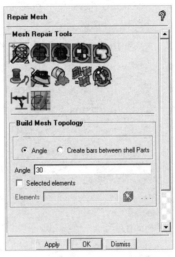

图4-54　Smooth Hexahedral Mesh-Orthogonal 面板　　　图4-55　Repair Mesh 面板

修复网格的方法包括如下几种。

- Build Mesh Topology（建立网格的拓扑结构）。
- Remesh Elements（重新划分网格）。
- Remesh Bad Elements（重新划分质量较差单元网格）。
- Find/Close Holes in Mesh（发现/关闭网格中的孔）。
- Mesh From Edges（网格边缘）。
- Stitch Edges（缝边）。
- Smooth Surface Mesh（光顺表面网格）。
- Flood Fill / Make Consistent（填充/使一致）。
- Associate Mesh With Geometry（关联网格）。
- Enforce Node, Remesh（加强节点，重新划分网格）。
- Make/Remove Periodic（指定/删除周期性）。
- Mark Enclosed Elements（标记封闭单元）。

8. Merge Nodes（合并节点）

通过合并节点来提高网格质量，如图 4-56 所示。
合并节点的类型包括如下几种。
- Merge Interactive（合并选定节点）。
- Merge Tolerance（根据容差合并节点）。
- Merge Meshes（合并网格）。

9. Split Mesh（分割网格）

通过分割网格来提高网格质量，如图 4-57 所示。
分割网格的类型包括如下几种。
- Split Nodes（分割节点）。
- Split Edges（分割边界）。
- Swap Edges（交换边界）。
- Split Tri Elements（分割三角单元）。
- Split Internal Wall（分割内部墙）。
- Y-Split Hexas at Vertex（分隔六面体单元）。
- Split Prisms（分割三棱柱）。

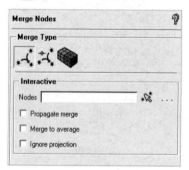

图 4-56　Merge Nodes 面板

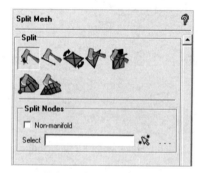

图 4-57　Split Mesh 面板

10. Move Nodes（移动节点）

通过移动节点来提高网格质量，如图 4-58 所示。
移动节点类型包括如下几种。
- Interactive（移动选取的节点）。
- Exact（修改节点的坐标值）。
- Offset Mesh（偏置网格）。
- Align Nodes（定义参考方向）。
- Redistribute Prism Edge（重新分配三棱柱边界）。
- Project Node to Surface（投影节点到面）。
- Project Node to Curve（投影节点到曲线）。
- Project Node to Point（投影节点到点）。

- Un-Project Nodes（非投影节点）。
- Lock/Unlock Elements（锁定/解锁单元）。
- Snap Project Nodes（选取投影节点）。
- Update Projection（更新投影）。
- Project Nodes to Plane（投影节点到平面）。

11. Mesh Transform Tool（转换网格工具）

通过移动、旋转、镜像和缩放等方法来提高网格质量，如图4-59所示。
转换网格的方法主要包括如下几种。
- Translate（移动）。
- Rotate（旋转）。
- Mirror（镜像）。
- Scale（缩放）。

图4-58 Move Nodes 面板

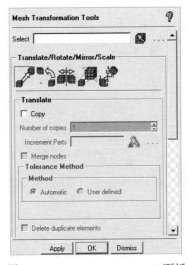
图4-59 Mesh Transform Tools 面板

12. Covert Mesh Type（更改网格类型）

通过更改网格类型来提高网格质量，如图4-60所示。
更改网格类型的方法包括如下几种。
- Tri to Quad（三角形网格转化为四边形网格）。
- Quad to Tri（四边形网格转化为三角形网格）。
- Tetra to Hexa（四面体网格转化为六面体网格）。
- All Types to Tetra（所有类型网格转化为四面体网格）。
- Shell to Solid（面网格转换为体网格）。
- Create Mid Side Nodes（创建网格中点）。
- Delete Mid Side Nodes（删除网格中点）。

13. Adjust Mesh Density（调整网格密度）

加密网格或使网格变稀疏，如图 4-61 所示。

调整网格密度的方法包括如下几种。

- Refine All Mesh（加密所有网格）。
- Refine Selected Mesh（加密选择的网格）。
- Coarsen All Mesh（粗糙所有网格）。
- Coarsen Selected Mesh（粗糙选择的网格）。

图 4-60　Convert Mesh Trpe 面板

图 4-61　Adjust Mesh Density 面板

14. Renumber Mesh（重新网格编号）

为网格重新编号，如图 4-62 所示。

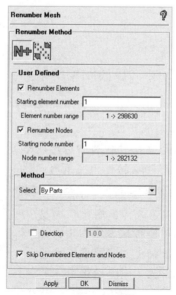

图 4-62　Renumber Mesh 面板

重新网格编号的方法包括如下几种。
- User Defined（用户定义）。
- Optimize Bandwidth（优化带宽）。

15. Adjust Mesh Thickness（调整网格厚度）

修改选定节点的网格厚度，如图 4-63 所示。

调整网格厚度的方法包括如下几种。
- Calculate（计算）：网格厚度将自动通过表面单元厚度计算得到。
- Remove（去除）：去除网格厚度。
- Modify selected nodes（修改选择的节点）：修改单个节点的网格厚度。

16. Re-corient Mesh（再定位网格）

使网格在一定方向上重新定位，如图 4-64 所示。

图 4-63　Adjust Mesh Thickness 面板

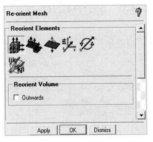

图 4-64　Re-orient Mesh 面板

再定位网格的方法包括如下几种。
- Reorient Volume（再定位几何体）。
- Reorient Consistent（再定位一致性）。
- Reverse Direction（反转方向）。
- Reorient Direction（再定位方向）。
- Reverse Line Element Direction（反转线单元方向）。
- Change Element IJK（改变单元方向）。

17. Delete Nodes（删除节点）

删除选择的节点，如图 4-65 所示。

18. Delete Elements（删除网格）

删除选择的网格，如图 4-66 所示。

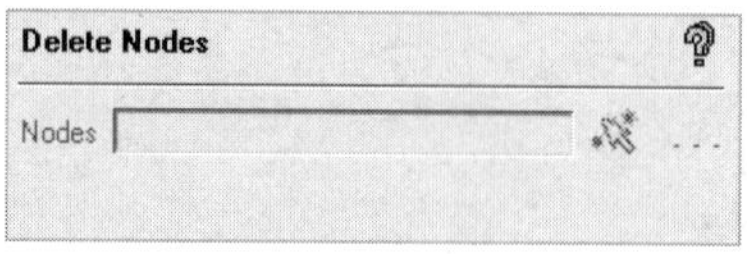

图 4-65 Delete Nodes 面板 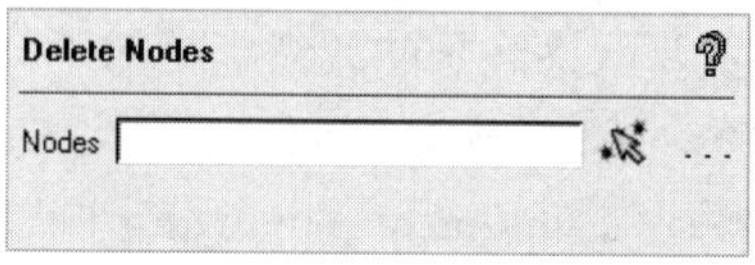   图 4-66 Delete Elements 面板

19. Edit Distributed Attribute（编辑分布属性）

通过编辑网格单元的分布属性来提高网格质量，如图 4-67 所示。

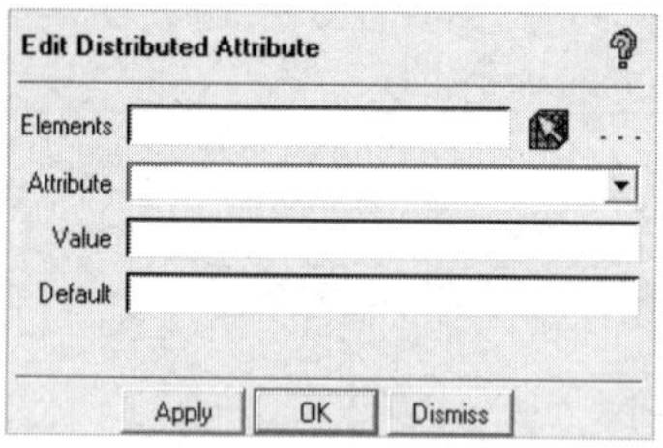

图 4-67 Edit Distributed Attribute 面板

4.2.4.6 网格输出

网格生成并修复后，便可以将网格输出，以供后续模拟计算使用，网格输出工具如图 4-68 所示。

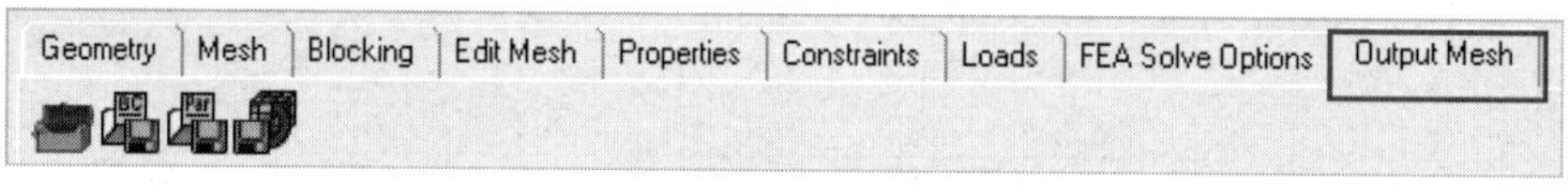

图 4-68 网格输出工具

1. Select Solver（选择求解器）

选择进行数值计算的求解器，对于 Fluent 来说，求解器选择为 ANSYS Fluent，命令结构选择为 ANSYS，如图 4-69 所示。

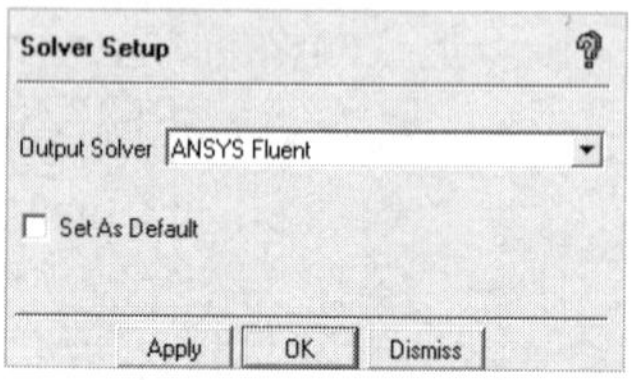

2. Boundary Conditions（边界条件）

此功能用于查看定义的边界条件，如图 4-70 所示。

图 4-69 Solver Setup 面板

3. Edit Parameters（编辑参数）

用于编辑网格参数。

4. Write Import（写出输入）

将网格文件写成 Fluent 可导入的 *.msh 文件，如图 4-71 所示。

图 4-70 边界条件

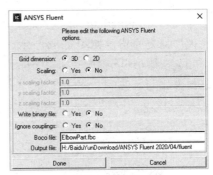

图 4-71 写出输入

4.2.5 ANSYS ICEM CFD 实例分析

本小节将介绍一个弯管部件几何模型结构化网格生成的例子。弯管是机械工程中常见的部件,同时对发动机气道模型的网格划分也具有一定的指导意义,通过本实例的分析让读者对 ANSYS ICEM CFD 进行网格划分的过程有一个初步的了解。

1. 启动 ICEM CFD 并建立分析项目

(1) 在 Windows 系统中单击"开始"→"所有程序"→ANSYS 2020→ICEM CFD 2020 命令,启动 ICEM CFD,进入 ICEM CFD 界面。

(2) 单击 File→Save Project 命令,弹出 Save Project As(保持项目)对话框,在文件名文本框中输入 ElbowPart.prj,单击"确认"按钮。

2. 导入几何模型

(1) 单击 File→Geometry→Open Geometry 命令,弹出对话框,在文件名文本框中输入 ElbowPart.tin,单击"打开"按钮。导入几何文件后,在图形显示区将显示几何模型,如图 4-72 所示。

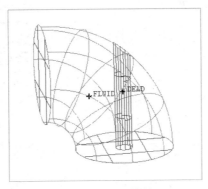

图 4-72 几何模型

3. 模型建立

(1) 单击 Geometry(几何)选项卡中的(修复模型)按钮,弹出如图 4-73 所示的 Repair Geometry(修复模型)面板,单击按钮,在 Tolerance 文本框中输入 0.1,勾选 Filter points 和 Filter curves 复选框,在 Feature angle 文本框中输入 30,单击 OK 按钮,几何模型修复完毕,如图 4-74 所示。

(2) 在树形目录中,右击 Parts,弹出如图 4-75 所示的快捷菜单,单击 Create Part 命令,弹出如图 4-76 所示的 Create Part(生成边界)面板,在 Part 文本框中输入 IN,单击按钮选择边界,单击鼠标中键确认,生成边界条件,如图 4-77 所示。

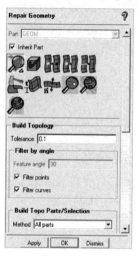

图 4-73 Repair Geometry 面板

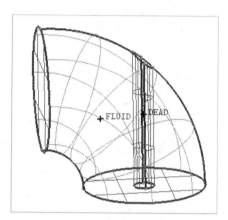

图 4-74 修复后的几何模型

图 4-75 右键快捷菜单

图 4-76 Create Part 面板

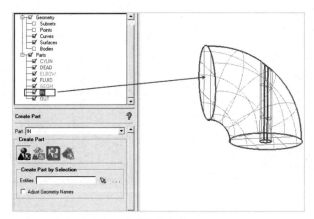

图 4-77　边界命名（一）

（3）重复步骤（2）继续生成边界，命名为 OUT，如图 4-78 所示。

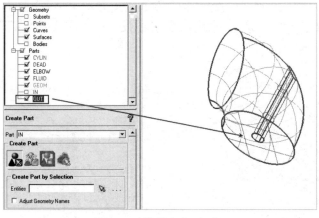

图 4-78　边界命名（二）

（4）同步骤（2）生成新的 Part，命名为 ELBOW，如图 4-79 所示。

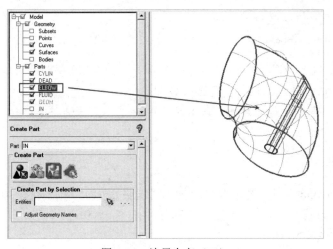

图 4-79　边界命名（三）

（5）同步骤（2）生成新的 Part，命名为 CYLIN，如图 4-80 所示。

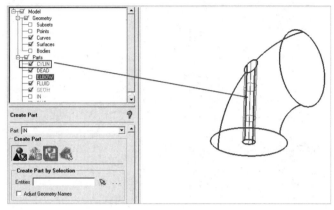

图 4-80 边界命名（四）

（6）单击 Geometry（几何）选项卡中的 ▣（生成体）按钮，弹出如图 4-81 所示的 Create Body（生成体）面板，单击 按钮，在 Part 文本框中输入 FLUID，选择如图 4-82 所示的两个屏幕位置，单击鼠标中键确认，并确保物质点在管的内部，同时在圆柱杆的外部。

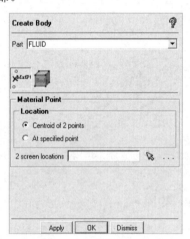

图 4-81 Create Body 面板

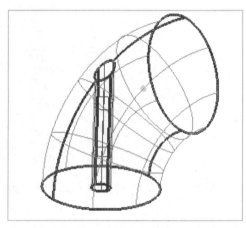

图 4-82 选择点位置（一）

（7）同步骤（6），在 Part 文本框输入 DEAD，选择如图 4-83 所示的两个屏幕位置，单击鼠标中键确认，并确保物质点在圆柱杆的内部。

（8）在树形目录中，右击 Parts，弹出如图 4-84 所示的快捷菜单，单击 "Good" Colors 命令。

4．生成块

（1）单击 Blocking（块）选项卡中的 （创建块）按钮，弹出如图 4-85 所示的 Create Block（创建块）面板，单击 按钮，在 TYPE 中选择 3D Bounding Box，单击 OK 按钮，创建初始块，如图 4-86 所示。

（2）单击 Blocking（块）选项卡中的 （分割块）按钮，弹出如图 4-87 所示的 Split Block（分割块）面板，单击 按钮，再单击 Edge 后面的 按钮，在几何模型上单击要分割的边，则新建一条边，新建边垂直于选择的边，拖动新建边到合适的位置，单击鼠标中键或 Apply 按钮完成操作，创建的分割块如图 4-88 所示。

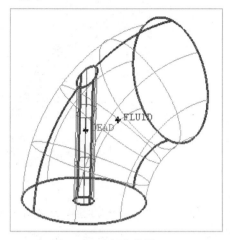

图 4-83　选择点位置（二）

图 4-84　右键快捷菜单

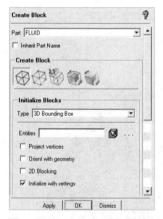

图 4-85　Create Block 对话框

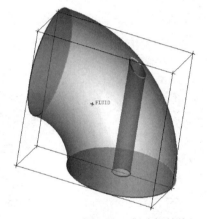

图 4-86　创建初始块

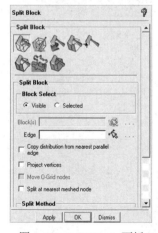

图 4-87　Split Block 面板

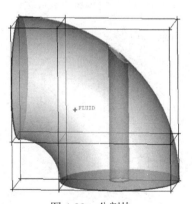

图 4-88　分割块

（3）单击 Blocking（块）选项卡中的 ❌（删除块）按钮，弹出如图 4-89 所示的 Delete

Block（删除块）面板，选择顶角的块，单击 Apply 按钮或鼠标中键，删除块后的效果如图 4-90 所示。

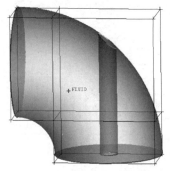

图 4-89　Delete Block 面板　　　　图 4-90　删除块

（4）单击 Blocking（块）选项卡中的 （关联）按钮，弹出如图 4-91 所示的 Blocking Associations（块关联）面板，单击 （Edge 关联）按钮，勾选 Project vertices 复选框，单击 按钮选择弯管一侧的边，单击鼠标中键确认，然后再单击 按钮选择同一侧的四条曲线，单击鼠标中键确认，选择的曲线会自动组成一组，关联边和曲线的选取如图 4-92 所示。

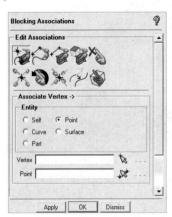 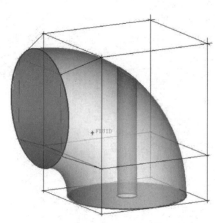

图 4-91　Blocking Associations 面板　　　　图 4-92　边关联

（5）同步骤（4），将弯管的另一端进行重复的操作，如图 4-93 所示。

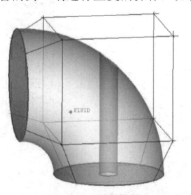

图 4-93　顶点关联

（6）单击 Blocking（块）选项卡中的 （移动顶点）按钮，弹出如图 4-94 所示的 Move Vertices（移动顶点）面板，单击 按钮，单击 Vertex 后面的 按钮选择出口上的一个顶点，然后勾选 Modify X 复选框，单击 Vertices to Set 后面的 按钮选择 ELBOW 顶部的一个顶点，单击鼠标中键完成操作，顶点移动后位置如图 4-95 所示。

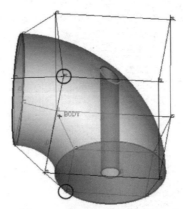

图 4-94　Move Vertices 面板　　　　图 4-95　顶点移动后位置（一）

（7）同步骤（6），移动 ELBOW 顶部的另外三个顶点，如图 4-96 所示。

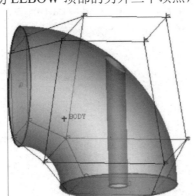

图 4-96　顶点移动后位置（二）

（8）单击 Blocking（块）选项卡中的 （关联）按钮，弹出如图 4-97 所示的 Blocking Associations（块关联）面板，单击 （捕捉投影点）按钮，ICEM CFD 将自动捕捉顶点到最近的几何位置，如图 4-98 所示。

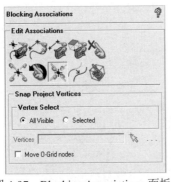

图 4-97　Blocking Associations 面板　　　　图 4-98　顶点自动移动

（9）单击 Blocking（块）选项卡中的 (O-Grid) 按钮，弹出如图 4-99 所示的面板，单击 Select Block(s) 后面的 按钮，选择所有的块，单击 Select Face(s) 后面的 按钮，选择管两端的面，单击 Apply 按钮完成操作，选择的面如图 4-100 所示。

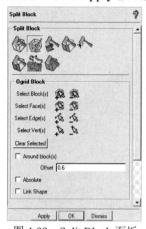

图 4-99　Split Block 面板　　　　　图 4-100　选择面显示

（10）在树形目录中，右击 Parts 中的 DEAD，弹出如图 4-101 所示的快捷菜单，单击 Add to Part 命令，弹出如图 4-102 所示的 Add to Part 面板，单击 按钮，设置 Blocking Material。Add Blocks to Part，选择中心的两个块，单击鼠标中键确认，效果如图 4-103 所示。

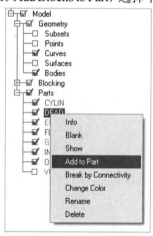
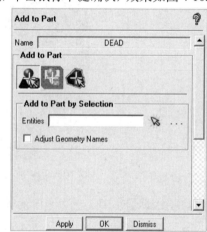

图 4-101　目录树　　　　　图 4-102　Add to Part 面板

图 4-103　分割块

(11)单击 Blocking（块）选项卡中的 （关联）按钮，弹出如图 4-104 所示的 Blocking Associations（块关联）面板，单击（捕捉投影点）按钮，ICEM CFD 将自动捕捉顶点到最近的几何位置，如图 4-105 所示。

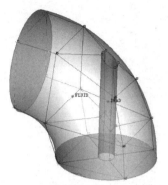

图 4-104　Blocking Associations 面板　　　　图 4-105　顶点自动移动

（12）单击 Blocking（块）选项卡中的（移动顶点）按钮，弹出如图 4-106 所示的 Move Vertices（移动顶点）对话框，单击按钮，沿着圆柱长度方向选择一条边，选择在 OUTLET 一段的顶点，如图 4-107 所示，单击鼠标中键完成操作。

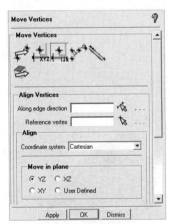
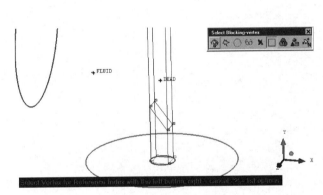

图 4-106　Move Vertices 对话框　　　　图 4-107　顶点移动后位置

（13）在 Move Vertices（移动顶点）面板中单击按钮，弹出如图 4-108 所示的移动顶点面板，设置 Method 为 Set Position，对于 Ref. Vertex，选择如图 4-109 所示的边，大体上在中点的位置，勾选 Modify Y，对于 Vertices to Set，选择 OUTLET 上方的 4 个顶点，单击 Apply 按钮，顶点移动后如图 4-110 所示。

（14）单击 Blocking（块）选项卡中的（删除块）按钮，弹出如图 4-111 所示的 Delete Block（删除块）面板，选择圆柱中的两个块，单击 Apply 按钮或鼠标中键，删除块后的效果如图 4-112 所示。

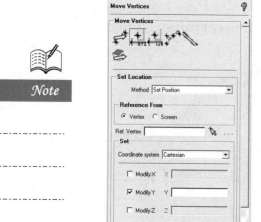

图 4-108 Move Vertices 面板

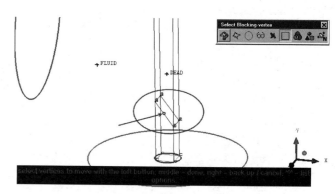

图 4-109 选择点位置

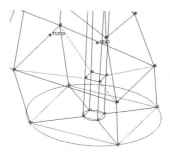

图 4-110 顶点移动后的位置

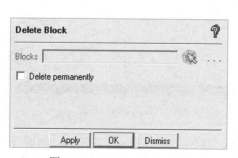

图 4-111 Delete Block 面板

图 4-112 删除块

（15）单击 Blocking（块）选项卡中的 (O-Grid) 按钮，弹出如图 4-113 所示的 Split Block（分割块）面板，单击 Select Blocks 后面的 按钮，选择所有的块，单击 Select Faces 后面的 按钮，选择 IN 和 OUT 上的所有面，单击 Apply 按钮完成操作，选择面如图 4-114 所示。

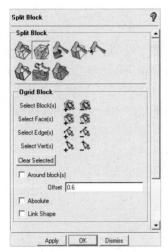

图 4-113 Split Block 面板

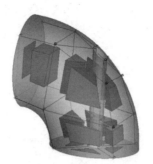

图 4-114 选择面显示

5．网格生成

（1）单击 Mesh（网格）选项卡中的 ![icon]（部件网格尺寸设定）按钮，弹出如图 4-115 所示的 Part Mesh Setup（部件网格尺寸设定）对话框，设定所有参数，单击 Apply 按钮确认，单击 Dismiss 按钮退出。

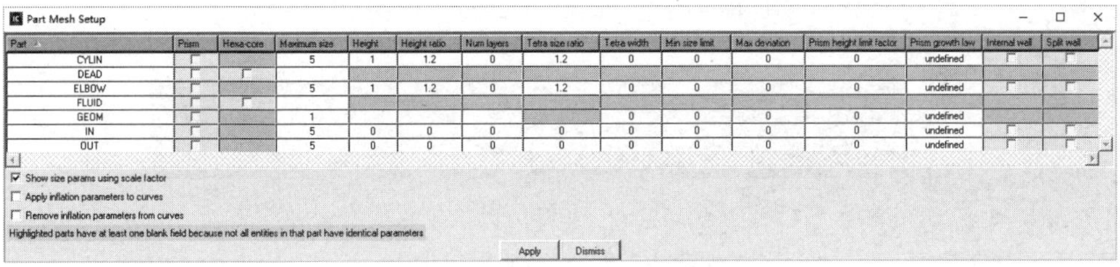

图 4-115 部件网格尺寸设定对话框

（2）单击 Blocking（块）选项卡中的 ![icon]（预览网格）按钮，弹出如图 4-116 所示的 Pre-Mesh Params（预览网格）面板，单击 ![icon] 按钮，选择 Update All，单击 Apply 确认，显示预览网格如图 4-117 所示。

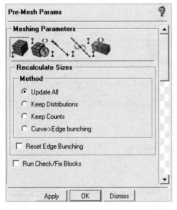

图 4-116 Pre-Mesh Params 面板

图 4-117 预览网格显示

6．网格质量检查

（1）单击 Edit Mesh（网格编辑）选项卡中的 （检查网格）按钮，弹出如图 4-118 所示 Pre-Mesh Quality（网格质量）面板，设置 Min-X value 为 0，Max-X value 为 1 并且设置 Max-Y height 为 20，单击 Apply 按钮，在信息栏中显示网格质量信息，如图 4-119 所示。单击网格质量信息图中的长度条，在这个范围内的网格单元会显示出来，如图 4-120 所示。

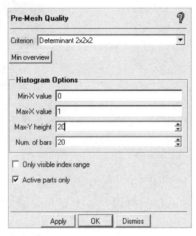

图 4-118　Pre-Mesh Quality 面板

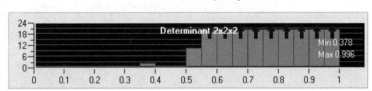

图 4-119　网格质量信息

图 4-120　网格显示

7．网格输出

（1）在树形目录中，右击 Blocking 中的 Pre-Mesh，弹出如图 4-121 所示的快捷菜单，选择 Convert to Unstruct Mesh 命令，则生成网格，如图 4-122 所示。

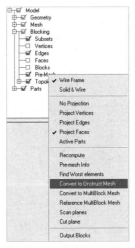

图 4-121　右键快捷菜单

图 4-122　生成的网格

（2）单击 Output（输出）选项卡中的 ![] （选择求解器）按钮，弹出如图 4-123 所示的 Select Solver（选择求解器）面板，Output Solver 选择 Ansys Fluent（即 Fluent V6），单击 Apply 确认。

（3）单击功能区内 Output（输出）选项卡中的 ![] （输出）按钮，弹出打开网格文件对话框，选择文件，单击打开，弹出如图 4-124 所示对话框，Grid dimension 选择 3D，单击 Done 确认完成。

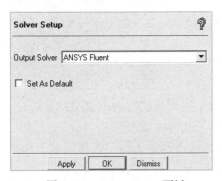

图 4-123　Solver Setup 面板

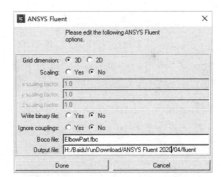

图 4-124　ANSYS Fluent 对话框

4.3　Meshing 模式

4.3.1　启动 Meshing 模式

在 Windows 系统中单击"开始"→"所有程序"→ANSYS 2020→Fluent 2020 命令，启动 Fluent，弹出如图 4-125 所示的 Fluent Launcher 对话框，选择 Meshing 选项，单击 Start 按钮，即可进入 Meshing 模式。

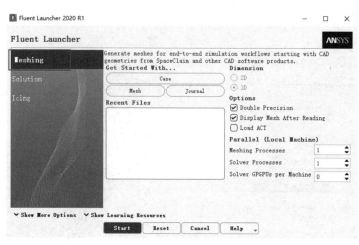

图 4-125　Fluent Launcher 对话框

4.3.2　导入模型

Fluent 的 Meshing 模块其实是以前的 TGrid，可以导入网格文件和几何文件，其支持读入的文件包括 msh 文件、cas 文件及边界网格文件，同时还支持读入 scheme 和 journal 脚本文件。

除了支持导入 Fluent 特有的 msh 网格文件外，Meshing 模块还支持导入其他类型的文件，包括 ANSYS pre7/cdb、CNGS、FIDAP neutral、GAMBIT neutral、NASTRAN 等文件。

在软件中可以利用导入的网格文件进行组装，也可以导入面网格在 Meshing 模块中生成体网格，还可以导入几何文件进行网格划分。前面的网格处理功能这里不详细描述，本小节主要描述导入几何进行网格划分的过程。

单击 File→Import→CAD 命令，弹出如图 4-126 所示的 Import CAD Geometry 对话框，选择 CAD 文件，单击 Import 按钮，便可导入几何模型。

Import Single file：勾选此复选框表示导入一个文件，否则可以导入多个几何文件。此项默认被选择。除此以外，最重要的一个选项为设置导入几何的单位。

单击 Options 按钮可以打开一些高级选项，不过在实际工程中应用比较少。弹出 CAD Options 对话框，如图 4-127 所示。

图 4-126　Import CAD Geometry 对话框

图 4-127　CAD Options 对话框

对话框中的部分参数含义如下。

Feature Angle：特征角度，低于此角度的面被当作平面，线被当作直线。

Scale Factor：缩放因子，大于 1 表示放大，小于 1 表示缩小。

Zone Name Prefix：区域名称前缀，可以随便取。

One Zone per：分割选项。可以将一个 body、part、file、face 作为一个区域。

4.3.3　网格设置

导入网格后，便可在如图 4-128 所示的网格生成对话框中进行网格生成设置。其中最主要的参数为 Sizing 和 Material Points。

图 4-128　网格生成设置对话框

Sizing：主要用于网格参数设置。

Material Points：用于设定网格审查区域。

1．显示图形

在网格生成对话框中，右键单击 Mode，选择 Object Management 按钮，弹出如图 4-129 所示的 Manage Objects 对话框，在 Object 下选择 part-1，保持其他参数不变，单击 Draw 按钮，则在图形显示窗口显示几何，如图 4-130 所示。

图 4-129　Manage Objects 对话框

图 4-130　几何模型

2. 边界切分

在 Manage Objects 对话框中，选择 Object 下的 volume.2。选择 Manage Objects 对话框中的 Operations 选项卡，设置面分割方式为 Angle，设置分割角度为 89°，单击 Separate 按钮进行分割，如图 4-131 所示。

单击 Draw 按钮，则在图形显示窗口显示边界划分后的几何模型，如图 4-132 所示。

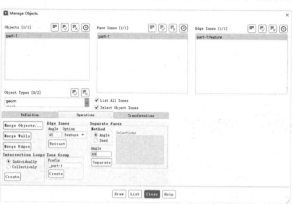
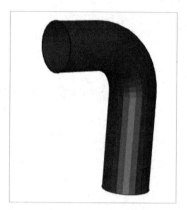

图 4-131　Manage Objects 对话框　　　　　图 4-132　几何模型

3. 设置 Material Points

在网格生成对话框中，单击 Material Points 按钮，弹出如图 4-133 所示的 Material Point 对话框。单击 Create 按钮，在 Name 中输入 Material point 的名称，在 X、Y、Z 中输入所在点的位置坐标值，或者可以在选择了几何之后单击 Compute 按钮自动计算，单击 Create 按钮进行创建。

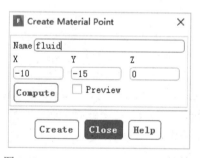

图 4-133　Greate Material Point 对话框

4. 设置 Size Function

右键单击 Mode，选择 Sizing-Scoped 按钮，弹出如图 4-134 所示的 Scoped Sizing 对话框，设置全局网格参数，单击 Create 按钮完成创建。

5. 生成网格

在网格生成对话框中，单击 Auto Mesh 按钮，弹出如图 4-135 所示的 Auto Mesh 对话框，设置网格参数，单击 Apply 按钮进行网格划分操作。

图 4-134　Size Functions 对话框

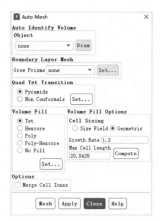

图 4-135　Auto Mesh 对话框

4.3.4　切换到 Solution 模式

单击工具栏中的 ■（切换到 Solution 模式）按钮，即可切换到 Solution 模式。

4.4　GAMBIT 网格划分

GAMBIT 软件是早期版本 Fluent 软件包中提供的前处理器软件，由于它功能较好，易于初学者上手，因此目前仍被广泛使用。

GAMBIT 软件包含功能较强的几何建模能力和强大的网格划分工具，可以划分出包含边界层等 CFD 特殊要求的高质量的网格。GAMBIT 可以生成 Fluent 6、Fluent 5.5、FIDAP、POLYFLOW 等求解器所需要的网格。使用 GAMBIT 软件，可大大缩短用户在 CFD 应用过程中建立几何模型和流场以及划分网格所需要的时间。

用户可以直接使用 GAMBIT 软件建立复杂的实体模型，也可以从主流的 CAD/CAE 系统中直接读入数据。GAMBIT 软件高度自动化，可生成包括结构和非结构化的网格，也可以生成多种类型组成的混合网格。

4.4.1　GAMBIT 生成网格的步骤

1. 生成线网格

在线上生成网格，作为将在面上划分网格的网格种子，允许用户详细地控制在线上节点的分布规律，GAMBIT 提供了满足 CFD 计算特殊需要的五种预定义的节点分布规律。

2. 生成面网格

对于平面及轴对称流动问题，只需要生成面网格。对于三维问题，也可以先划分面网格，作为进一步划分体网格的网格种子。

GAMBIT 根据几何形状及 CFD 计算的需要提供了以下三种不同的网格划分方法：

（1）映射方法。映射网格划分技术是一种传统的网格划分技术，它仅适合于逻辑形状为四边形或三角形的面，它允许用户详细控制网格的生成。在几何形状不太复杂的情况下，可以生成高质量的结构化网格。

（2）子映射方法。为了提高结构化网格生成效率，GAMBIT 软件使用子映射网格划分技术。也就是说，当用户提供的几何外形过于复杂，子影射网格划分方法可以自动对几何对象进行再分割，使在原本不能生成结构化网格的几何实体上划分出结构化网格。子映射网格技术是 Fluent 公司独创的一种新方法，它对几何体的分割只是在网格划分算法中进行，并不真正对用户提供的几何外形做实际操作。

（3）自由网格。对于拓扑形状较为复杂的面，可以生成自由网格，用户可以选择合适的网格类型（三角形或四边）。

3．边界层网格

CFD 计算对计算网格有特殊的要求，一是考虑到近壁黏性效应采用较密的贴体网格，二是网格的疏密程度与流场参数的变化梯度大体一致。

对于面网格，可以设置平行于给定边的边界层网格，可以指定第二层与第一层的间距比，以及总的层数。

对于体网格，也可以设置垂直于壁面方向的边界层，从而可以划分出高质量的贴体网格。而其他通用的 CAE 前处理器主要是根据结构强度分析的需要而设计的，在结构分析中不存在边界层问题，因而采用这种工具生成的网格难以满足 CFD 计算要求，而 GAMBIT 软件可以满足这个特殊要求。

4．生成体网格

对于三维流动问题，必须生成三维实体网格。GAMBIT 提供了以下五种体网格的生成方法。

（1）映射方法。对于六面体结构，可以使用映射网格方法直接生成六面体网格。对于较为复杂的几何形体，必须在划分网格前将其分割为若干个六面体结构。

（2）子映射方法。GAMBIT 软件的子映射网格划分技术同样适用于体网格。也就是说，当用户提供的几何外形过于复杂，子影射网格划分方法可以自动对几何对象进行再分割，使在原本不能生成结构化网格的几何实体上划分出结构化网格。

（3）Cooper 方法。Cooper 方法适用于在一个方向几何相似，而在另两个方向几何较为复杂的实体。

（4）Tgrid 方法。对于复杂的工程结构，可以采用 Tgrid 方法生成四面体和金字塔网格，Tgrid 方法生成网格的过程不需要用户干预，可以划分出网格密度变化很大的网格。特别适合计算域很大的外流场。

（5）混合网格。对于复杂的工程结构，可以综合使用所用的网格生成方法。在贴近壁面处可以生成结构化网格，在不需要严格控制的地方，可用 Tgrid 方法生成自由网格。GAMBIT 软件可以根据几何结构特点和现有的网格约束条件迅速生成网格。混合网格技术的应用将大大减少网格划分的时间，同时又能保证网格的质量。

4.4.2 GAMBIT 图形用户界面

GAMBIT 的图形用户界面如图 4-136 所示，GAMBIT 用户界面可分为 7 个部分，分别为菜单栏、视图、命令面板、命令显示窗、命令解释窗、命令输入窗和视图控制面板。

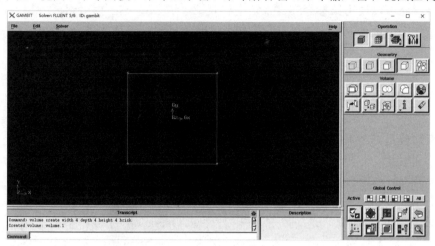

图 4-136　GAMBIT 操作界面

1．菜单栏

菜单栏位于操作界面的上方，其最常用的是 File 命令下的 New、Open、Save、Save as 和 Export 等命令。这些命令的使用和常用的标准软件一样。GAMBIT 可识别的文件后缀为.dbs，如要将 GAMBIT 中建立的网格模型调入 Fluent 使用，则需要将其输出为.msh 文件（file/export）。

2．视图和视图控制面板

GAMBIT 中可显示四个视图，以便于建立三维模型。同时也可以只显示一个视图，视图的坐标轴由视图控制面板来决定。图 4-137 所示的是视图控制面板。

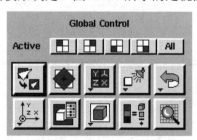

图 4-137　视图控制面板

视图控制面板中的命令可分为两个部分，上面一排四个图标表示的是四个视图，当激活视图图标时，视图控制面板中下方十个命令才会作用于该视图。

视图控制面板中常用的命令有：

- 全图显示。

- 选择显示视图。
- 选择视图坐标。
- 选择显示项目。
- 渲染方式。

同时，还可以使用鼠标来控制视图中的模型显示。其中按住左键拖动鼠标可以旋转视图，按住中键拖动鼠标则可以在视图中移动物体，按住右键上下拖动鼠标可以缩放视图中的物体。

4.4.3 GAMBIT 菜单命令

命令面板是 GAMBIT 的核心部分，通过命令面板上的命令图标，可以完成绝大部分 GAMBIT 的使命。

图 4-138 所示是 GAMBIT 的命令面板。

从命令面板中可以看出，网格生成的工作可分为三个步骤：一是建立模型，二是划分网格，三是定义边界。这三个部分分别对应 Operation 区域中的前三个命令按钮 Geometry（几何体）、Mesh（网格）和 Zones（区域）。Operation 中的第四个命令按钮 Tools 则用来定义视图中的坐标系统，一般取默认值。命令面板中各个按钮的含义和使用方法将在以后的具体例子中介绍。

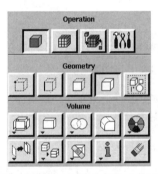

图 4-138 GAMBIT 的命令面板

命令显示窗和命令输入栏位于 GAMBIT 的左下方，如图 4-139 所示。

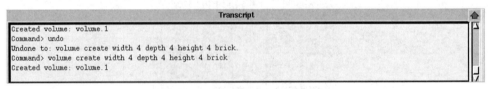

图 4-139 命令显示窗和命令输入栏

命令显示窗中记录了每一步操作的命令和结果，而命令输入栏则可以直接输入命令，其效果和单击命令按钮一样。

图 4-140 所示是位于命令显示窗左方的命令解释窗，将鼠标放在命令面板中任意一个按钮的上面，在 Description 窗口中将出现该命令的解释。

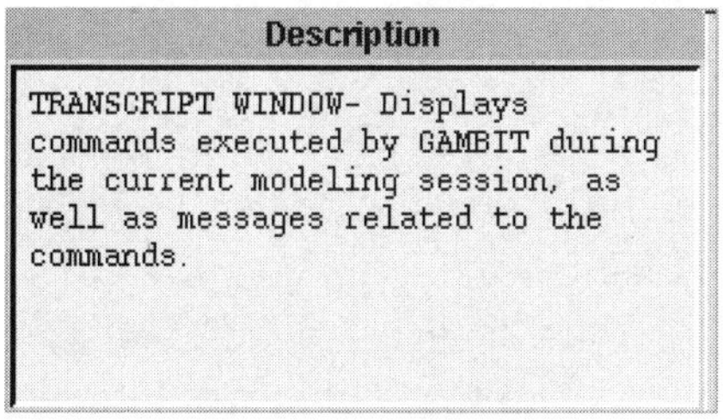

图 4-140　命令解释窗口

4.4.4　几何建模

单击 Operation 工具栏中的 Geometry 命令按钮时，GAMBIT 将打开 Geometry 子工具栏。Geometry 子工具栏包括的命令按钮允许用户生成、移动、复制、调整、合并和删除点、面和体积。Geometry 子工具栏提供另外一个命令按钮，用于用户执行合并一组拓扑实体的操作。

与每个 Geometry 子工具栏命令设置相关的符号如下。

- Vertex 点。
- Edge 边。
- Face 面。
- Volume 体。
- Group 组。

下面详细阐述与建立 GAMBIT 模型相关的操作。

1．顶点操作

顶点的操作主要具备以下功能。

（1）Create Vertex（生成顶点）：在任何设定的位置生成一个实际顶点，在一条边或一个面上生成一个实际或虚拟顶点，生成一个与某体积相关的虚拟顶点，在两条边的交叉部位生成一个实际或者虚拟顶点。

（2）Slide Virtual Vertex（平滑虚拟顶点）：沿一条边或一个面在其上生成的一个虚拟顶点的位置。

（3）Connect Vertices/Disconnect Vertices（连接顶点/分离顶点）：连接实际或虚拟顶点，分离两个或多个实体的公共顶点。

（4）Modify Vertex Color/Modify Vertex Label（改变顶点颜色/改变顶点标签）：改变一个顶点的颜色，改变一个顶点的标签。

（5）Move/Copy Vertices/Align Vertices（移动/复制顶点/校准顶点）：移动或复制顶点，校准顶点和相连的几何结构。

（6）Convert Vertices（转换顶点）：将非实际顶点转换为实际顶点。

（7）Summarize Vertices/Check Vertices/Query Vertices/Total Entities（汇总顶点/检查顶点/查询顶点/实体总数）：显示顶点摘要信息；检查顶点拓扑结构和几何结构的真实性；打开一个顶点查询列表；显示实体总数。

(8) Delete Vertices（删除顶点）：删除实际或虚拟顶点。

2．边操作

边的操作主要具备以下功能。

(1) Create Edge（生成边）：生成一条实际的或虚拟的边。

(2) Connect Edges/Disconnect About Real Edge（连接边/分离边）：连接实际的或者虚拟的边；分离两个或者多个实体公共边。

(3) Modify Edge Color/Modify Edge Label（改变边颜色/改变边标签）：更改边的颜色；更改边的标签。

(4) Move/Copy Edges/Align Edges（移动/复制边/校准边）：移动或者复制边；校准边和连接的几何结构。

(5) Split Edges/Merge Edges（分离/合并边）：分割或者融合边。

(6) Convert Edges（转换边）：将非实际的边转变为实际的边。

(7) Summarize Edges/Check Edges/Query Edges/Total Edges（汇总边/检查边/查询边/总边数）：显示边的摘要信息；检查边的拓扑和几何结构的合理性；打开边查询列表；显示边总数。

(8) Delete Edges（删除边）：删除实际的或者虚拟的边。

3．面操作

面的操作主要具备以下功能。

(1) Form Face（形成面）：通过现有边或者顶点生成面。

(2) Create Face（创建面）：生成三种基本形状之一的面。

(3) Boolean Operations（布尔操作）：合并、相交和去除面。

(4) Connect Faces/Disconnect Faces（连接边/分离面）：合并实面和虚面；分离两个实体的公共面。

(5) Modify Face Color/Modify Face Label（改变面颜色/改变面标签）：更改面的颜色；更改面的标签。

(6) Move/Copy Faces/Align Faces（移动/复制面/校准面）：移动或者复制面；校准面和相连的几何结构。

(7) Split Faces/Merge Faces/Collapse Faces（分离/合并/倒塌面）：在一个面或者点的位置分割面；融合面；将面缩成边。

(8) Heal Real Faces/Convert Faces（修复/转换面）：修复实面几何结构；将非实面转换成实面。

(9) Summarize Faces/Check Faces/Query Faces/Total Faces（汇总面/检查面/查询面/面总数）：显示面摘要信息；检查几何结构和拓扑结构的合理性；打开面查询列表；显示面总数。

(10) Delete Faces（删除边）：删除实面或者虚面。

4. 体积操作

体积的操作主要具备以下功能。

(1) Form Face（形成体积）：通过现有的面或者边生成体积。

(2) Create Volumes（创建体积）：生成具有几个基本形状之一的一个体积。

(3) Boolean Operations（布尔操作）：合并、相交和去除体积。

(4) Blend Volumes（弯曲体积）：弄圆或者修整体积边。

(5) Modify Volumes Color/Modify Volumes Label（改变体积颜色/改变体积标签）：更改面的颜色；更改体积的标签。

(6) Move/Copy Volumes/Align Volumes（移动/复制体积/校准体积）：移动或者复制体积；校准体积和相连的几何结构。

(7) Split Volume/Merge Volume（分离/合并体积）：分割或者融合体积。

(8) Heal Real Volume/Convert Volumes（修复/转换体积）：修整实际的体积几何结构的问题；将非实际体转换为实体。

(9) Summarize Volumes/Check Volumes/Query Volumes/Total Volumes（汇总体积/检查体积/查询体积/体积总数）：显示体积摘要信息；检查拓扑结构和几何结构的有效性；打开体积查询列表；显示实体总数。

(10) Delete Volumes（删除体积）：删除实际的或者虚拟的体积。

5. 组操作

组的操作主要具备以下功能。

(1) Create Group（创建组）：生成由现有的拓扑实体组成的一个组。

(2) Modify Group（修改组）：更改一个组的构成。

(3) Modify Face Color/Modify Face Label（改变面颜色/改变面标签）：更改面的颜色；更改面的标签。

(4) Move/Copy Groups/Align Groups（移动/复制组/校准组）：移动或者复制组；参照现有实体校准组。

(5) Summarize Groups/Check Groups/Query Groups/Total Groups（汇总组/检查组/查询组/组总数）：显示组摘要信息；检查拓扑和几何结构的有效性；打开一个组查询列表；显示组总数。

(6) Delete Groups（删除组）：删除组。

4.4.5 网格划分

单击 Operation 工具框中的 Mesh 命令按钮时，GAMBIT 将打开 Mesh 子工具框。Mesh 子工具框包含的命令按钮允许用户对包括附面层、边、面、体积和组进行网格划分操作。

与每个 Mesh 子工具框命令设置相关的图标如下。

- Boundary Layer 边界层。

- Edge 边。
- Face 面。
- Volume 体积。
- Group 组。

1．边界层

边界层确定在与边或面紧邻区域的网格节点的步长。它们用于初步控制网格密度，从而控制相交区域计算模型中有效信息的数量。

要确定一个边界层，必须设定以下信息。

（1）边界层附着的边或面。
（2）确定边界层方向的面或体积。
（3）第一列网格单元的高度。
（4）确定接下来每一列单元高度的扩大因子。
（5）确定边界层厚度的总列数。

还可以设定生成过渡边界层，也就是说，边界层的网格节点类型随着每个后续层而变化。如果用户设定了这样一个边界层，用户必须同时设定以下信息。

（1）边界层过渡类型。
（2）过渡的列数。

边界层的操作主要具备以下功能。

（1）Create Boundary Layer（创建边界层）：建立附着于一条边或者一个面上的边界层。
（2）Modify Boundary Layer（修改边界层）：更改一个现有边界层的定义。
（3）Modify Boundary Layer Label（更改边界层标签）：更改边界层标签。
（4）Summarize Boundary Layers（汇总边界层）：在图形窗口中显示现有边界层。
（5）Delete Boundary Layers（删除边界层）：删除边界层。

2．边网格划分

边网格划分操作主要具备以下功能。

（1）Mesh Edges（生成网格节点）：沿边生成网格节点。
（2）Set Edge Element Type（设置网格节点类型）：指定整个模型使用的边单元的类型。
（3）Link Edge Meshes/Unlink Edge Meshes（生成/删除边网格连接）：生成和删除边之间网格的坚固连接。
（4）Split Meshed Edge（分割网格节点）：在一个网格节点处分割边。
（5）Summarize Edge Mesh（汇总边网格）：显示网格等级信息。
（6）Delete Edge Mesh（删除网格）：从边上删除现有网格节点。

3．面网格划分

面网格划分操作主要具备以下功能。

（1）Mesh Faces（生成面网格）：在面上生成网格节点。

（2）Move Face Nodes（移动网格节点）：手动调整面上的网格节点位置。

（3）Smooth Face Meshes（调整面网格节点位置）：调整面网格节点位置来提高节点距离的一致性。

（4）Set Face Vertex Type（设定面网格特点）：设定邻近一个角的区域的面网格特点。

（5）Set Face Element Type（设定面单元类型）：设定应用于整个模型的面单元类型。

（6）Link Face Meshes/Unlink Face Meshes（建立/删除面网格连接）：建立或者删除面之间网格的坚固连接。

（7）Modify Meshed Geometry/Split Meshed Face（修改网格几何/分割网格面）：将网格边转换为拓扑边；沿着由网格节点位置确定的边界分割面。

（8）Summarize Face Mesh/ Check Face Meshes（汇总面网格/检查面网格）：在图形窗口中显示网格信息；概括面网格质量信息。

（9）Delete Face Mesh（删除面网格）：从面上删除现有网格节点或单元。

4．体网格划分

体网格划分操作主要具备以下功能。

（1）Mesh Volumes（生成体网格）：为整个体积生成网格节点。

（2）Smooth Volume Meshes（调整体网格节点位置）：调整体积网格节点位置提高节点步长的一致性。

（3）Set Volume Element Type（设定体单元类型）：指定用于整个模型的体积单元类型。

（4）Link Volume Meshes/Unlink Volume Meshes（建立/删除体网格连接）：建立或者断开体积之间的坚固连接。

（5）Modify Meshed Geometry（修改网格几何）：将网格边转化为拓扑边。

（6）Summarize Volume Mesh/Check Volume Meshes（汇总体网格/检查体网格）：在图形窗口中显示网格信息；显示三维网格质量信息。

（7）Delete Volume Mesh（删除体网格）：从体积中删除现有网格节点。

5．组网格划分

组网格划分操作主要具备以下功能。

（1）Mesh Groups（生成组网格）：对一个组的所有元素生成网格。

（2）Summarize Group Mesh/Check Group Meshes（汇总组网格/检查组网格）：摘要一般的组网格信息；摘要组网格质量信息。

（3）Delete Group Mesh（删除组网格）：从组中删除网格。

4.4.6 设定区域类型

区域类型设定确定了该区域截面和指定区域内模型的实体和操作特征。有两种典型的区域类型设定：边界类型和连续介质类型。

边界类型设定，如 WALL 或者 VENT，确定了模型的外部或者内部边界的特点。连续介质类型，如 FLUID 或者 SOLID，确定了模型内部指定区域的特点。

下面简要介绍边界类型和连续介质类型设定，并结合包含简单几何结构的计算模型示例阐述它们定义的目的。

1. 设定边界类型

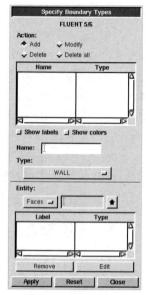

图 4-141　Specify Boundary Types 面板

Specify Boundary Types 命令允许用户对于代表模型边界的拓扑实体指定边界类型设定。

要建立边界类型设定，用户必须设定以下参数。

（1）Name 名称。
（2）Type 类型。
（3）Entity 集合。

Name 参数是一个用来指定该设定的总体标签。Type 参数是一个代表物理或者操作特征的解算器特有的关键字，例如 WALL 或者 INFLOW。Entity 集合由一个或者多个拓扑实体组成，Type 设定将应用于其上。

要打开 Specify Boundary Types（设定边界条件）面板（见图 4-141），单击 Zones 子工具框中的 Specify Boundary Types 按钮即可。

Specify Boundary Types 面板参数含义如下。

- Add：建立新的边界类型设定。要建立新的边界类型设定，则输入相应的 Name、Type 和 Entity 参数并单击 Apply 按钮。
- Modify：更改现有的边界类型设定。选择要更改的边界类型设定，在 Name|Type 滑动列表中选择它的名称即可。要更改边界类型设定，则更改 Name、Type 参数并单击 Apply 按钮即可。
- Delete：删除现有边界类型设定。选择一个要删除的边界类型设定，在 Name|Type 滑动列表中选择它的名称即可。要删除该边界类型设定，单击 Apply 按钮即可。
- Delete all：删除所有现有的边界类型设定。
- Name | Type：列表显示所有现有边界类型设定的名称（Name）和类型（Type）。
- Show labels：在 Specify Boundary Types 窗口打开时，显示所有当前设定的边界类型标签。
- Name：指定与当前边界类型设定相关的名称。
- Type：指定边界类型，如 VENT、WALL 等。
- Entity：指定要设定边界类型的拓扑实体的一般类型，如 Groups、Faces、Edges 等。
- Label|Type：列表显示所有与当前边界类型设定相关的拓扑实体的标签（Label）和类型（Type）。
- Remove：从与边界类型设定相关的实体列表中删除当前选择的实体。
- Edit：打开 Edit Lower Topology 窗口，它允许用户指定是否在边界类型设定中包含次级拓扑实体或者与当前选择的实体相连的几何结构。

2. 设定连续介质类型

:Specify Continuum Types 命令,允许用户确定模型中任何由一组拓扑实体确定的区域的物理特性。按顺序,物理特性将确定用于该问题的传输方程。

要建立连续介质类型设定,用户必须设定以下参数。

(1) Name 名称。
(2) Type 类型。
(3) Entity 集合。

Name 参数是指定该设定的一个总标签。Type 参数是一个代表物理或者操作特征的一个解算器特征的关键字,例如 WALL 或者 INFLOW。Entity 集合包含要应用 Type 设定的一个或者多个拓扑实体。

要打开 Specify Continuum Types(设定连续介质条件)面板(见图 4-142),单击 Zones 子工具栏中的 Specify Continuum Types 按钮即可。

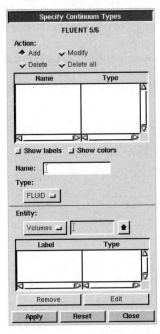

图 4-142 Specify Continuum Types 面板

Specify Continuum Types 面板参数含义如下。

- Add:建立新的连续介质类型设定。要建立一个新的连续介质类型设定,则输入 Name、Type 和 Entity 参数,并单击 Apply 按钮。
- Modify:更改现有的连续介质类型设定。选择一个连续介质类型设定,在 Name|Type 滑列表中选择它的名称,若要更改该连续介质类型设定,只要更改 Name、Type 和 Entity 参数,并单击 Apply 按钮即可。
- Delete:删除现有的连续介质类型设定。选择要删除的连续介质类型设定,在 Name|Type 滑动列表中选择它的名称,若要删除该连续介质类型设定,单击 Apply 按钮。

- Delete all: 删除所有现有的连续介质类型设定。
- Name|Type: 列表显示所有当前存在的连续介质类型设定的名称（Name）和类型（Type）。
- Show labels: 在 Specify Continuum Types 窗口打开时，显示所有当前确定的连续介质类型的标签。
- Name: 设定与该连续介质类型设定相关的名称。
- Type: 设定连续介质类型，如 FLUID、POROUS、SOLID、Conjugate 等。
- Entity: 指定连续介质类型的拓扑实体的一般类型，如 Groups、Volumes、Faces 等。
- Label|Type: 列表显示与当前的连续介质类型设定相关的所有拓扑实体的标签（Label）和类型（Type）。
- Remove: 从与当前连续介质类型设定相关的实体列表中删除当前凸显的实体。
- Edit: 打开 Edit Lower Topology 窗口，允许用户指定在连续介质类型设定中是否包含次级几何结构或者与当前凸显实体相连的几何结构。

4.5 本章小结

本章首先介绍了网格生成的基本知识，然后讲解了 ICEM CFD 划分网格的基本过程，给出了运用 ICEM CFD 划分网格的典型实例，同时介绍了 Fluent 的 Meshing 功能和 GAMBIT 的使用方法。通过本章的学习，读者可以掌握 ICEM CFD 等多种网格生成软件的使用方法。

第5章

计算设置

在网格划分完成后,需要在网格文件的基础上建立数学模型、设定边界条件、定义求解条件等,本章将重点介绍如何利用 Fluent 软件来建立数学模型、设定边界条件和定义求解条件等内容。

学习目标

(1) 掌握 Fluent 求解器的设置方法。
(2) 掌握 Fluent 边界条件的设置方法。
(3) 掌握 Fluent 初始条件的设置方法。

5.1 网格导入与工程项目保存

本节将介绍 Fluent 软件的启动及新工程项目的创建、网格导入、项目保存等基本操作。

5.1.1 启动 Fluent

启动 Fluent 后，首先弹出如图 5-1 所示的 Fluent Launcher 对话框，在此界面设置所要计算的问题是二维问题（2D）或三维问题（3D），计算的精度（单精度或双精度），计算过程是串行计算或并行计算，设置项目打开后是否直接显示网格等。

设置完成后，进入 Fluent 窗口，如图 5-2 所示。

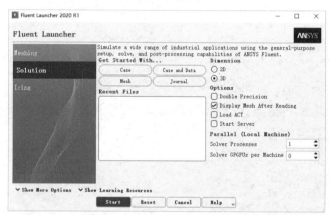

图 5-1 Fluent Launcher 对话框

图 5-2 Fluent 窗口

5.1.2 网格导入

如图 5-3 所示，单击 File→Read→Mesh 命令，弹出如图 5-4 所示的 Select File 对话框，选择扩展名为.msh 的网格文件，单击 OK 按钮便可导入网格。

图 5-3 网格导入

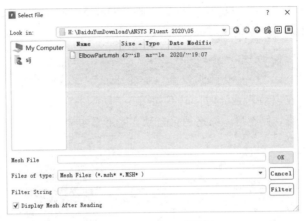

图 5-4 Select File 对话框

5.1.3 网格质量检查

在 Fluent 中，网格的检查功能包括域的范围、体积的数据统计、网格拓扑和周期边界信息。

单击 Mesh→Check 命令，在文本信息栏得到如图 5-5 所示的信息。

图 5-5 网格检查信息

在信息中，域的范围列出了 x、y 和 z 以米为单位的最大值和最小值。体积的数据统计包括以 m^3 为单位的单元体积的最大值、最小值和总的单元体积。面的数据统计包括以 m^2 为单位的单元表面的最大值和最小值。

> **提示**
> 当最小体积值为负值时，意味着存在一个或多个单元有不合适的连通性，一个负体积的单元经常可以使用 Iso-Value Adaption 功能标记。

除网格检查命令（check）之外，Fluent 还提供了以下命令：Mesh/Info/Quality、Mesh/Info/Size、Mesh/Info/Memory Usage、Mesh/Info/Partitions，通过这些命令可以查看

网格的质量、大小、内存占用情况和网格区域分布、分块情况等。

5.1.4 显示网格

单击 Mesh→Display 命令，弹出如图 5-6 所示的 Mesh Display（网格显示）对话框，单击 Display 按钮便可显示导入的网格。

> **提示**
> 在启动 Fluent 时，若在如图 5-7 所示的对话框中勾选 Display Mesh After Reading 复选框，则在导入网格后会自动在图形框中显示网格。

图 5-6　Mesh Display 对话框

图 5-7　Fluent Launcher 对话框

一般情况下，用户可在图 5-6 所示的 Options 选项中勾选 Edges 复选框，在 Edge Type 选项中勾选 All 单选按钮，单击 Display 按钮后，图形窗口便显示在 Surfaces 列表中选中面的网格。

在 Options 选项中，Nodes 表示节点，Faces 表示单元面（线），Edge 表示网格单元线，Partitions 表示并行计算中的子域边界。

在 Surfaces 选项中，给出了可以显示的网格中所有的面。单击对话框右上角的 按钮可以选中所有的面，单击 按钮可以取消当前选中的面。

在 Surfaces 列表框中，单击其中一个表面类型，则满足该类型的所有面都被选中，如图 5-8 所示。

图 5-8　选中所有满足类型的面

5.1.5 修改网格

如果对导入的网格不满意，可以在 Fluent 中对网格进行修改，关于修改网格的内容将从以下几个方面进行介绍。

1．缩放网格

在 Fluent 中，以米（SI 长度单位）为单位储存计算的网格。当网格被读进求解器时，它被认为是以米为单位生成的。如果在建立网格时使用的是另一种长度单位（英寸、英尺、厘米等），则在将网格导入 Fluent 之后，必须进行相应的单位转换，或者给出自定义的比例因子进行缩放。

单击 Mesh→Scale 命令，弹出如图 5-9 所示的 Scale Mesh（缩放网格）对话框。

图 5-9　Scale Mesh 对话框

在 Scaling 选项中，通过选择 Convert Units 或者 Special Scaling Factors，进行长度单位的变换或特殊缩放比例的设置。

如果打算改变长度单位，则在 Scaling 中选择 Convert Units，在 Mesh Was Create In 中设置所需要的单位，单击 Scale 按钮，则 Domain Extents 将被更新，以显示原来单位的范围；在 View Length Unite In 中选择所需要的单位，则 Domain Extents 将被更新，以显示现在单位的范围。

如果只改变网格的物理尺寸，则在 Scaling 中选择 Special Scaling Factors，在 Scaling Factors 中分别设置 X、Y、Z 方向对应的缩放比例，单击 Scale 按钮即可。

2．移动网格

单击功能区 Domain→Mesh→Translate→Translate 命令，弹出如图 5-10 所示的 Translate Mesh（移动网格）对话框。在 Translation Offsets 中对应地输入 X、Y、Z 方向上的偏移距离，单击 Translate 按钮即可完成网格移动。

3．旋转网格

单击功能区 Domain→Mesh→Translate→Rotate 命令，弹出如图 5-11 所示的 Rotate Mesh（旋转网格）对话框。在 Rotation Angle 中输入旋转的角度，在 Rotation Origin 中对

应地输入 X、Y、Z 方向上的旋转轴原点，在 Rotation Axis 中对应地输入旋转轴矢量方向，单击 Rotate 按钮即可完成网格旋转。

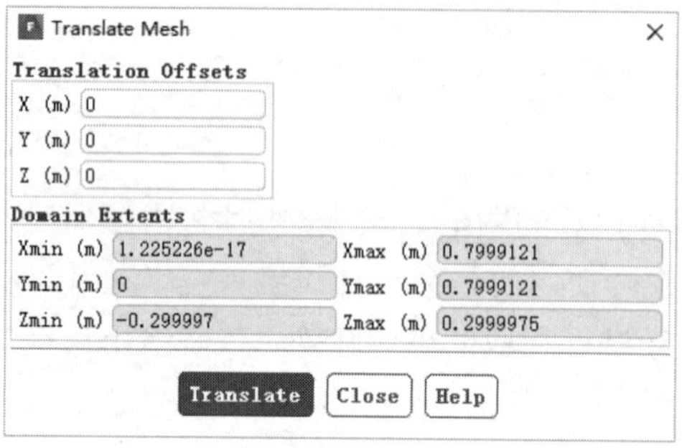

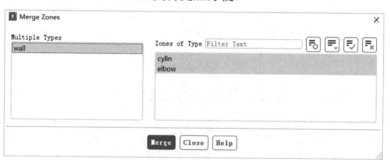

图 5-10　Translate Mesh 对话框 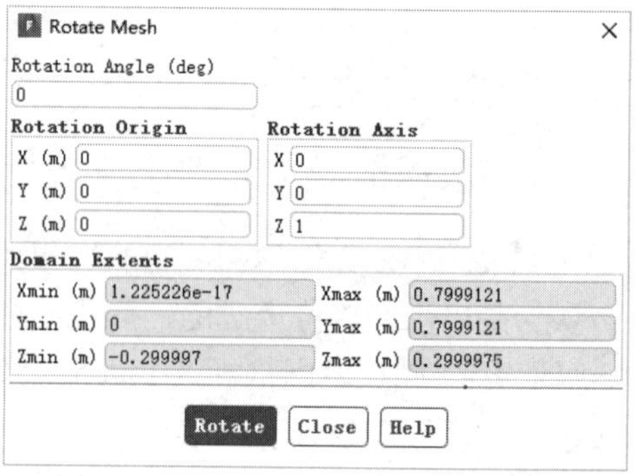　　　　　图 5-11　Rotate Mesh 对话框

4．合并域

单击功能区 Domain→Zones→Combine→Merge 命令，弹出如图 5-12 所示的 Merge Zones（合并域）对话框。在 Multiple Type 中选择一种边界类型，在 Zones of Type 中会显示对应的网格边界，单击 Merge 按钮便可将多个相同边界类型的区域合并为一个。合并后，会使边界条件的设置及后处理变得更加方便。

图 5-12　Merge Zones 对话框

5．分离域

在实际应用中，有时需要把一个面或单元域分成相同类型的多个域。例如，在对一个管道生成网格时建立了一个壁面域，但若想对壁面上不同的部分规定不同的温度，则可以根据自己的需要把这个壁面域分离成两个或多个壁面域。如果计划使用滑动网格模型或多个参考结构解决一个问题，但忘记了针对不同速度的移动域建立不同的流动域，则需要把这个流动域分成两个或多个流动域。

Fluent 提供了分离域的特性，分别为分离面域和分离单元域。

（1）分离面域。单击功能区 Domain→Zones→Separate→Faces 命令，弹出如图 5-13 所示的 Separate Face Zones（分离面域）对话框。

在 Options 中提供了分离面域的方法，包括 Angle、Face、Mark 和 Region。通常，会选择 Angle 通过不同面的法线矢量大于或等于所指定的重要角的角来进行分离。

（2）分离单元域。单击功能区 Domain→Zones→Separate→Cells 命令，弹出如图 5-14

所示的 Separate Cell Zones（分离单元域）对话框。

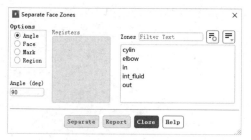

图 5-13　Separate Face Zones 对话框

图 5-14　Separate Cell Zones 对话框

如果有两个或更多个封闭的单元域，它们有共同的内边，但是所有的单元包含在一个单元域中，则可以使用分离单元域的方法把单元分成明显的域。

> **提示**
>
> 　　如果共享内边界是 interior 类型，那么在执行分离之前必须把它变成另一种双边的面域类型（fan、radiator 等）。

在 Options 中提供了两种分离单元域的方法，包括 Mark 和 Region。

> **提示**
>
> 　　一个单元域的分离也会导致面域的分离。如果发现任何面放置错误，请参看前面所述的面域分离的有关内容。

6．合并面域

当采用多个网格合并生成一个大的网格时，在各块网格的分界面上有两个边界区域，Fluent 可以将两个子块的网格界面进行融合。

单击 Domain→Zones→Combine→Fuse 命令，弹出如图 5-15 所示的 Fuse Face Zones（合并面域）对话框。在 Zones 中选择所要合并的面，在 Tolerance 中输入适当的公差值，单击 Fuse 按钮进行合并。

> **提示**
>
> 　　在两个子域交会的边界处不需要网格节点位置同一。如果使用 Tolerance 的默认值没有使所有适当的面合并，那么可以适当增加 Tolerance 的值，然后再试着合并域，但 Tolerance 的值不应超过 0.5，否则可能会合并错误的节点。

7．删除、抑制和激活域

在 Fluent 中可以从 case 文件中永久地删除一个单元域和所有相关的面域，或者永久地使域不活动。

单击功能区 Domain→Zone→Delete 命令，弹出如图 5-16 所示的 Delete Cell Zones（删除域）对话框，在 Cell Zones 中选择要删除的域，单击 Delete 按钮即可。

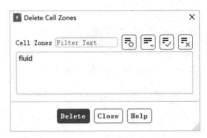

图 5-15　Fuse Face Zones 对话框　　　　图 5-16　Delete Cell Zones 对话框

单击功能区 Domain→Zone→Deactivate 命令，弹出如图 5-17 所示的 Deactivate Cell Zones（抑制域）对话框，在 Cell Zones 中选择要抑制的域，单击 Deactivate 按钮即可。

单击功能区 Domain→Zone→Activate 命令，弹出如图 5-18 所示的 Activate Cell Zones（激活域）对话框，在 Cell Zones 中选择要激活的域，单击 Activate 按钮即可。

图 5-17　Deactivate Cell Zones 对话框　　　　图 5-18　Activate Cell Zones 对话框

> **提示**
>
> 域的删除、抑制和激活仅适用于串行情况，不适用于并行情况。抑制将把所有相联系的内部面域（即风扇、内部、多孔跳跃、辐射体）分离成壁面和壁面影子对。在重新激活之后，需要确定关于壁面和壁面影子对的边界条件被正确地恢复到抑制之前的设置状态。

5.1.6　光顺网格与交换单元面

通常情况下，网格设置后还需要进行光顺和单元面交换来提高最后数值网格的质量。光顺重新配置节点和面的交换，修改单元的连通性，从而使网格在质量上得到改善。

> **提示**
>
> 单元面交换仅适用于三角形和四面体单元的网格。

单击功能区 Domain→Mesh→Quality→Improve Mesh Quality 命令，弹出如图 5-19 所示的 Improve Mesh（提升网格）对话框，单击 Improve 按钮完成提升。

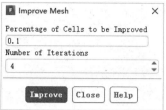

图 5-19　Improve Mesh 对话框

5.1.7　项目保存

单击 File→Write→Case 命令，弹出如图 5-20 所示的 Select File 对话框，在 Case File 中输入项目的名称，单击 OK 按钮便可保存项目。

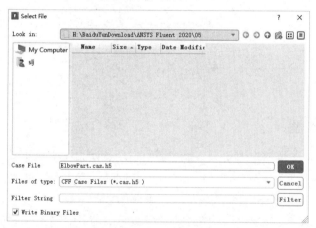

图 5-20　Select File 对话框

> **提示**
>
> 在进行项目或数据保存时，文件名一栏中可以为需要保存的文件命名，如果在命名过程中没有使用扩展名，则系统会自动为所保存的算例文件和数据文件分别加上 .cas.h5 或 .dat.h5 的后缀。

5.2　设置求解器及操作条件

本节将介绍 Fluent 的求解器及运行环境的设定，包括数值格式、离散化方法、分离求解器、耦合求解器等内容，以及在计算中如何使用这些方法。这些也是 Fluent 软件设置的核心内容。

5.2.1 求解器设置

设置求解器需要双击 Setup→General 命令，弹出如图 5-21 所示的 General（总体模型设定）面板。

在 General 面板中，Mesh 选项组中的功能与前一节介绍的内容一致。下面介绍在 Solver 选项组中对求解器的类型进行设置。

图 5-21　General 面板

1．求解器类型

Pressure-Based 是基于压力法的求解器，使用的算法是压力修正算法，求解的控制方程是标量形式的，擅长求解不可压缩的流动，对于可压流动也可以求解。

Density-Based 是基于密度法的求解器，求解的控制方程是矢量形式的，主要的离散格式有 Roe、AUSM+，该求解器的初衷是让 Fluent 具有比较好的求解可压缩流动能力，但目前其离散格式没有添加任何限制器，因此还不太完善，它只有 Coupled 算法；对于低速问题，是使用 Preconditioning 方法来处理的。

在 Density-Based Solver 下没有 SIMPLEC、PISO 这些选项，因为这些都是压力修正算法，不会在这种类型的求解器中出现，一般仍使用 Pressure-Based Solver 来解决问题。

2．时间类型

在时间类型上，分为 Steady（稳态）和 Transient（瞬态）问题。

3．速度方程

速度方程可以指定计算时速度是 Absolutel（绝对速度）还是 Relative（相对速度）处理。

> **提示**
>
> Relative 选项只适用于 Pressure-Based 求解器。

5.2.2 操作条件设置

单击功能区 Physics→Operating Conditions 命令，弹出如图 5-22 所示的 Operating Conditions（操作条件）对话框，设置操作条件。

1．操作压力和压强

在 Operating Pressure 对话框中需输入操作压力。

操作压强对于不可压理想气体流动和低马赫数可压流动来说是十分重要的，因为不可压理想气体的密度是用操作压强通过状态方程直接计算出来的，而在低马赫数可压流动中，操作压强则起到了避免截断误差负面影响的重要作用。

对于高马赫数可压缩流动，操作压强的意义不大。在这种情况下，压力的变化比低马赫数可压流动中压力的变化大得多，因此截断误差不会产生什么影响，也就不需要使用表压进行计算。事实上，在这种计算中使用绝对压力会更方便。

因为 Fluent 是使用表压进行计算的，所以需要在这类问题的计算中将操作压强设置为零，而使表压和绝对压力相等。

如果密度假定为常数，或者密度是从温度型函数中推导出来的，则不使用操作压强。操作压强的默认值为 101325 Pa（见图 5-22）。

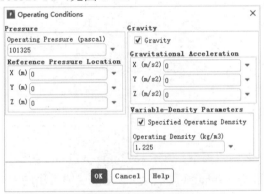

图 5-22　Operating Conditions 对话框

2．参考压力位置

对于不包括压力边界的不可压缩流动，Fluent 会在每次迭代之后调整表压场来避免数值漂移。每次调整都要用到（或接近）参考压力点网格单元中的压强，即在表压场中减去单元内的压力值得到新的压力场，并且保证参考压力点的表压为零。如果计算中包含了压力边界，上述调整就没有必要，求解过程中也不再用到参考压力位置。

参考压力位置被默认设置为原点或者最接近原点的网格中心。如果要改变参考压强位置，比如将它定位在压强已知的点上，则可以在 Reference Pressure Location（参考压力位置）中输入参考压强位置的新坐标值（X、Y、Z）。

3．重力设置

如果计算的问题需要考虑重力影响，则需要在 Operating Conditions 对话框中勾选

Gravity 复选框，同时在 X、Y、Z 方向上输入重力加速度的分量值。

5.3 物理模型设定

在求解器设定完成后，需要根据计算的问题选择适当的物理模型，物理模型包括多相流模型、能量方程、湍流模型、辐射模型、热交换模型、多组分模型、离散项模型、噪声模型等。

在主菜单中双击 Setup→Models 命令，弹出如图 5-23 所示的 Models（模型设定）面板，进而设定物理模型。

图 5-23 Models 面板

5.3.1 多相流模型

Fluent 提供了四种多相流模型：VOF（Volume of Fluid）模型、Mixture（混合）模型、Eulerian（欧拉）模型和 Wet Steam（湿蒸汽）模型。一般常用的是前三种模型，Wet Steam 模型只有在求解类型是 Density-Based 时，才能被激活。

VOF 模型、混合模型和欧拉模型这三种模型都属于用欧拉观点处理多相流的计算方法，其中 VOF 模型适合于求解分层流和需要追踪自由表面的问题，比如水面的波动、容器内液体的填充等；混合模型和欧拉模型则适合计算体积浓度大于 10% 的流动问题。

1．VOF 模型

所谓 VOF 模型，是一种在固定欧拉网格下的表面跟踪方法。当需要得到一种或多种互不相融流体间的交界面时，可以采用这种模型。在 VOF 模型中，不同的流体组分共用一套动量方程，计算时，在全流场的每个计算单元内，都记录下各流体组分所占有的体积率。

VOF 模型的应用例子包括分层流、自由面流动、灌注、晃动、液体中大气泡的流动、水坝决堤时的水流、对喷射衰竭（jet breakup）（表面张力）的预测，以及求得任意液—气分界面的稳态或瞬时分界面。VOF 模型设置对话框如图 5-24 所示。

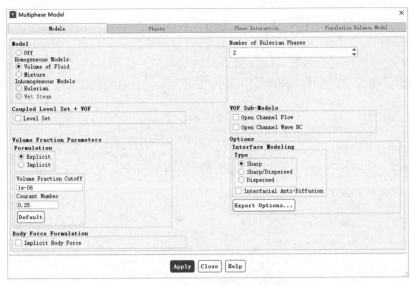

图 5-24 VOF 模型设置对话框

2．混合模型

混合模型可用于两相流或多相流（流体或颗粒）问题。因为在欧拉模型中，各相被处理为互相贯通的连续体，混合模型求解的是混合物的动量方程，并通过相对速度来描述离散相。

混合模型的应用包括低负载的粒子负载流、气泡流、沉降，以及旋风分离器。混合模型也可用于没有离散相相对速度的均匀多相流。混合模型设置对话框如图 5-25 所示。

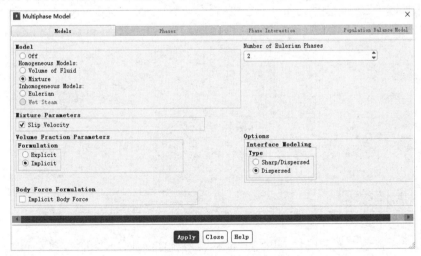

图 5-25 混合模型设置对话框

3．欧拉模型

欧拉模型是 Fluent 中最复杂的多相流模型。它建立了一套包含有 n 个的动量方程和连续方程来求解的每一相。压力项和各界面交换系数是耦合在一起的。耦合的方式则依赖于所含相的情况，颗粒流（流－固）的处理与非颗粒流（流－流）是不同的。

对于颗粒流，可应用分子运动理论来求得流动特性。不同相之间的动量交换也依赖于混合物的类别。

Fluent 的客户自定义函数（User-Defined Functions），可以自定义动量交换的计算方式。欧拉模型的应用包括气泡柱、上浮、颗粒悬浮，以及流化床。欧拉模型设置对话框如图 5-26 所示。

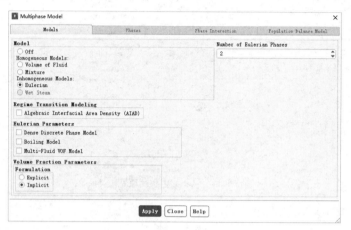

图 5-26 欧拉模型设置对话框

5.3.2 能量方程

Fluent 允许用户决定是否进行能量方程计算，通过在模型设定面板中双击 Energy 按钮，弹出如图 5-27 所示的 Energy（能量方程）对话框，勾选 Energy Equation 复选框便激活能量方程。

图 5-27 Energy 对话框

5.3.3 湍流模型

湍流出现在速度变动的地方，这种波动使得流体介质之间相互交换动量、能量和浓度，而且引起数量的波动。由于这种波动是小尺度而且高频率的，如果在实际工程计算中直接模拟，对计算机的要求会很高。

实际上瞬时控制方程可能在时间上、空间上是均匀的，或者可以人为地改变尺度，这样修改后的方程耗费较少计算机资源。但是，修改后的方程可能包含有我们所不知的变量，湍流模型需要用已知变量来确定这些变量。

Fluent 提供的湍流模型有 Spalart-Allmaras 模型、标准 k-ε 模型、RNG k-ε 模型、带旋

流修正 k-ε 模型、k-ω 模型、压力修正 k-ω 模型、雷诺兹压力模型、大漩涡模拟模型等。

在模型设定面板中双击 Viscous Model 按钮，弹出如图 5-28 所示的 Viscous Model（湍流模型）对话框。

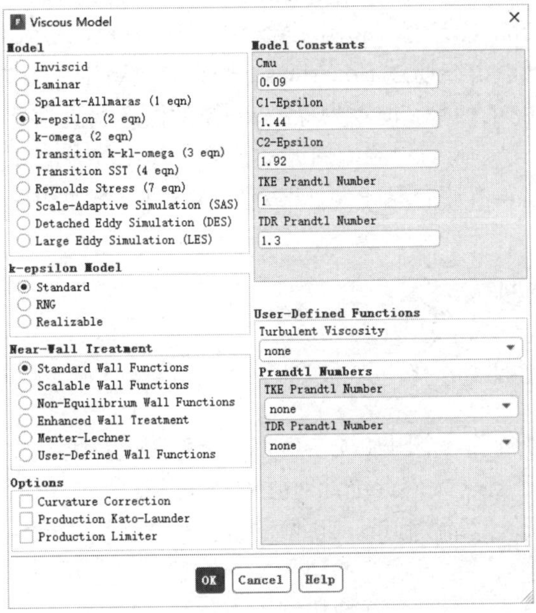

图 5-28　Viscous Model 对话框

下面对常用的几个湍流模型进行介绍。

1. Inviscid

进行无黏计算。

2. Laminar

用层流模型进行流动模拟。层流同无黏流动一样，不需要输入任何与计算相关的参数。

3. Spalart-Allmaras 模型

Spalart-Allmaras 模型是一方程模型中最成功的一个模型，最早被用于有壁面限制情况的流动计算，特别在存在逆压梯度的流动区域内，对边界层的计算效果较好，因此经常被用于流动分离区附近的计算，后来在涡轮机械的计算中也得到了广泛应用。

最早的 Spalart-Allmaras 模型是用于低雷诺数流计算的，特别是在需要准确计算边界层黏性影响的问题中效果较好。Fluent 对 Spalart-Allmaras 进行了改进，主要的改进是可以在网格精度不高时使用壁面函数。在湍流对流场影响不大，同时网格较粗糙时，可以选用这个模型。

Spalart-Allmaras 模型是一种新出现的湍流模型，在工程应用问题中还没有出现多少成功的算例。如同其他方程模型一样，Spalart-Allmaras 模型的稳定性也比较差，在计算中采用 Spalart-Allmaras 模型时需要注意这个特点。

4. 标准 k-ε 模型

标准 k-ε 模型由 Launder 和 Spalding 提出，模型本身具有的稳定性、经济性和比较高的计算精度使之成为湍流模型中应用范围最广，也是最为人熟知的一个模型。标准 k-ε 模型通过求解湍流动能（k）方程和湍流耗散率（ε）方程，得到 k 和 ε 的解，然后再用 k 和 ε 的值计算湍流黏度，最终通过 Boussinesq 假设得到雷诺应力的解。

虽然得到了最广泛的使用，但因为标准 k-ε 模型假定湍流为各向同性的均匀湍流，所以在旋流（Swirl Flow）等非均匀湍流问题的计算中存在较大误差，因此后来又发展出很多 k-ε 模型的改进模型，其中包括 RNG（重整化群）k-ε 模型和 Realizable（现实）k-ε 模型等衍生模型。

5. RNG k-ε 模型

RNG k-ε 模型在形式上类似于标准 k-ε 模型，但是在计算功能上强于标准 k-ε 模型，其改进措施主要如下。

（1）在 ε 方程中增加了一个附加项，使得在计算速度梯度较大的流场时精度更高。

（2）模型中考虑了旋转效应，因此对强旋转流动计算精度也得到了提高。

（3）模型中包含了计算湍流 Prandtl 数的解析公式，而不像标准 k-ε 模型仅用用户定义的常数。

（4）标准 k-ε 模型是一个高雷诺数模型，而重整化群 k-ε 模型在对近壁区进行适当处理后可以计算低雷诺数效应。

6. Realizable k-ε 模型

Realizable k-ε 模型与标准 k-ε 模型的主要区别如下：

（1）Realizable k-ε 模型中采用了新的湍流黏度公式。

（2）ε 方程是从涡量扰动量均方根的精确输运方程推导出来的。

Realizable k-ε 模型满足对雷诺应力的约束条件，因此可以在雷诺应力上保持与真实湍流一致。这一点是标准 k-ε 模型和 RNG k-ε 模型都无法做到的。这个特点在计算中的好处是，可以更精确地模拟平面和圆形射流的扩散速度，同时在旋转流计算、带方向压强梯度的边界层计算和分离流计算等问题中，计算结果更符合真实情况。

Realizable k-ε 模型是新出现的 k-ε 模型，虽然还无法证明其性能已经超过 RNG k-ε 模型，但是在分离流计算和带二次流的复杂流动计算中的研究表明，Realizable k-ε 模型是所有 k-ε 模型中表现最出色的湍流模型。

Realizable k-ε 模型在同时存在旋转和静止区的流场计算中，如多重参考系、旋转滑移网格等计算中，会产生非物理湍流黏性，因此在类似计算中应该慎重选用这种模型。

7. k-ω 模型

k-ω 模型也是二方程模型。标准 k-ω 模型中包含了低雷诺数影响、可压缩性影响和剪切流扩散，因此适用于尾迹流动计算、混合层计算、射流计算，以及受到壁面限制的流动计算和自由剪切流计算。

剪切应力输运 k-ω 模型，简称 SST k-ω 模型，综合了 k-ω 模型在近壁区计算的优点和 k-ε 模型在远场计算的优点，将 k-ω 模型和标准 k-ε 模型都乘以一个混合函数后再相加就得到这个模型。在近壁区，混合函数的值等于 1，因此在近壁区等价于 k-ω 模型。在远离壁面的区域，混合函数的值则等于 0，因此自动转换为标准 k-ε 模型。

与标准 k-ω 模型相比，SST k-ω 模型中增加了横向耗散导数项，同时在湍流黏度定义中考虑了湍流剪切应力的输运过程，模型中使用的湍流常数也有所不同。这些特点使得 SST k-ω 模型的适用范围更广，如可以用于带逆压梯度的流动计算、翼型计算、跨音速激波计算等。

8. 雷诺应力模型（RSM）

雷诺应力模型中没有采用涡黏度的各向同性假设，因此从理论上说比湍流模式理论要精确得多。雷诺应力模型不采用 Boussinesq 假设，而是直接求解雷诺平均 N-S 方程中的雷诺应力项，同时求解耗散率方程，因此，在二维问题中需要求解 5 个附加方程，在三维问题中则需要求解 7 个附加方程。

从理论上说，雷诺应力模型应该比一方程模型和二方程模型的计算精度更高，但实际上雷诺应力模型的精度受限于模型的封闭形式，因此，雷诺应力模型在实际应用中并没有在所有的流动问题中都体现出其优势。只有在雷诺应力明显具有各向异性的特点时才必须使用雷诺应力模型，如龙卷风、燃烧室内的流动等带强烈旋转的流动问题。

5.3.4 辐射模型

Fluent 提供了五种辐射模型，用户可以在其传热计算中使用这些模型：离散传播辐射（DTRM）模型、P1 辐射模型、Rosseland 辐射模型、表面辐射（S2S）模型和离散坐标辐射（DO）模型。使用上述的辐射模型，就可以在其计算中考虑壁面由于辐射而引起的加热或冷却及流体相由辐射引起的热量源相汇。

辐射模型能够应用的典型场合包括：火焰辐射，表面辐射换热，导热、对流与辐射的耦合问题，HVAC（Heating Ventilating and Air Conditioning，采暖、通风和空调工业）中通过开口的辐射换热，汽车工业中车厢的传热分析，玻璃加工、玻璃纤维拉拔过程及陶瓷工业中的辐射传热等。

通过在模型设定面板中双击 Radiation 按钮，弹出如图 5-29 所示的 Radiation Model（辐射模型）对话框，可选择模型类型 Fluent 提供的五种辐射模型的优点和局限如下。

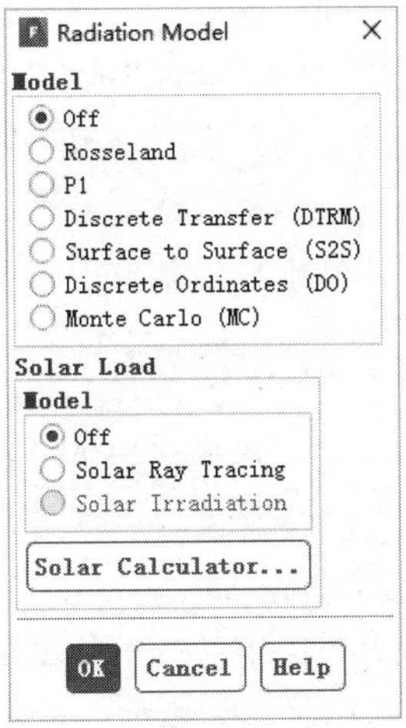

图 5-29 Radiation Model 对话框

1. DTRM 模型

DTRM 模型的优点是比较简单，通过增加射线数量就可以提高计算精度，同时还可用于很宽的光学厚度范围，其局限包括如下几项。

（1）DTRM 模型假设所有表面都是漫射表面，即所有入射的辐射射线没有固定的反射角，而是均匀地反射到各个方向。

（2）计算中没有考虑辐射的散射效应。

（3）计算中假定辐射是灰体辐射。

（4）如果采用大量射线进行计算的话，会给 CPU 增加很大的负担。

2．P1 模型

相对于 DTRM 模型，P1 模型有一定的优点。对于 P1 模型，辐射换热方程（RTE）是一个容易求解的扩散方程，同时模型中包含了散射效应。在燃烧等光学厚度很大的计算问题中，P1 的计算效果都比较好。P1 模型还可以在采用曲线坐标系的情况下计算复杂几何形状的问题。

P1 模型的局限如下。

（1）P1 模型也假设所有表面都是漫射表面。

（2）P1 模型计算中采用灰体假设。

（3）如果光学厚度比较小，同时几何形状又比较复杂的话，计算精度会受到影响。

（4）在计算局部热源问题时，P1 模型计算的辐射热流通量容易出现偏高的现象。

3．Rosseland 模型

同 P1 模型相比，Rosseland 模型的优点是，不用像 P1 模型那样计算额外的输运方程，因此 Rosseland 模型计算速度更快，需要的内存更少。Rosseland 模型的缺点是，仅能用于光学厚度大于 3 的问题，同时计算中只能采用分离求解器进行计算。

4．DO 模型

DO 模型是适用范围最大的模型，它可以计算所有光学厚度的辐射问题，并且计算范围涵盖了从表面辐射、半透明介质辐射到燃烧问题中出现的介入辐射在内的各种辐射问题。DO 模型采用灰体模型进行计算，因此既可以计算灰体辐射，也可以计算非灰体辐射。如果网格划分不过分精细，计算中所占用的系统资源不大，因此 DO 模型成为辐射计算中被经常使用的一个模型。

5．表面辐射（S2S）模型

S2S 模型适用于计算没有介入辐射介质的封闭空间内的辐射换热计算，如太阳能集热器、辐射式加热器和汽车机箱内的冷却过程等。与 DTRM 和 DO 模型相比，虽然视角因数（View Factor）的计算需要占用较多的 CPU 时间，S2S 模型在每个迭代步中的计算速度都很快。S2S 模型的局限如下。

（1）S2S 模型假定所有表面都是漫射表面。

（2）S2S 模型采用灰体辐射模型进行计算。

（3）内存等系统资源的需求随辐射表面的增加而激增。计算中可以将辐射表面组成集群的方式减少内存资源的占用。

（4）S2S 模型不能计算介入辐射问题。

（5）S2S 模型不能用于带有周期性边界条件或对称性边界条件的计算。
（6）S2S 模型不能用于二维轴对称问题的计算。
（7）S2S 模型不能用于多重封闭区域的辐射计算，只能用于单一封闭几何形状的计算。

5.3.5 组分输运和反应模型

Fluent 可以模拟具有或不具有组分输运的化学反应。Fluent 提供了四种模拟反应的方法：通用有限速度模型、非预混合燃烧模型、预混合燃烧模型、部分预混合燃烧模型。

在模型设定面板中双击 Species 按钮，弹出如图 5-30 所示的 Species Model（组分模型）对话框，可设定模型类型。

1．通用有限速度模型

该方法基于组分质量分数的输运方程解，采用用户所定义的化学反应机制对化学反应进行模拟。反应速度在这种方法中是以源项的形式出现在组分输运方程中的，计算反应速度有几种方法：从 Arrhenius 速度表达式计算，从 Magnussen 和 Hjertager 的漩涡耗散模型计算或者从 EDC 模型计算。这些模型的应用范围是非常广泛的，其中包括预混合、部分预混合和非预混合燃烧。

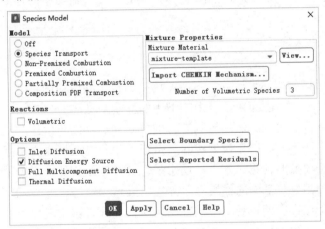

图 5-30　Species Model 对话框

2．非预混合燃烧模型

在这种方法中，并不是解每一个组分输运方程，而是解一个或两个守恒标量（混合分数）的输运方程，然后从预测的混合分数分布推导出每一个组分的浓度。该方法主要用于模拟湍流扩散火焰。对于有限速度公式来说，这种方法有很多优点。

在守恒标量方法中，通过概率密度函数或者 PDF 来考虑湍流的影响。反应机理并不是由我们来确定的，而是使用 Flame Sheet（Mixed-is-Burned）方法或者化学平衡计算来处理反应系统的。

层流 Flamelet 模型是非预混合燃烧模型的扩展，它考虑了从化学平衡状态形成的空气动力学的应力诱导分离。

3. 预混合燃烧模型

这一方法主要用于完全预混合的燃烧系统。在这些问题中，完全的混合反应物和燃烧产物被火焰前缘分开，我们解出反应发展变量来预测前缘的位置，湍流的影响是通过考虑湍流火焰速度来计算得出的。

4. 部分预混合燃烧模型

顾名思义，部分预混合燃烧模型就是用于描述非预混合燃烧和完全预混合燃烧结合的系统。在这种方法中，我们解出混合分数方程和反应发展变量来分别确定组分浓度和火焰前缘位置。

解决包括组分输运和反应流动的任何问题，首先都要确定什么模型最合适，模型选取的大致方针如下。

（1）通用有限速度模型主要用于：化学组分混合、输运和反应的问题；壁面或者粒子表面反应的问题（如化学蒸气沉积）。

（2）非预混合燃烧模型主要用于：包括湍流扩散火焰的反应系统，这个系统接近化学平衡，其中的氧化物和燃料以两个或者三个流道分别流入所要计算的区域。

（3）预混合燃烧模型主要用于：单一、完全预混合反应物流动。

（4）部分预混合燃烧模型主要用于：区域内具有变化等值比率的预混合火焰的情况。

5.3.6 离散项模型

Fluent 可以用离散相模型计算散布在流场中的粒子的运动和轨迹，例如在油气混合气中，空气是连续相，而散布在空气中的细小的油滴则是离散相。

连续相的计算可以用求解流场控制方程的方式完成，而离散相的运动和轨迹则需要用离散相模型进行计算。离散相模型实际上是连续相和离散相物质相互作用的模型。

在带有离散相模型的计算过程中，通常是先计算连续相流场，再用流场变量通过离散相模型计算离散相粒子受到的作用力，并确定其运动轨迹。

离散相计算是在拉格朗日观点下进行的，即在计算过程中是以单个粒子为对象进行计算的，而不像连续相计算那样是在欧拉观点下，以空间点为对象进行计算的。例如，在油气混合气的计算中，作为连续相的空气，其计算结果是以空间点上的压强、温度、密度等变量分布为表现形式的，而作为离散相的油滴，却是以某个油滴的受力、速度、轨迹作为表现形式的。

关于欧拉观点和拉格朗日观点的区别和相互转换，可以参考流体力学中的相关内容。

通过在模型设定面板中双击 Discrete Phase 按钮，弹出如图 5-31 所示的 Discrete Phase Model（离散相模型）对话框。

Fluent 在计算离散相模型时可以计算的内容包括如下几项。

（1）离散相轨迹计算，可以考虑的因素包括离散相惯性、气动阻力、重力，可以计算定常和非定常流动。

（2）可以考虑湍流对离散相运动的干扰作用。

(3) 计算中可以考虑离散相的加热和冷却。
(4) 计算中可以考虑液态离散相粒子的蒸发和沸腾过程。
(5) 可以计算燃烧的离散相粒子运动,包括气化过程和煤粉燃烧过程。
(6) 计算中既可以将连续相与离散相计算相互耦合,也可以分别计算。
(7) 可以考虑液滴的破裂和聚合过程。

因为在离散相模型计算中可以包括上述物理过程,所以可以计算的实际问题也非常广泛。

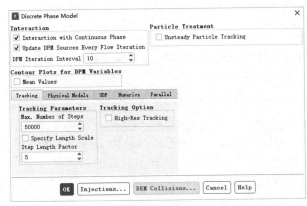

图 5-31　Discrete Phase Model 对话框

5.3.7　凝固和熔化模型

Fluent 采用"焓-多孔度"(Enthalpy-Porosity)技术模拟流体的凝固和熔化过程,在流体的凝固和熔化问题中,流场可以分成流体区域、固体区域和两者之间的糊状区域。"焓-多孔度"技术采用的计算策略是将流体在网格单元内占有的体积百分比定义为多孔度(Porosity),并将流体和固体并存的糊状区域看作多孔介质区进行处理。

在流体的凝固过程中,多孔度从 1 降低到 0;反之,在熔化过程中,多孔度则从 0 升至 1。"焓-多孔度"技术通过在动量方程中添加汇项(即负的源项)模拟因固体材料存在而出现的压强降。

"焓-多孔度"技术可以模拟的问题包括纯金属或二元合金中的凝固和熔化问题、连续铸造加工过程等。计算中可以计算固体材料与壁面之间因空气的存在而产生的热阻,以及凝固、熔化过程中组元的输运等。

需要注意的是,在求解凝固、熔化问题的过程中,只能采用分离算法,只能与 VOF 模型配合使用,不能计算可压缩流,不能单独设定固体材料和流体材料的性质,同时在模拟带反应的组元输运过程时,无法将反应区限制在流体区域,而是在全流场进行反应计算。

通过在模型设定面板中双击 Solidification & Melting 按钮,弹出如图 5-32 所示的 Solidification and Melting(凝固和熔化模型)对话框。

图 5-32 Solidification and Melting 对话框

5.3.8 气动噪声模型

气动噪声的生成和传播可以通过求解可压 N-S 方程的方式进行数值模拟。然而与流场流动的能量相比，声波的能量要小几个数量级，客观上要求气动噪声计算所采用的格式应有很高的精度，同时从音源到声音测试点划分的网格也要足够精细，因此，进行直接模拟对系统资源的要求很高，而且计算时间也很长。

为了弥补直接模拟的这个缺点，可以采用 Lighthill 的声学近似模型，即将声音的产生与传播过程分别进行计算，从而达到加快计算速度的目的。

Fluent 中用 Ffowcs Williams 和 Hawkings 提出的 FW-H 方程模拟声音的产生与传播，这个方程中采用了 Lighthill 的声学近似模型。Fluent 采用在时间域上积分的办法，在接收声音的位置上，用两个面积分直接计算声音信号的历史。这些积分可以表达声音模型中单极子、偶极子和四极子等基本解的分布。

在计算积分时，需要用到的流场变量包括压强、速度分量和音源曲面的密度等，这些变量的解在时间方向上必须满足一定的精度要求。满足时间精度要求的解可以通过求解非定常雷诺平均方程（URANS）获得，也可以通过大涡模拟（LES）或分离涡模拟（DES）获得。音源表面既可以是固体壁面，也可以是流场内部的一个曲面。噪声的频率范围取决于流场特征、湍流模型和流场计算中的时间尺度。

在模型设定面板中双击 Acoustics 按钮，即可弹出如图 5-33 所示的 Acoustics Model（噪声模型）对话框。

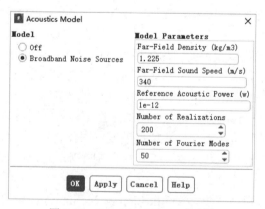

图 5-33 Acoustics Model 对话框

5.4 材料性质设定

本节重点介绍应用 Fluent 软件进行流体计算过程中流体材料的设定,包括物性参数的计算方程和详细的参数设定过程。

5.4.1 物性参数

在建立数学模型中非常关键的一步便是正确设定所研究物质的物性参数。在 Fluent 中,物性参数的设定是在 Materials(材料)面板中完成的。

设置物性参数需要单击 Define→Materials 命令,弹出如图 5-34 所示的 Materials(材料)面板。在材料面板中,单击 Create/Edit 按钮便可弹出如图 5-35 所示的 Create/Edit Materials(物性参数设定)对话框。

在对话框中需要设定的参数如下。
(1)密度和分子量。
(2)黏度。
(3)比热。
(4)热传导系数。
(5)质量扩散系数。
(6)标准状态下的焓。
(7)分子动力论参数。

图 5-34　Materials 面板　　　　图 5-35　Create/Edit Materials 对话框

这些参数可以是温度或组元函数,而温度和组元的变化方程可以是多项式函数、阶梯函数或分段多项式函数。Fluent 设置流体物性的这个特点给计算带来很大方便,尤其是在温度场的变化非常复杂,物性参数很难用单个函数来表示的情况下尤其如此。单个组元物性参数的变化可以由用户指定或者由分子动力论确定。

Materials（材料）面板会显示已被激活的物质所有需要设定的物性参数。需要注意的是，如果用户定义的属性需要用能量方程来求解（例如用理想气体定律求密度，用温度函数求黏度），Fluent 软件会自动激活能量方程。在这种情况下必须设定材料的热力学条件和其他相关参数。

对于固体材料来说，需要定义材料的密度、热传导系数和比热。如果模拟半透明物质，还需要设定物质的辐射属性。固体物质热传导系数的设置很灵活，既可以是常数值，也可以是随温度变化的函数，甚至可以由用户自定义函数（UDF，User Defined Function）来定义。

5.4.2 参数设定

在默认情况下，Materials（材料）列表仅包括一种流体物质 air（空气）和一种固体物质 aluminum（铝）。如果要计算的流体物质恰恰是空气，那么可以直接使用默认的物性参数，也可以修改后再使用。但绝大多数情况下，都需要从数据库中调用其他的物质或者定义自己的物质。

混合物物质只有在激活组元输运方程后才会出现。与此类似，惰性颗粒、液滴和燃烧颗粒在引入弥散相模型之前是不会出现的。但在一个混合物的数据从数据库中加载进来时，它所包含的所有组元的流体材料（组元）将会自动被复制。

1．修改现有材料的材料属性

在绝大多数情况下都是从数据库中加载已有的材料数据，然后根据实际情况和计算需要，来修改材料的物性参数。修改物性参数的工作，必须在图 5-35 所示的对话框中完成，其步骤如下。

（1）在 Material Type（材料类型）下拉列表中选择材料的类型（流体或固体）。

（2）根据（1）的选择，在 Fluent Fluid Materials（流体材料）或 Fluent Solid Materials（固体材料）的下拉列表中选定要改变物性的材料。

（3）根据需要修改在 Properties（性质）列表框中所包含的各种物性参数。如果列出的物性参数种类太多，则需要拖动滑动条以显示所有的物性参数。

在完成修改后，单击 Change/Create（修改/创建）按钮，新的物性参数便被设定。

要改变其他材料的物性参数，只要重复前面的步骤即可，但每种材料的物性参数修改完毕后，都要单击 Change/Create（修改/创建）按钮进行确认。

2．重命名已有材料

所有的材料都是通过材料名称和分子式来区分的。除自行创建的物质外，现有材料数据中只有材料名称可以改变，但不能改变它们的分子式。

通过下面的步骤可以改变材料的名称。

（1）与改变物性参数一样，首先在 Material Type 下拉列表中选择材料的类型（流体或固体）。

（2）根据第（1）步的选择，在 Fluent Fluid Materials 或 Fluent Solid Materials 的下拉

列表中选定要修改物性的材料。

（3）在 Name 文本框中输入新的名称。

（4）单击 Change/Create（修改/创建）按钮，这时会弹出 Question（问题）对话框，如图 5-36 所示。

图 5-36　Question 对话框

（5）单击 Yes 按钮，便完成了更改材料名称的工作。

采用同样的方法可以更改其他材料的名称，每次更改完成后单击 Change/Create（修改/创建）按钮进行确认。

3．从数据库中复制材料

材料数据库中包含许多常用的流体、固体和混合物材料。调用这些材料的步骤非常简单，要做的仅仅是从数据库中把它们复制到当前的材料列表中，复制材料应采取以下步骤。

（1）单击图 5-35 所示对话框中的 Fluent Database（数据库）按钮，弹出 Fluent Database Materials（材料数据库）对话框，如图 5-37 所示。

（2）在 Material Type 下拉列表中选择材料的类型（流体或固体）。

（3）根据（2）的选择，在 Fluent Fluid Materials 或 Fluent Solid Materials 的下拉列表中选定要复制的材料，该材料的各种参数随即显示在属性（Properties）框中。

（4）可以拖动滚动条检查材料的所有参数。对于某些参数，除用常值定义外，也可以用温度的函数形式定义。具体采用哪种定义形式，可以从物性右边的下拉列表中选择。

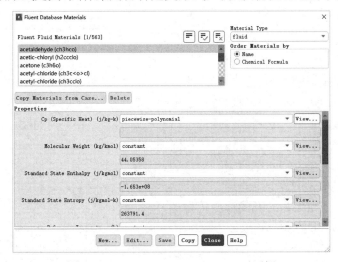

图 5-37　Fluent Database Materials 对话框

(5) 单击 Copy（复制）按钮，完成复制工作。

重复上述步骤可以复制其他材料，复制工作全部完成后单击 Close 按钮关闭材料数据库对话框。

一旦将材料从数据库中复制完成，就可以如前面所讲的一样修改其物性参数，而且为了保持数据库的准确性，任何修改都不会影响原数据库中物性参数的数值。

4．创立新的物质

在数据库中没有所需的材料的情况下，可以创建该物质，步骤如下。

（1）在 Material Type（材料类型）下拉列表中选择新材料的种类（流体或固体）。

（2）在 Name（名称）文本框中输入新材料的名称。

（3）在 Properties（属性）框中设定物质的属性。

（4）单击 Change/Creat（改变/创建）按钮，系统会弹出一个问题对话框，询问是否覆盖原有材料。单击 No 按钮，系统会添加新材料，并保持原有材料。接着会弹出另外一个面板，要求输入新材料的分子式。如果已知可直接输入，否则保持空白并单击 OK 按钮。在完成上述步骤后，对话框中会显示新的材料。

5.5 边界条件设定

边界条件就是流场变量在计算边界上应该满足的数学物理条件。边界条件与初始条件一起并称为定解条件，只有在边界条件和初始条件确定后，流场的解才存在，并且是唯一的。Fluent 的初始条件是在初始化过程中完成的，边界条件需要单独进行设定。本节将详细讲述 Fluent 中边界条件的设定问题。

5.5.1 边界条件分类

边界条件大致分为下列几类。

（1）流体进出口边界条件：包括压力入口、速度入口、质量入口、吸气风扇、入口通风、压力出口、压力远场、出口流动、出口通风和排气风扇等边界条件。

（2）壁面边界条件：包括固壁条件、对称轴（面）条件和周期性边界条件。

（3）内部单元分区：包括流体分区和固体分区。

（4）内面边界条件：包括风扇、散热器、多孔介质阶跃和其他内部壁面边界条件。内面边界条件在单元边界面上设定，因而这些面没有厚度，只是对风扇、多孔介质膜等内部边界上流场变量发生阶跃的模型化处理。

其中，Fluent 中的入口和出口边界条件包括下列几种形式。

（1）速度入口边界条件：在入口边界给定速度和其他标量属性的值。

（2）压力入口边界条件：在入口边界给定总压和其他标量变量的值。

（3）质量入口边界条件：在计算可压缩流时，给定入口处的质量流量。因为不可压流的密度是常数，所以在计算不可压流时不必给定质量流条件，只要给定速度条件就可以确定质量流量。

（4）压力出口边界条件：用于在流场出口处给定静压和其他标量变量的值。在出口处定义出口（Outlet）条件，而不是定义出流（Outflow）条件，因为前者在迭代过程中更容易收敛，特别是在出现回流时。

（5）压力远场边界条件：这种类型的边界条件用于给定可压缩流的自由流边界条件，即在给定自由流马赫数和静参数条件后，给定无限远处的压强条件。这种边界条件只能用于可压缩流计算。

（6）出流边界边界条件：如果在计算完成前无法确定压强和速度时，可以使用出流边界条件。这种边界条件适用于充分发展的流场，其做法是将除压强以外的所有流动参数的法向梯度都设为零，这种边界条件不适用于可压缩流。

（7）入口通风边界条件：这种边界条件的设置需要给定损失系数、流动方向、环境总压和总温。

（8）进气风扇边界条件：在假设入口处存在吸入式风扇的情况下，可以用这种边界条件设置。

5.5.2 边界条件设置

边界条件的设置是在边界条件面板中完成的，如图 5-38 所示。在读入算例文件后，单击 Define→Boundary Conditions 命令，可以启动边界条件面板。

1. 改变边界类型

在进行网格划分时，可能会对边界的类型进行定义，但在进入 Fluent 设定边界条件之前还需要对边界类型进行检查确认，如速度边界分区应该是 velocity-inlet（速度入口）类型，但是在检查前可能会被错误地设定为 pressure-inlet（压强入口）类型，此时就可以通过边界条件面板对边界类型进行修改，方法如下。

（1）在 Zone（分区）列表框选择要进行修改的分区名。

图 5-38 Boundary Conditions 面板

（2）如图 5-39 所示，在 Type（类型）下拉列表框选择正确的边界，弹出如图 5-40 所示的提示对话框，进行设置。

> **注意**
>
> 周期性边界条件的类型不能用上述方式改变，多相流边界条件的设定也与上述步骤有所区别，详情请看后面章节的介绍。

图 5-39　选择边界类型

图 5-40　提示对话框

2．边界类型的分类

边界类型的改变是有一定限制的，不能随意进行修改。边界类型可以分成四个大类，所有边界类型都可以被划分到其中的一个大类中。边界类型的改变只能在大类中进行，而分属不同大类的边界类型是不能互相替换的。这四个大类的分类情况如表 5-1 所示。

表 5-1　边界类型的分类

分　类	边　界　类　型
面边界	轴边界、出口边界、质量流入口边界、压强远场条件、压强入口条件、压强出口条件、对称面（轴）条件、速度入口条件、壁面条件、入口通风条件、吸气风扇条件、出口通风条件、排气风扇条件
双面边界	风扇、多孔介质阶跃条件、散热器条件、壁面条件
周期性边界	周期条件
单元边界	流体、固体单元条件

3．边界条件的设置

在边界条件面板中，单击 Edit（编辑）按钮，或者双击分区面板下的分区名，将弹出如图 5-41 所示对话框，在这里可以对选定的边界分区进行边界条件的具体设置。

4．边界条件的复制

除直接设置边界条件外，如果还没有设定边界条件的分区与已经设定边界条件的某个分区的边界条件完全相同，则可以将现有的边界条件复制到新的边界分区中。

边界条件复制的方法如下。

（1）在边界条件面板中单击 Copy（复制）按钮，弹出如图 5-42 所示的 Copy Conditions（边界条件复制）对话框。

（2）在 From Boundary Zone（来源分区）下选定已经设置好边界条件的分区。

（3）在 To Boundary Zones（目标分区）下选定目标分区。

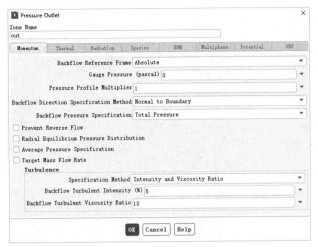

图 5-41　Pressure Outlet 对话框

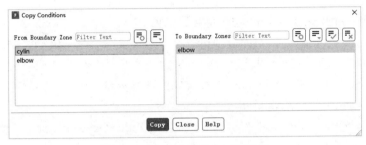

图 5-42　Copy Conditions 对话框

（4）单击 Copy（复制）按钮完成复制。

（5）单击 Close（关闭）按钮关闭边界条件复制对话框。

> **注意**
>
> 内部边界和外部边界的边界条件不能互相复制，因为内部边界是双面边界，而外部边界是单面边界。

5.5.3　常用边界条件类型

1. 压力入口边界条件

压力入口边界条件用于定义流场入口处的压强及其他标量函数。这种边界条件既适用于可压流计算也适用于不可压流计算。通常在入口处压强已知、速度和流量未知时，可以使用压力入口边界条件。压力入口边界条件还可以用于具有自由边界的流场计算。Pressure Inlet（压力入口边界条件设置）对话框如图 5-43 所示。

在使用压力入口边界条件时需要输入下列参数。

（1）总压。在 Pressure Inlet（压力入口）面板中的 Gauge Total Pressure（表总压）文本框中输入总压的值。

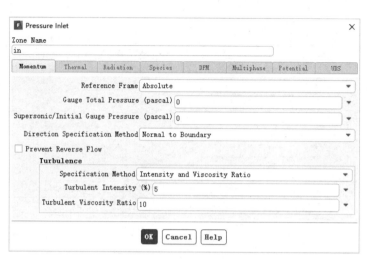

图 5-43　Pressure Inlet 对话框

（2）总温。为 Total Temperature（总温）的值。

（3）流动方向。在压力入口面板中可以用分量定义方式定义流动方向。在入口速度垂直于边界面时，也可以直接将流动方向定义为"垂直于边界"。在具体设置过程中，既可以用直角坐标形式定义 X、Y、Z 三个方向的速度分量，也可以用柱坐标形式定义径向、切向和轴向三个方向的速度分量。

（4）静压。静压在 Fluent 中被称为 Supersonic/Initial Gauge Pressure（超音速/初始表压），如果入口流动是超音速的，或者用户准备用压力入口边界条件进行计算的初始化工作，则必须定义静压。

（5）用于湍流计算的湍流参数。

（6）用于 P1 模型、DTRM 模型、DO 模型进行计算的辐射参数。

（7）用于组元计算的化学组元质量浓度。

（8）用于非预混或部分预混燃烧计算的混合物浓度和增量。

（9）用于预混或部分预混燃烧计算的过程变量。

（10）用于弥散相计算的弥散相边界条件。

（11）多相流边界条件（用于普通多相流计算）。

2．速度入口边界条件

速度入口边界条件用入口处流场速度及相关流动变量作为边界条件。在速度入口边界条件中，流场入口边界的驻点参数是不固定的。为了满足入口处的速度条件，驻点参数将在一定的范围内波动。

> **注意**
>
> 速度入口边界条件仅适用于不可压流，如果用于可压流则可能导致非物理解。同时还要注意的是，不要让速度入口边界条件过于靠近入口内侧的固体障碍物，这样会使驻点参数的不均匀程度大大增加。在特殊情况下，可以在流场出口处也使用速度入口边界条件。这种情况下，必须保证流场在总体上满足连续性条件。

Velocity Inlet（速度入口边界条件）对话框如图 5-44 示。

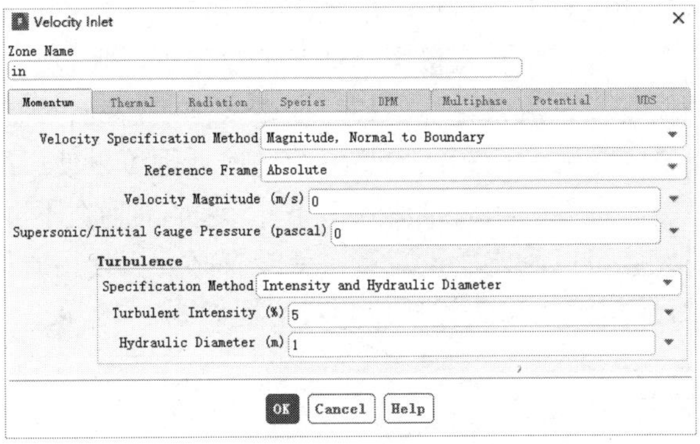

图 5-44　Velocity Inlet 对话框

在使用速度入口边界条件时需要输入下列参数。

（1）速度值及方向，或速度分量。因为速度为矢量，所以定义速度包括定义速度的大小和方向两个内容。在 Fluent 中定义速度的方式有三种：第一种是将速度看作速度的绝对值与一个单位方向矢量的乘积，然后通过定义速度的绝对值和方向矢量分量来定义速度；第二种是将速度看作在三个坐标方向上分量的矢量和，然后通过分别给定速度的三个分量大小来定义速度；第三种是假定速度是垂直于边界面的（因此方向已知），然后只要给定速度的绝对值就可以定义速度。

（2）二维轴对称问题中的旋转速度。在计算模型是轴对称带旋转流动时，除了可以定义旋转速度，还可以定义旋转角速度。类似地，如果选择了柱坐标系或局部柱坐标系，则除了可以定义切向速度，还可以定义入口处的角速度。将角速度看作矢量，则其定义与速度矢量定义是类似的。

（3）用于能量计算的温度值。如果计算中包含了能量方程，则需要在入口速度边界处给定静温。

（4）使用耦合求解器时的出流表压。如果采用耦合求解器，还可以在速度入口边界上定义出流表压（Outflow Gauge Pressure）。如果在计算过程中速度入口边界上出现回流，则那个面就被作为压力出口边界处理，其中使用的压力就是在这里定义的出流表压。

（5）湍流计算中的湍流参数。

（6）采用 P1 模型、DTRM 模型、DO 模型时的辐射参数。

（7）组元计算中的化学组元质量浓度。

（8）非预混模型或部分预混模型燃烧计算中的混合物浓度及增量。

（9）预混模型或部分预混模型燃烧计算中的过程变量。

（10）弥散相计算中弥散相的边界条件。

（11）多相流计算中的多相流边界条件。

3．质量流入口边界条件

在已知流场入口处的流量时，可以通过定义质量流量或者质量通量分布的形式来定义边界条件。这样定义的边界条件称为质量流入口边界条件。在质量流量被设定的情况下，总压将随流场内部压强场的变化而变化。

如果流场在入口处的主要流动特征是质量流量保持不变，则适合采用质量流入口条件。但因为流场入口总压的变化将直接影响计算的稳定性，所以在计算中应该尽量避免在流场的主要入口处使用质量流条件。例如，在带横向喷流的管道计算中，管道进口处应该尽量避免使用质量流条件，而在横向喷流的进口处则可以使用质量流条件。

在不可压流计算中不需要使用质量流入口条件，这是因为在不可压流中密度为常数，所以采用速度入口条件就可以确定质量流量，就没有必要再使用质量流入口条件。

Mass-Flow Inlet（质量流入口边界条件）对话框如图 5-45 示。

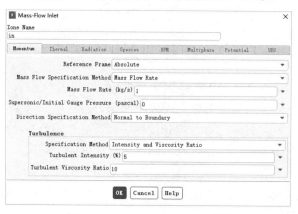

图 5-45 Mass-Flow Inlet 对话框

在采用质量流入口条件时，需要输入下列参数。

（1）质量流量、质量通量，或混合面模型计算时的平均质量通量。可以在入口边界上定义质量流量，对于随时间变化的质量流量，则可以定义平均流量。

如果在边界条件中定义的是质量流量，Fluent 会自动将其转换为质量通量形式。当然也可以采用型函数或用户自定义函数的形式直接定义质量通量。

（2）总温。直接在质量流入口面板中的总温（Total Temperature）文本框中输入总温的值即可。

（3）静压。如果入口流动是超音速流动，或者计算是基于压力入口边界条件进行的，则需要在 Supersonic/Initial Gauge Pressure（超音速/初始表压）文本框中输入静压值。当流动是亚音速时，这一栏中的输入内容将被 Fluent 忽略。如果流场的初始化过程是基于质量流入口条件的，则需输入静压来计算初始总压。

> **注意**
>
> 流场中实际的静压值应该等于操作压强与输入静压之和。

（4）流动方向。在 Direction Specification Method（方向定义方法）中可以选择质量流入口边界上流动方向的定义方式。在流动方向与边界面不垂直时可以选择 Diretion Vector（方向矢量）方式。在流动方向与边界垂直时，则可以直接定义为 Normal to Boundary（垂直于边界）。

如果与入口相邻的网格单元是移动的,则可以在 Reference Frame(参考坐标系)下拉列表中通过选择 Absolute(绝对坐标系)或 Relative(相对坐标系)来指定定义方向矢量的坐标系形式。如果相邻网格单元不是移动的,则两种定义方式是等价的,因而无需进行任何选择。

(5)在湍流计算中输入湍流参数。
(6)在使用辐射模型时输入辐射参数。
(7)在带组元计算中输入化学组元质量浓度。
(8)在非预混合部分预混燃烧计算中输入混合物浓度与增量。
(9)在预混或部分预混燃烧计算中输入过程变量。
(10)在弥散相模型计算中设定弥散相边界条件。
(11)在多相流计算中定义多相流边界条件。

4.压力出口边界条件

压力出口边界条件在流场出口边界上定义静压,而静压的值仅在流场为亚音速时使用。如果在出口边界上流场达到超音速,则边界上的压力将从流场内部通过插值得到。其他流场变量均从流场内部插值获得。

在压力出口边界上还需要定义"回流(backflow)"条件。回流条件是在压力出口边界上出现回流时使用的边界条件。推荐使用真实流场中的数据做回流条件,这样的计算将更容易收敛。

Fluent 在压力出口边界条件上可以使用径向平衡条件,同时可以给定预期的流量。Pressure Outlet(压力出口边界条件)对话框如图 5-46 所示。

图 5-46　Pressure Outlet 对话框

压力出口边界的输入参数如下。

(1)静压。在压力出口面板的 Gauge Pressure(表压)文本框中输入静压值。在流动为亚音速时会用到这个值,如果在出口边界附近流动转变为超音速,则压力的值是从上游流场中外插得到的。

在 Fluent 中还可以使用径向平衡出口边界条件。在压力出口面板中勾选 Radial Equilibrium Pressure Distribution（径向平衡压力分布）复选框，就可以启用这项功能。径向平衡指的是在出口平面上径向压力梯度与离心力的平衡关系。这种边界条件的设定方法只需要设定最小半径处的压力值，然后 Fluent 就可以根据径向平衡关系计算出出口平面其余部分的压力值。

（2）回流条件，其中包括如下内容。

- 能量计算中的总温。在包含能量计算的问题中需要设定回流总温（Backflow Total Temperature）。
- 回流方向定义方法。在回流的流动方向已知，并且与流场解相关时，则可以在 Backflow Direction Specification Method（回流方向定义方法）下拉列表中选择一种方法来定义回流方向。系统默认设置是 Normal to Boundary（垂直于边界），即认为流动方向与边界平面垂直，这种情况下不需要另外输入其他参数。如果选择 Direction Vector（方向矢量）选项，则面板上会出现定义回流方向矢量分量的输入栏。如果计算使用的是三维求解器，则还会出现坐标系列表。如果选择 From Neighboring Cell（导自临近单元）选项，Fluent 会使用紧邻压力出口的网格单元中的流动方向定义出口边界面上的流动方向。
- 湍流计算中的湍流参数。
- 组元计算中的化学组元质量浓度。
- 非预混或部分预混燃烧计算中的混合物浓度和增量。
- 预混或部分预混燃烧计算中的过程变量。
- 多相流计算中的多相流边界条件。

如果出现回流，Gauge Pressure（表压）一栏中的压力值将被作为总压使用，同时回流方向被认为是垂直于边界的。

如果紧邻压力出口边界的网格是移动的，并且求解器为分离求解器，则动压计算所采用的速度形式与 Solver（求解器）面板中选择的速度形式相同，即如果选择了绝对速度，则动压就用绝对速度求出，如果选择的是相对速度，则动压就用相对速度求出。对于耦合求解器，速度永远采用绝对速度形式。

即使在计算结果中没有回流出现，也应该将出口条件用真实流场的值设定，这样可以在计算过程中出现回流时加速收敛。

（3）辐射计算中的辐射参数。

（4）弥散相计算中的弥散相边界条件。

所有参数均在 Pressure Outlet（压力出口）面板中输入，压力出口面板在边界条件面板中开启。

5．压强远场边界条件

压强远场边界条件用于设定无限远处的自由边界条件，主要设置项目为自由流马赫数和静参数条件。压强远场边界条件也被称为特征边界条件，因为这种边界条件使用特征变量定义边界上的流动变量。

采用压强远场边界条件要求密度用理想气体假设进行计算，为了满足"无限远"要求，计算边界需要距离物体相隔足够远的距离。比如在计算翼型绕流时，要求远场边界距离模型约 20 倍弦长左右。

Pressure Far-Field（压力出口边界条件）对话框如图 5-47 所示。

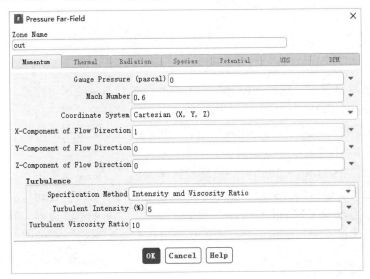

图 5-47　Pressure Far-Field 对话框

在压强远场边界条件中需要输入下列参数。

（1）静压。
（2）马赫数。
（3）温度。
（4）流动方向。
（5）湍流计算中的湍流参数。
（6）辐射计算中的辐射参数。
（7）组元计算中的组元质量浓度。
（8）弥散相计算中的弥散相边界条件。

6．出流边界条件

如果在流场求解前，流场出口处的流动速度和压强是未知的，就可以使用出流边界条件（Outflow Boundary Conditions）。除非计算中包含辐射换热、弥散相等问题，在出流边界上不需要定义任何参数，Fluent 用流场内部变量通过插值得到出流边界上的变量值。

需要注意的是下列情况不适合采用出流边界条件。

（1）如果计算中使用了压力入口边界条件，应该同时使用压力出口边界条件。
（2）流场是可压流时。
（3）在非定常计算中，如果密度是变化的，则不适用出流边界条件。

出流边界条件服从充分发展流动假设，即所有流动变量的扩散通量在出口边界的法向等于零。在实际的计算中虽然不必拘泥于充分发展流动假设，但是只有在确信出口边界的流动与充分发展流动假设的偏离可以忽略不计时，才能使用出流边界条件。

Outflow（出流边界条件）对话框如图 5-48 示。

图 5-48　Outflow 对话框

在出流边界存在很大的法向梯度，或者出现回流时不应使用出流边界条件。例如，分离点在 Fluent 软件中可以使用多个出流边界条件，并且定义每个边界上出流的比率。在 Outflow 对话框中，通过设置 Flow Rate Weighting（流量权重）的值就可以指定每个出流边界的流量比例。

在默认设置中，所有出流边界的流量权重被设为 1。如果出流边界只有一个，或者流量在所有边界上是均匀分配的，则不必修改这项设置，系统会自动将流量权重的值进行调整，以使得流量在各个出口上均匀分布。例如，有两个出流边界，而每个边界上流出的流量是总流量的一半，则无需修改默认设置。但是如果有 75% 的流量流出第一个边界，25% 的流量流出第二个边界，则需要将第一个边界的流量权重修改为 0.75，第二个边界的流量权重修改为 0.25。

7. 壁面边界条件

在黏性流计算中，Fluent 使用无滑移条件作为默认设置。在壁面有平移或转动时，也可以定义一个切向速度分量作为边界条件，或者定义剪切应力作为边界条件。

Wall（壁面）对话框如图 5-49 所示。

图 5-49　Wall 对话框

壁面边界条件需要输入的参数如下。

（1）在热交换计算中的热力学边界条件。热力学条件在 Wall（壁面）对话框的 Thermal（热力学）选项卡下输入，下面逐项介绍相关参数。

- 热通量边界条件：在边界条件的热通量是固定值时，可以选择 Heat Flux（热通量）选项设置热通量。系统的默认设置将热通量设为零，即假定壁面为绝热壁。计算中可以根据实际情况，输入已知的热通量数据。
- 温度边界条件：如果边界上的温度是固定值，则可以选择输入温度边界条件。选择 Temperature（温度）选项，然后在相应位置输入壁面温度值即完成壁面边界条件的输入。
- 对流热交换边界条件：选择 Convection（对流）选项，再输入 Heat Transfer Coefficient（热交换系数）和 FreeStream Temperature（自由流温度）的值，Fluent 就可以用后面的方程进行壁面上的热交换计算。
- 外部辐射边界条件：如果计算中需要考虑外界对流场的辐射，则应该选择设定 Radiation（辐射）条件，然后设定 External Emissivity（外部辐射率）和 External Radiation Temperature（外部辐射温度）条件。
- 对流与外部辐射混合边界条件：选择 Mixed（混合）选项，可以同时设定对流与外部辐射边界条件。在这种情况下，可以设置的参数包括 Heat Transfer Coefficent（热交换系数）、Free Stream Temperature（自由流温度）、External Emissivity（外部辐射率）和 External Radiation Temperature（外部辐射温度）。
- 薄壁热阻参数：在默认设置中，壁面厚度等于零。但是在设定热力学条件时，可以在两个计算域之间定义一个带厚度的薄层。例如，在计算插入流场中的一个薄金属板时，可以给予薄板一个厚度用于热力学计算。在这种情况下，Fluent 在壁面附近用一维流假设计算由壁面引起的热阻和壁面上热量的生成量。
- 双侧壁面的热力学边界条件：如果壁面两侧均为计算域，则称为双侧壁面。这种类型的网格文件读入 Fluent 后，Fluent 中将自动生成影子（Shadow）区域，即壁面的每个面都有一个计算区域与之一一对应。在 Wall（壁面）对话框中，影子区域的名字显示在 Shadow Face Zone（影子表面区域）中。
- 壁面上的薄壳热导率：在壁面边界条件中选中薄壳热导率（Shell Conduction）即可用定义薄壳热导率的形式定义热力学边界条件。在使用这种方式定义热力学边界条件时，热力学条件的定义方法与前面的薄壁条件定义方法相同。

（2）在移动、转动壁面计算中的壁面运动条件。壁面边界可以是静止的，也可以是运动的。移动壁面边界条件采用壁面的平移或转动的速度或速度分量值加以定义。

壁面运动是在 Wall（壁面）对话框的 Momentum（动量）选项卡中进行定义的，单击 Momentum（动量）标签可以看到与壁面运动有关的所有定义形式。

- 定义静止壁面：在 Wall Motion（壁面运动）下选择 Stationary Wall（静止壁面）单选按钮，即可将壁面设置为静止壁面。
- 定义运动壁面的速度：如果计算的壁面存在切向运动，就需要在边界条件中定义平移或转动速度，或速度分量。在 Wall Motion（壁面运动）下选择 Moving Wall（移动壁面）单选按钮，则 Wall（壁面边界条件）对话框随即展开，如图 5-50 所示。

> **注意**
> 在移动壁面条件中不能设定壁面的法向运动，Fluent 会忽略所有法向移动速度。

- 定义相对或绝对速度：如果壁面附近的网格是移动网格，则可以选择用相对速度的方式定义壁面运动，即取移动网格为参考系定义壁面的运动速度。此时选择 Relative to Adjacent Cell Zone（相对于临近网格）单选按钮即可。

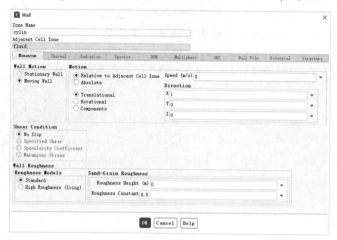

图 5-50　Wall 的扩展对话框

如果选择了 Absolute（绝对速度）单选按钮，则可以通过定义壁面在绝对坐标系中的速度来定义壁面运动。如果临近的网格单元是静止的，则相对速度和绝对速度的定义是等价的。

- 壁面的平移运动：在壁面存在直线平移运动时，可以选择 Translational（平移）选项，并在 Speed（速度）和 Direction（方向）栏中定义壁面运动速度矢量。默认情况下，系统认为壁面是静止的，所以速度值被设为零。
- 壁面的旋转运动：选择旋转（Rotational）单选按钮并确定绕指定转动轴的旋转速度，即可将壁面的旋转运动唯一确定下来。用 Rotation-Axis Direction（转动轴方向）和 Rotation-Axis Origin（转动轴原点）选项可以唯一确定转动轴。在三维计算中，转动轴是通过转动轴原点并平行于转动轴方向的直线。在二维计算中，无需指定转动轴方向，只需指定转动轴原点，转动轴是通过原点并与 Z 方向平行的直线。在二维轴对称问题中，转动轴永远是 X 轴。
- 用速度分量定义壁面运动：选择 Components（速度分量）选项，就可以通过定义壁面运动的速度分量来定义壁面的平移运动。这里定义的平移运动可以是直线运动，也可以是非直线运动。其运动方式可以用速度分量函数或自定义函数的形式加以定义。

（3）滑移壁面中的剪切力条件，可以定义三种类型的剪切条件。
- 无滑移条件。在 Shear Condition（剪切条件）下选择 No Slip（无滑移）选项就可以在壁面上设定无滑移条件。无滑移条件是黏性流计算中所有壁面的默认设置。

- 指定剪切力条件。在剪切条件下选择 Specified Shear（指定剪切力）选项就可以为壁面设定剪切力的值，如图 5-51 所示。然后可以通过输入剪切力的 X、Y、Z 分量来定义剪切力的值。在剪切力给定后，湍流计算中的壁面函数条件就不再使用。
- Marangoni 应力条件。Fluent 可以定义由温度引起的表面张力的变化。对于所有的移动壁面只能设定无滑移条件，其他类型的剪切条件仅适用于静止壁面。无滑移条件是系统默认设置，其物理含义是紧邻壁面的流体将与壁面结合在一起，并以相同速度运动的意思。

图 5-51　设定剪切力

（4）湍流计算中的壁面粗糙度。壁面粗糙度对流动阻力和传热、传质都有影响，在湍流计算中可以通过加入粗糙度影响的方式对壁面略做出修正。

（5）组元计算中的组元边界条件。在默认设置中，除了参与壁面反应的组元，所有组元在壁面附近的梯度为零，但是同时也可以设定壁面上的质量浓度。就是说，在入口边界上采用的 Dirichlet 边界条件也可以用于壁面边界。

如果系统的默认设置不能满足要求，可以用下列步骤进行修改。

- 单击 Wall 对话框中的 Species（组元）标签，可以看到壁面上的组元边界条件。
- 在 Species Boundary Condition（组元边界条件）下面的组元名称右侧的下拉列表中选择 Specified Mass Fraction（指定质量浓度），而不是默认的 Zero Diffusive Flux（零扩散通量），则对话框中会出现 Species Mass Fractions（组元质量浓度）选项，如图 5-52 所示。

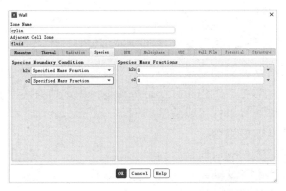

图 5-52　出现 Species Mass Fractions 选项的对话框

- 在组元质量浓度中定义组元的质量浓度。每个组元的边界条件都是单独定义的，所以在定义组元边界条件时可以对不同组元采用不同的定义方法。如果某个组元参与了壁面反应，也可以选择 Reaction（反应）选项，并从 Reaction Mechanisms（反应机制）列表中选择相应的反应，为组元设定反应。

（6）在表面化学反应计算中的化学反应边界条件。开启或关闭表面反应（Surface Reactions）选项，即可设定壁面条件中是否包含表面反应。

（7）辐射计算中的辐射边界条件。如果计算中使用了 P-1 模型、DTRM 模型、DO 模型或面到面模型，则需要在 Wall（壁面）对话框的 Radiation（辐射）部分设定壁面辐射率。如果使用的是 Rosseland 模型，则无需设定任何参数，因为 Fluent 已经将辐射率设定为 1。如果使用的是 DO 模型，还需要设定壁面类型为扩散型、镜面型或半透型。

（8）弥散相计算中的弥散相边界条件。如果计算中使用了弥散相模型，则需要在 Wall 对话框的 DPM 选项卡中设定粒子轨迹的限定条件。

（9）VOF 计算中的多相流边界条件。如果计算中使用了 VOF 模型，则可以在 Wall 对话框的 Momentum（动量）选项卡中定义两相之间的接触角。

8．对称边界条件

在流场内的流动及边界形状具有镜像对称性时，可以在计算中设定使用的对称边界条件。这种条件也可以用来定义黏性流动中的零剪切力滑移壁面。本节讲述在对称面上对流体的处理方式，在对称边界上不需要设定任何边界条件，但是必须正确定义对称边界的位置。

> 注意
> 在轴对称流场的对称轴上应该使用轴（Axis）边界条件，而不是对称边界条件。

Symmetry（对称边界条件）对话框如图 5-53 所示。

图 5-53　Symmetry 对话框

在对称面上所有流动变量的通量为零。由于对称面上的法向速度为零，所以通过对称面的流通量等于零，对称面上也不存在扩散通量，因此所有流动变量在对称面上的法向梯度也等于零。对称边界条件可以总结如下。

（1）对称面上法向速度为零。

（2）对称面上所有变量的法向梯度为零。

如上所述，对称面的含义就是零通量。因为对称面上剪切应力等于零，在黏性计算中，对称面条件也可以被称为"滑移"壁面。

9. 流体条件

流体区域是网格单元的集合，所有需要求解的方程都要在流体区域上被求解。流体区域上需要输入的唯一信息是流体的材料性质，即在计算之前必须指定流体区域中包含何种流体。

在计算组元输运或燃烧问题时不需要选择材料，因为在组元计算中流体是由多种组元组成的，而组元的特性在 Species Model（组元模型）面板中输入。同样，在多相流计算中也不需要指定材料性质，流体的属性在指定相特征时被确定。

其他可以选择输入的参数包括源项、流体质量、动量、热或温度、湍流、组元等流动变量，还可以定义流体区域的运动。如果流体区域附近存在旋转式周期性边界，则需要指定转动轴。如果计算中使用了湍流模型，还可以将流体区域定义为层流区。如果计算中使用 DO 模型计算辐射，还可以确定流体是否参与辐射过程。

双击 Cell Zone Conditions，则打开 Fluid（流体条件）对话框，如图 5-54 所示。

图 5-54 Fluid 对话框

流体条件中需要输入的参数如下。

（1）定义流体属性。可以从材料列表中选择材料，如果材料参数不符合要求，还可以编辑材料参数以便满足计算要求。

（2）定义源项。在 Source Terms（源项）选项中可以定义热、质量、动量、湍流、组元和其他流动变量的源项。

（3）定义固定参数值。选中 Fixed Values（固定值）选项可以为流体区域中的变量设置固定值。

（4）设定层流区。在计算中使用了 k-ε 模型、k-ω 模型或 Spalart-Allmaras 模型时，可以在特定的区间上关闭湍流设置，从而设定一个层流区域。这个功能在已知转换点位置，或层流区和湍流区位置时是非常有用的。

（5）定义化学反应机制。选中 Reaction（反应）选项后可以在 Reaction Mechanisms（反应机制）列表中选择需要的反应机制，从而可以在计算中计算带化学反应的组元输运过程。

（6）定义旋转轴。如果流体区域周围存在周期性边界，或者流体区域是旋转的，则必须为计算指定转动轴。通过定义 Rotation-Axis Direction（转动轴方向）和 Rotation-Axis Origin（转动轴原点）即可以定义三维问题中的转动轴。在二维问题中则只需要指定转轴原点就可以确定转动轴。

（7）定义区域的运动。在 Motion Type（运动类型）列表中选择 Moving Reference Frame（移动参考系）选项，可以为运动的流体区域定义转动或平动的参考系。

如果想为滑移网格定义区域的运动，则可以在运动类型列表中选择 Moving Mesh（移动网格），然后完成相关参数设置。

对于平动运动则只要在 Translational Velocity（平动速度）中设定速度的 X、Y、Z 分量即可。

（8）定义辐射参数。如果计算中使用了 DO 辐射模型，可以在 Participates in Radiation（是否参与辐射）选项中确定流体区域是否参与辐射过程。

10．固体条件

固体区域是这样一类网格的集合，在这个区域上只有热传导问题被求解，与流场相关的方程则无需在此求解。被设定为"固体"的区域实际上可能是流体，只是这个流体上被假定没有对流过程发生。在固体区域上需要输入的信息只有固体的材料性质，必须指明固体的材料性质，以便计算中可以使用正确的材料信息。还可以在固体区域上设定热生成率，或固定的温度值，也可以定义固体区域的运动。如果在固体区域周围存在周期性边界，还需要指定转动轴。如果计算中使用 DO 模型计算辐射过程，还需要说明固体区域是否参与辐射过程。

Solid（固体条件）对话框如图 5-55 所示。

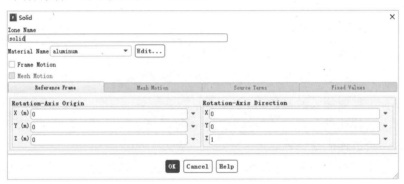

图 5-55　Solid 对话框

固体条件中需要输入的参数如下。

（1）定义固体材料。在材料名称（Material Name）列表中可以选择设定固体的材料，如果材料参数不符合要求，还可以通过编辑来改变这些参数。

（2）定义热源。选择源项（Source Terms）即可为固体区域设置热源。

（3）定义固定温度。在固定值（Fixed Values）选项中可以为固体区域设置一个固定的温度值。

（4）定义转动轴。转动轴仍然是通过定义轴的方向和原点位置来进行定义的，在二维情况下仍然是确定转动轴原点即可。

（5）定义区域运动。

定义参考坐标系可以在 Motion Type（运动类型）列表中选择 Moving Reference Frame

（运动参考系）来完成定义。

定义移动网格可以在运动类型的 Moving Mesh（移动网格）中完成。

对于带有直线运动的固体区域则可以用定义 Translational Velocity（平移速度）的三个分量来定义。

（6）定义辐射参数。如果使用 DO 模型计算辐射过程，可以在 Participates in Radiation（是否参与辐射）选项中确定固体区域是否参与辐射过程。

11．多孔介质条件

很多问题中包含有多孔介质的计算，比如流场中包括过滤纸、分流器、多孔板和管道集阵等边界时就需要使用多孔介质条件。在计算中可以定义某个区域或边界为多孔介质，并通过参数输入来定义通过多孔介质后流体的压力降。在热平衡假设下，也可以确定多孔介质的热交换过程。

在薄的多孔介质面上可以用一维假设"多孔跳跃（porous jump）"来定义速度和压力的降落特征。多孔跳跃模型用于面区域，而不是单元区域，在计算中应该尽量使用这个模型，因为这个模型可以增强计算的稳定性和收敛性。

多孔介质模型采用经验公式定义多孔介质上的流动阻力。从本质上说，多孔介质模型就是在动量方程中增加了一个代表动量消耗的源项。因此，多孔介质模型需要满足下面的限制条件。

（1）因为多孔介质的体积在模型中没有体现，在默认情况下，Fluent 在多孔介质内部使用基于体积流量的名义速度来保证速度矢量在通过多孔介质时的连续性。如果希望更精确地进行计算，也可以让 Fluent 在多孔介质内部使用真实速度。

（2）多孔介质对湍流的影响仅仅是近似的。

（3）在移动坐标系中使用多孔介质模型时，应该使用相对坐系，而不是绝对坐标系，以保证获得正确的源项解。

多孔介质条件设置对话框如图 5-56 所示。

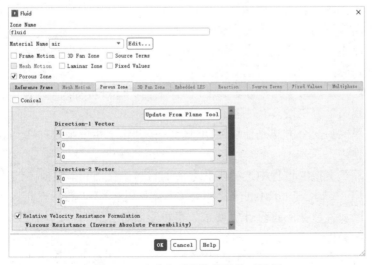

图 5-56　多孔介质条件设置的对话框

在多孔介质计算中需要输入的项目如下。

（1）定义多孔介质区域。勾选 Porous Zone（多孔介质区）复选框即可将流体区域设为多孔介质。

（2）定义多孔介质速度函数形式。在 Solver（求解器）面板中有一个 Porous Formulation（多孔公式）区可以确定在多孔介质区域上使用名义速度或物理速度。默认设置为名义速度。

（3）定义流过多孔介质区的流体属性。在 Material Name（材料名称）中选择所需的流体名称即可。可以用编辑功能改变流体的参数设置。组元计算或多相流计算中的流体不在这里定义，而是在 Species Model（组元模型）面板中定义。

（4）设定多孔区的化学反应。在 Fluid 面板中选择 Reaction（反应）选项卡，再从 Reaction Mechanism（反应机制）中选择合适的反应即可在多孔介质区域的计算中加入化学反应。

如果化学反应中包括表面反应，则需要设定 Surface to Volume Ratio（面体比）。面体比是多孔介质单位体积上拥有的表面积，因此可以作为催化反应强度的度量。根据这个参数，Fluent 可以计算出体积单元上总的表面积。

（5）设定黏性阻力系数。黏性和惯性阻力系数的定义方式是相同的。在直角坐标系中定义阻力系数的办法是：在二维问题中定义一个方向矢量，或在三维问题中定义两个方向矢量，然后再在每个方向上定义黏性和惯性阻力系数。在二维计算中的第二个方向，即没有被显式定义的那个方向，是与被定义的方向矢量相垂直的方向。与此类似，在三维问题中的第三个方向为垂直于前两个方向矢量构成平面的方向。在三维问题中，被定义的两个方向矢量应该是相互垂直的，如果不垂直，Fluent 会将第二个方向矢量中与第一个方向矢量平行的分量删除，强制两者保持垂直。因此第一个方向矢量必须准确定义。

用 UDF 也可以定义黏性和惯性阻力系数。在 UDF 被创建并调入 Fluent 后，相关的用户定义选项就会出现在下拉列表中。需要注意的是，用 UDF 定义的系数必须使用 DEFINE_PROPERTY 宏。

如果计算的问题是轴对称旋转流，可以为黏性和惯性阻力系数定义一个附加的方向分量。这个方向应该与其他两个方向矢量相垂直。

在三维问题中，还允许使用圆锥（或圆柱）坐标系。需要提醒的是，多孔介质流中计算黏性或惯性阻力系数时采用的是名义速度。

（6）设定多孔介质的多孔率。在 Fluid 面板中的 Fluid Porosity（流体多孔率）下设置多孔率，即可定义计算中的多孔率参数。

定义多孔率的另一个方法是使用 UDF 函数。在创建了相关函数并将其载入 Fluent 后即可在计算中使用。

（7）在计算热交换的过程中选择多孔介质的材料。在 Fluid 面板中的 Fluid Porosity（流体多孔率）下，选择 Solid Material Name（固体材料名称），然后直接进行选择即可。如果固体材料的属性参数不符合计算要求，可以对其进行编辑，例如可以用 UDF 函数编辑材料的各向异性热导率。

（8）设定多孔介质固体部分的体热生成率。如果在计算中需要考虑多孔介质上的热量生成，可以开启 Source Terms（源项）选项，并设置一个非零的 Energy（能量）源项。

求解器将把用户输入的源项值与多孔介质的体积相乘获得总的热量生成量。

（9）设定流动区域上的任意固定值的流动参数。如果有些变量的值不需要由计算得出，就可以选择 Fixed Values（固定值）选项，并人为设定这些参数。

（10）需要的话，将多孔区流动设为层流，或取消湍流计算。在 Fluid（流体）面板中，开启 Laminar Zone（层流区）选项，就可以将湍流黏度设为零，从而使相关区域中的流动保持层流状态。

（11）定义转动轴或区域的运动。其方法与标准流体区域上的设置相同，这里不再重复。

12．多孔跃升边界条件

在已知一个肋板前后的速度或压强的增量时，可以用多孔跃升边界对这个肋板进行定义。多孔跃升模型比多孔介质模型简单，采用这种模型计算的过程将更强健，收敛性更好，更不容易在扰动下发散，因此在计算过滤器、薄肋板等内部边界时应该尽量采用这种边界条件。

Porous Jump（多孔跃升条件）对话框如图 5-57 所示。

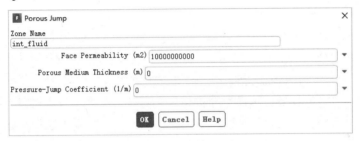

图 5-57　Porous Jump 对话框

多孔跃升计算中需要输入的项目如下。
（1）定义多孔跃升区域。
（2）设定面的渗透率（Face Permeability），即设定 α 的值。
（3）设定多孔介质的厚度 Δm。
（4）设定压强跃升系数 C_2。
（5）如果需要，考虑弥散相在多孔跃升区域定义弥散相边界条件。

多孔跃升模型是对多孔介质模型的一维简化，就像多孔介质模型一样，是应用在无厚度的内部面上的。

5.6　求解控制参数设定

在完成了网格、计算模型、材料和边界条件的设定后，原则上就可以进行 Fluent 计算求解了，但为了更好地控制计算过程，提高计算精度，需要在求解器中进行相应的设置。设置的内容主要包括选择离散格式、设置松弛因子等。

5.6.1 求解方法设置

设置求解控制参数，双击 Solution→Methods 命令，弹出如图 5-58 所示的 Solution Methods（求解方法设置）面板。在 Solution Methods（求解方法设置）面板中，需要设置的主要内容包括压强—速度关联算法和离散格式。

1．压强—速度关联算法

在使用分离求解器时，通常可以选择三种压强—速度的关联形式，即 SIMPLE、SIMPLEC 和 PISO。SIMPLE 和 SIMPLEC 通常用于定常计算，PISO 用于非定常计算，但是在网格畸变很大时也可以使用 PISO 格式。

Fluent 默认设定的格式为 SIMPLE 格式，但是因为 SIMPLEC 稳定性较好，在计算中可以将亚松弛因子适

图 5-58　Solution Methods 面板

当放大，所以在很多情况下可以考虑选用 SIMPLEC。特别是在层流计算时，如果没有在计算中使用辐射模型等辅助方程，用 SIMPLEC 可以大大加快计算速度。在复杂流动计算中，两者收敛速度相差不多。

PISO 格式通常被用于非定常计算，但是它也可以用于定常计算。PISO 格式允许使用较大的时间步长进行计算，因而在允许使用大时间步长的计算中可以缩短计算时间。但是在类似于大涡模拟（LES）这类网格划分较密集，而时间步长很小的计算中，采用 PISO 格式计算则会大大延长计算时间。另外，在定常问题计算中，PISO 格式与 SIMPLE 和 SIMPLEC 格式相比并无速度优势。

PISO 格式的另一个优势是可以处理网格畸变较大的问题。如果在 PISO 格式中使用邻近修正（Neighbor Correction），可以将亚松弛因子设为 1.0 或接近于 1.0 的值。而在使用畸变修正（Skewness Correction）时，则应该将动量和压强的亚松弛因子之和设为 1.0，例如，将压强的亚松弛因子设为 0.3，将动量的亚松弛因子设为 0.7。如果同时采用两种修正形式，则应将所有松弛因子设为 1.0 或接近于 1.0 的值。

在大多数情况下都不必修改默认设置，而在有严重网格畸变时，可以解除邻近修正和畸变修正之间的关联关系。

2．离散格式

Fluent 采用有限体积法将非线性偏微分方程转变为网格单元上的线性代数方程，然后通过求解线性方程组得出流场的解。网格划分可以将连续的空间划分为相互连接的网格单元。每个网格单元由位于几何中心的控制点和将网格单元包围起来的网格面或线构成。

所谓求解流场控制方程，最终目的是获得所有控制点上流场变量的值。

在有限体积法中，控制方程首先被写成守恒形式。从物理角度看，方程的守恒形式反映的是流场变量在网格单元上的守恒关系，即网格单元内某个流场变量的增量等于各边界面上变量的通量的总和。

有限体积法的求解策略就是用边界面或线上的通量计算出控制点上的变量。例如，对于密度场的计算，网格单元的控制点上的密度值及其增量代表的是整个网格单元空间上密度的值和增量。

从质量守恒的角度来看，流入网格的质量与流出网格的质量之差应该等于网格内流体质量的增量，因此从质量守恒关系（连续方程）可以得知密度的增量等于边界面或线上密度通量的积分。

在 Fluent 中用于计算通量的方法包括一阶迎风格式、指数律格式、二阶迎风格式、QUICK 格式、中心差分格式等形式，本节将分别进行介绍。

（1）一阶迎风格式。"迎风"这个概念是相对于局部法向速度定义的，所谓迎风格式，就是用上游变量的值计算本地的变量值。在使用一阶迎风格式时，边界面上的变量值被取为上游单元控制点上的变量值。

（2）指数律格式。指数律格式认为流场变量在网格单元中呈指数规律分布。在对流起主导作用时，指数律格式等同于一阶迎风格式；在纯扩散问题中，对流速度接近于零，指数律格式等于线性插值，即网格内任意一点的值可以用网格边界上的值线性插值得到。

（3）二阶迎风格式。一阶迎风格式和二阶迎风格式都可以看作流场变量在上游网格单元控制点展开后的特例。一阶迎风格式仅保留 Taylor 级数的第一项，因此认为本地单元边界点的值等于上游网格单元控制点上的值，其格式精度为一阶精度。二阶迎风格式则保留了 Taylor 级数的第一项和第二项，因而认为本地边界点的值等于上游网格控制点的值与一个增量的和，因而其精度为二阶精度。

（4）QUICK 格式。QUICK 格式用加权和插值的混合形式给出边界点上的值。QUICK 格式是针对结构网格，即二维问题中的四边形网格和三维问题中的六面体网格提出的，但是在 Fluent 中，非结构网格计算也可以使用 QUICK 格式选项。在非机构网格计算中，如果选择 QUICK 格式，则非六面体（或四边形）边界点上的值是用二阶迎风格式计算的。在流动方向与网格划分方向一致时，QUICK 格式具有更高的精度。

（5）中心差分格式。在使用 LES 湍流模型时，可以用二阶精度的中心差分格式计算动量方程，并得到精度更高的结果。

以本地网格单元的控制点为基点，对流场变量做 Taylor 级数展开并保留前两项，也可以得出边界点上具有二阶精度的流场变量值。在一般情况下，这样求出的边界点变量值与二阶迎风差分得到的变量值不同，而两者的算术平均值就是流场变量在边界点上用中心差分格式计算出的值。

5.6.2 松弛因子设置

Fluent 中各流场变量的迭代都由松弛因子控制，因此计算的稳定性与松弛因子紧密相关。在大多数情况下，可以不必修改松弛因子的默认设置，因为这些默认值是根据各种算法的特点优化得出的。在某些复杂流动情况下，默认设置不能满足稳定性要求，计算过程中可能出现振荡、发散等情况，此时需要适当减小松弛因子的值，以保证计算收敛。

在实际计算中可以用默认设置先进行计算，如果发现残差曲线向上发展，则中断计算，适当调整松弛因子后再继续计算。在修改计算控制参数前，应该先保存当前的计算结果。调整参数后，计算需要经过几步调整才能适应新的参数。

图 5-59 设置松弛因子

一般而言，增加松弛因子将使残差增加，但是如果格式是稳定的，增加的残差仍然会逐渐降低。如果改变参数后，残差增加了几个量级，就可以考虑中断计算，并重新调入保存过的结果，再做新的调整。

在计算发散时，可以考虑将压强、动量、湍流动能和湍流耗散率的松弛因子的默认值分别降低为 0.2、0.5、0.5、0.5。在计算格式为 SIMPLEC 时，通常没有必要降低松弛因子。

设置松弛因子，双击 Solution→Controls 命令，弹出如图 5-59 所示的 Solution Controls（求解过程控制）面板。在 Solution Controls（求解过程控制）面板中 Under-Relaxation Factors（松弛因子）的文本栏中设定，单击 Default（默认）按钮可以恢复默认设置。

5.6.3 求解极限设置

流场变量在计算过程中的最大、最小值可以在求解极限设置中设定，设置求解极限需要双击 Solution→Controls 命令，在弹出的 Solution Controls（求解过程控制）面板中单击 Limits 按钮，弹出如图 5-60 所示的 Solution Limits（求解极限）对话框。

图 5-60 Solution Limits 对话框

设置解变量极限是为了避免在计算中出现非物理解，如密度或温度变成负值，或者远远超过真实值。Fluent 中同时可以对温度的变化率极限进行设置，这样可以避免因为温度变化过于剧烈而导致温度出现负值，温度变化率的默认设置是 0.2，即温度变化率不能超过 20%。

在计算之前可以对默认设定的解变量极限进行修改，比如温度的默认设置是 5000K，但是在一些高温问题的计算中，可以将这个值修改为更高的值。另外，如果计算过程中解变量超过极限值，系统会在屏幕上发出提示信息，提示在哪个计算区域、有多少网格单元的解变量超过极限。对湍流变量的限制是为了防止湍流变量过大，对流场造成过大的、非物理的耗散作用。

5.7 初始条件设定

在开始进行计算之前，必须为流场设定一个初始值，设定初始值的过程被称为"初始化"。如果把每步迭代得到的流场解按次序排列成一个数列，则初始值就是这个数列中的第一个数，而达到收敛条件的解则是最后一个数。显然，如果初始值比较靠近最后的收敛解，则会加快计算过程，反之则会增加迭代步数，使计算过程加长，更重要的是，如果初始值给的不好，有可能得不到收敛解。

在 Fluent 中初始化的方法有以下两种。

（1）全局初始化，即对全部网格单元上的流场变量进行初始值设置。

（2）对流场进行局部修补，即在局部网格上对流场变量进行修改。

在进行局部修补之前，应该先进行全局初始化。

5.7.1 定义全局初始条件

设置全局初始条件需要双击 Solution→Initialization 命令，弹出如图 5-61 所示的 Solution Initialization（初始化设置）面板。

Fluent 为全局初始条件设置提供了两种方法，选择 Hybrid Initialization 方法不需要特别的设置，直接单击 Initialization 按钮完成初始化，这种方法的优点是在 Solution Methods 中可以直接选择高阶算法进行计算。

另外，选择 Standard Initialization 进行初始化的步骤如下。

（1）设定初始值。

- 如果要用某个区域上设定的初始值进行全局初始化，应该先在 Compute From（计算起始位置）列表中选择需要定义初始值的区域名，再在 Initial Values（初始值）中给定各变量的值，则

图 5-61　Solution Initialization 面板

所有流场区域的变量的值都会根据给定区域的初始值完成初始化过程。

- 如果用平均值的办法对流场进行初始化，则在 Compute From 列表中选择 all-zones（所有区域），则 Fluent 将根据边界上设定的值计算出初始值，完成对流场的初始化。
- 如果希望对某个变量的值做出改变，可以直接在相应的栏目中输入新的变量值。

（2）如果计算中使用了动网格，可以通过选择 Absolute（绝对速度）或 Relative to Cell Zone（相对于网格区域）决定设定的初始值是绝对速度还是相对速度。默认设置为相对速度。

（3）在检查过所有初始值的设定后，可以单击 Initialization（初始化）按钮开始流场的初始化。如果初始化是在计算过程中重新开始的，则必须单击 OK 按钮确认用新的初始值覆盖计算值。

初始化面板下面几个按钮的含义如下。

（1）Initialization（初始化）按钮：保存初始值设置，并进行初始化计算。

（2）Reset（重置）按钮：如果初始化过程有错误，比如初始值有错误，或者使用了错误的区域作为开始区域，则可以按此键将初始值恢复为默认值。

5.7.2 定义局部区域初始值

在完成全局初始化后，可能会对某些局部区域的某些变量值进行修改。局部区域初始化需在 Solution Initialization（初始化设置）面板中单击 Patch 按钮，进入如图 5-62 所示的 Patch（修补）对话框中进行设定。

图 5-62　Patch 对话框

局部修补的步骤如下。

（1）在 Variable（变量）列表中选择需要修补的变量名。

（2）在 Zones to Patch（需要修补的区域）或 Registers to Patch（需要修补的标记区）中选择修补变量所在的区域。

（3）如果需要将变量的值修补为常数，则直接在文本框中输入变量的值。如果需要用一个预先设定的函数定义变量，可以勾选 Use Field Function（使用场变量函数）复选框，在 Field Function（场函数）列表中选择合适的场函数。

（4）如果需要修补的变量为速度，则除定义速度的大小外，还要定义速度是绝对速度，还是相对速度。

（5）单击 Patch（修补）按钮更新流场数据。

局部修补通常是针对某个流场区域进行的，而用标记区进行局部修补则可以对某个流场区域中一部分网格上的变量值进行修补。标记区可以用网格的物理坐标、网格的体积特征、变量的梯度或其他参数进行标记。在创建了标记区后，就可以对标记区上的初始值进行局部修补操作。

用 Custom Field Function Calculator（编制场函数算子）面板可以编制自己的场函数，然后用场函数来反映物理量在流场中的变化过程。

因为局部修补不影响流场的其他变量,所以也可以在计算过程中用局部修补的方法改变某些变量的值,对计算过程进行人为干预。

5.8 求解设定

在边界条件及初始条件设定完成后,便可通过修改控制求解过程中的控制参数来进行求解器设置。

5.8.1 求解设置

双击 Solution→Run Calculation 命令,弹出 Run Calculation(运行计算)面板,设置求解控制参数。对于稳态问题和非稳态问题,弹出的运行计算面板也不同。

稳态问题的运行计算面板如图 5-63 所示,面板中第一个文本框为 Number of Iterations(迭代步数),在这里输入计算需要迭代的步数,第二个文本框为 Reporting Interval(报告间隔),即每隔多少步显示一次求解信息,默认设置为 1。如果计算中使用了 UDF 函数,则可以用第三个文本框决定每隔多少步输出一次 UDF 函数的更新信息。

设置完毕后,单击 Calculate(计算)按钮即可开始计算。在计算开始后,会弹出一个工作窗口提示迭代正在进行,如图 5-64 所示。如果对计算结果不满意,希望重新开始计算的话,则要重新初始化。

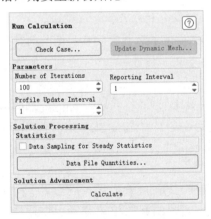

图 5-63 稳态计算参数设置面板

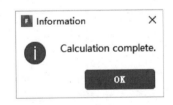

图 5-64 迭代计算提示框

非稳态问题的运行计算面板如图 5-65 所示,用户可在该对话框中,为非稳态问题设置迭代参数。

选择时间步长的方法,共有两种:Fixed 表示计算过程中时间步长固定不变;Adaptive 表示时间步长是可变的。单击 Settings 按钮,打开如图 5-66 所示的 Adaptive Time Step Settings(可变时间步长设置)对话框,其中:

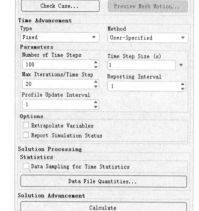

图 5-65　非稳态计算参数设置面板

图 5-66　Adaptive Time Step Setting 对话框

- Truncation Error Tolerance（截断误差容限）：即与截断误差进行对比的判据。增加这个参数的值，则时间步长将增加而计算精度将下降；减小这个值，则时间步长将减小而计算精度将上升。系统设定的默认值为 0.01。
- Ending Time（结束时间）：因为在适应性时间推进算法中，时间步长是变化的，所以需要事先设定一个结束时间，在累积时间达到结束时间时计算自动结束。
- Minimum/Maximum Time Step Size（最小和最大时间步长）：即时间步长的上下限。
- Minimum/Maximum Step Change Factor（最小和最大步长改变因子）：是时间步长变化的限制因子，采用这个参数主要是为了限制时间步长发生剧烈变化。
- Number of Fixed Time Steps（固定时间步长的数量）：即在时间步长发生变化之前的迭代步数。

在非稳态计算参数设置面板中，Time Step Size 指时间步长大小，Number of Time Steps 是需要求解的时间步数。如果选择时间步长是可变的，则 Time Step Size 中设定的值作为初始的时间步长，然后视求解过程自动对时间步长的大小进行调节，使其与所求解的问题相适应。

勾选 Data Sampling for Time Statistics 复选框，Fluent 会向用户报告某些物理量在某些迭代步内的平均值和均方根值，这一迭代步间隔的起始位置是用户在选择 Solve→Initialization→Reset Statistics 命令时的即时迭代步。

Max Iterations/Time Step 设置在每个时间步内的最大迭代计算次数。在到达这个迭代数之前，如果收敛判据被满足，Fluent 会转至下一个时间步进行计算。Reporting Interval 及 UDF Profile Update Interval 两项与在稳态问题中的作用相同。

5.8.2　求解过程监视

在计算过程中可以动态监视残差、统计数据、受力值、面积分和体积分等与计算相关的信息,并可以在屏幕上或其他输出设备上输出这些信息。

1. 监视残差

在每个迭代步结束时,都会对计算守恒变量的残差进行计算,计算的结果可以显示在窗口中,并保存在数据文件中,以便随时观察计算的收敛史。从理论上讲,在收敛过程中残差应该无限减小,其极限为 0,但是在实际的计算中,单精度计算的残差最大可以减小 6 个量级,而双精度的残差最大可以减小 12 个量级。

双击主菜单中 Solution→Monitors 命令,弹出如图 5-67 所示的 Monitors(监视)面板,双击 Residuals-Print, Plot 选项,便弹出如图 5-68 所示的 Residual Monitors(残差监视)对话框。

图 5-67 监视面板

图 5-68 Residual Monitors 对话框

在对话框中可以选择需要监视的变量,并针对各变量设置收敛判据,检查该变量是否满足收敛判据等。在对话框左上方可以选择是否在控制台窗口中以文本方式输出残差的数值(Print to Console 选项),是否绘制残差曲线(Plot 选项),并可以选择保存几个迭代步上的残差值(Iterations to Store 选项),是否对残差进行正则化处理(Normalize 选项),是否进行缩尺处理(Scale 选项),以及显示线型、字体等(Axes、Curves)。

2. 监视统计数据

在计算过程中,可以监视周期流动的压强梯度和温度比、非定常流动所用时间、适应性时间推进过程中的时间步长等参数。

在 Monitors(监视)面板中双击 Report Plot 选项,单击 New,弹出如图 5-69 所示的 New Report Plot(报告文档编辑)对话框,设置统计数据监视器。

设置监视器的步骤如下。

(1)指定输出类型,即指定是否使用 Print 方式,或 Plot 方式。

(2)在 Statistics 列表中选择需要监视的变量。

(3)如果选择 Plot(绘图)方式,则可以用 Axes(坐标轴)面板和 Curves(曲线)面板对相关参数进行设置,如设置显示线型、字体、颜色等。

图 5-69　New Report Plot 对话框

3．力和力矩监视器

在每次迭代结束后，可以通过计算得到流场中物体所承受的来自流体的力和力矩系数。力和力矩系数也可以通过文本方式（Print 选项）或图形方式（Plot 选项）在屏幕上显示。

在很多情况下，计算关心的中心问题是物体在流场中受到的力和力矩大小及分布等情况，比如在计算飞机绕流时，最关心的就是飞行受到的气动力和力矩。在很多情况下，虽然残差仅仅收敛了三个量级，但是气动力已经收敛。在这种情况下，可以结束计算以节省计算时间，因此对气动力进行监视就很有必要。

设置力和力矩监视器，单击 Solution→Monitors→Report Plots→New→New→Force Report，选择 Drag（阻力）、Lift（升力）或 Moment（力矩），弹出相应的如图 5-70 所示的 Drag Report Definition（阻力定义）对话框，再进行相应设置。

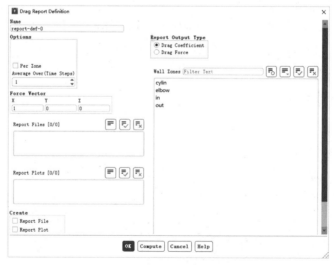

图 5-70　Drag Report Definition 对话框

相关设置如下。

（1）指定输出类型，即选择以文本形式（Print to Console）输出、图形形式（Report Plot）输出，还是文件形式（Report File）输出。

（2）如果需要对作用在某个壁面上的力和力矩进行监视，可以勾选 Per Zone（分区）复选框。

（3）在 Wall Zones（壁面区）列表中选择壁面名称。

（4）如果选择显示阻力或升力，则在 Force Vector（力矢量）中输入力矢量的 X、Y、Z 分量。如果选择显示力矩，则在 Moment Center（力矩中心）中输入力矩中心的直角坐标值，然后在 Moment Axis（转动轴方向）列表中选择力矩矢量的方向，即 X-Axis、Y-Axis 或 Z-Axis。

（5）单击 OK 按钮完成设置。如果需要设置其他参数，则重复上述过程。

4．监视表面积分

在每次迭代结束后，还可以在某个面上对特定的流场变量进行积分，并以文本、图形和文件形式输出积分结果。比如，在以计算压强为目的的计算中，可以在某个面上监视压强的变化过程。

设置力和力矩监视器，Monitors（监视）面板中，在 Surface Monitors 下单击 Create 按钮，弹出相应的如图 5-71 所示的对话框，再进行相应设置。

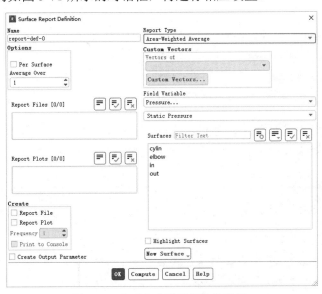

图 5-71　表面积分监视器参数设置

表面监视器的操作过程如下。

（1）在 Name 文本框中加入各监视器的名称。

（2）指定输出类型，即选择以文本形式（Print to Console）输出、图形形式（Plot）输出，还是文件形式（Write）输出。

（3）在 Report Type 中可以设定报告类型，在 Field Variable 下面选择数据类型，在 Surfaces 列表框中选择积分表面。

5. 体积分监视器

与监视面积分相似，在计算过程中还可以监视流场变量的体积分。在体积分监视器中，实际上可以监视的参数还包括流场变量的质量积分、质量平均等。体积分主要用来监视某个体域内流场变量的变化情况，通过监视变量的体积分可以对求解过程是否收敛做出判断。

在使用适应性网格技术时，体积分也可以用来判断解是否与网格有关，即在网格变化的过程中，如果解不随网格变化而变化，则证明计算得到的解与网格无关。

设置体积分监视器，Monitors（监视）面板中，在 Volume Monitors 下单击 Create 按钮，弹出相应的如图 5-72 所示的对话框，再进行相应设置。

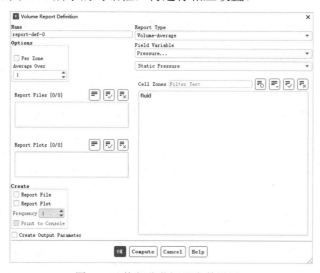

图 5-72　体积分监视器参数设置

体积分监视器对话框与面积分监视器对话框是十分相似的，其设置过程也类似，可以在这里设定准备做积分的体域、流场变量、报告类型等，这里不再重复。

5.9 本章小结

本章介绍了 Fluent 计算设置中导入网格、定义模拟类型、指定边界条件、给出初始条件、定义求解控制参数、定义求解监视等功能。通过本章的学习，读者可以掌握 Fluent 有关计算设置的使用方法。

第6章

计算结果后处理

求解完成后,用户就需要进行后处理,对求解后的数据进行图形化显示和统计处理,从而对计算结果进行分析。后处理可以生成点、点样本、直线、平面、体、等值面等,显示云图、矢量图,也可通过动画功能制作动画短片等。

Fluent 软件本身具有计算结果后处理功能,同时,还可以通过 ANSYS 软件包提供的专业后处理器 CFD-Post 来完成后处理工作,以及通过第三方软件 Tecplot 来完成后处理工作。

学习目标

(1) 了解 Fluent 的后处理功能。
(2) 掌握后处理器 CFD-Post 的使用方法。
(3) 掌握 Tecplot 的使用方法。

6.1 Fluent 的后处理功能

Fluent 可以用多种方式显示和输出计算结果,例如,显示速度矢量图、压力等值线图、等温线图、压力云图、流线图,绘制 XY 散点图、残差图,生成流场变化的动画,报告流量、力、界面积分、体积分及离散相信息等。

6.1.1 创建表面

在 Fluent 中可以方便地选择进行可视化流场的区域,这些区域称为表面。创建表面可以有很多方式,对于 3D 问题,因为不可能对整个区域进行矢量、等值线、XY 曲线的绘制,所以必须创建表面来进行相关操作。

另外一种情况是,对于无论是 2D 还是 3D,如果希望创建表面积分报告,就必须建立表面。下面将讲解如何创建表面、重命名等操作。

创建表面,选择功能区 Results→Surface→Iso-Surface 命令,弹出如图 6-1 所示的 Iso-Surface(等值面)对话框,再设定相关参数。

图 6-1 Iso-Surface 对话框

设置等值面的步骤如下。

(1)在 Surface of Constant 下拉列表中选择变量。

(2)如果希望在已存在的面上建立面,则在 From Surface 中选择该面,否则面会生成在整个流域中。

(3)单击 Compute 按钮,Min 和 Max 文本框中会显示计算域中选择变量的最大值和最小值。

(4)在 Iso-Values 中设定数值,可以使用以下两种方法。

① 用滑动条选择。

② 直接输入数值。

(5)在 New Surface Name 文本框中输入新名字。

(6)单击 Create 按钮创建完成。

6.1.2 图形及可视化技术

利用 Fluent 提供的图形工具可以很方便地观察 CFD 求解结果,并得到满意的数据和图形,用于定性或者定量研究整个计算。

1. 生成网格图

在问题求解开始或计算完成需要检查计算结果时,往往需要观察某些特定表面上的网格划分情况。在 Fluent 中,可以利用强大的图形功能显示求解对象的部分和全部轮廓。

生成网格图,选择 Domain→Mesh→Display 命令,弹出如图 6-2 所示的 Mesh Display(网格显示)对话框,再进行相应参数设置。

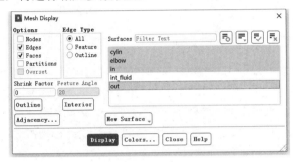

图 6-2 Mesh Display 对话框

根据需要显示内容,可以选择进行下列步骤。

(1)显示所选表面的轮廓线,在 Options 中选择 Edges,在 Edge Type 中选择 Outline。
(2)显示网格线,在 Options 中选择 Edges,在 Edge Type 中选择 All。
(3)绘制一个网格填充图形,在 Options 中选择 Faces。
(4)显示所选面的网格节点,在 Options 中选择 Nodes。

2. 绘制等值线和轮廓图

在 Fluent 中,可以在求解对象上绘制等值线或轮廓。等值线是由某个选定变量(如等温线、等压线)为固定值的线所组成。而轮廓则是将等值线沿一个参考向量并按照一定比例投影到某个面上形成的。

生成等值线和轮廓图需选择 Results→Graphics and Animations 命令,弹出如图 6-3 所示的 Graphics and Animations(图形和动画)面板,在 Graphics 中双击 Contours,弹出如图 6-4 所示的 Contours(等值线)对话框,再进行相应参数设置。

生成等值线或轮廓的基本步骤如下。

(1)在 Contours of 下拉列表中选择一个变量或函数作为绘制对象。首先在上面的列表中选择相关分类,然后在下面的列表中选择相关变量。
(2)在 Surfaces 列表中选择待绘制等值线或轮廓的平面。对于 2D 情况,如果没有选取任何面,则会在整个求解对象上绘制等值线或轮廓。对于 3D 情况,至少需要选择一个表面。

图 6-3 Graphics and Animations 面板（一）

图 6-4 Contours 对话框

（3）在 Levels 编辑框中指定轮廓或等值线的数目，最大数为 100。

（4）如果需要生成一个轮廓视图，请在 Option 中选中 Draw Profiles 选项。

（5）单击 Display 按钮，在激活的图形窗口中绘制指定的等值线和轮廓。显示的结果将包含选定变量指定的等值线和轮廓的指定数目，同时，将其值量级的变化范围在最小和最大区域按照增加的方式进行显示。

3．绘制速度矢量图

除了等值线图与轮廓图，另一种经常用到的结果处理图为在选中的表面上绘制速度矢量图。默认情况下，速度矢量图被绘制在每个单元的中心（或在每个选中表面的中心），用长度和箭头的颜色代表其梯度。

几个矢量绘制设置参数，可以用来修改箭头的间隔、尺寸和颜色。注意在绘制速度矢量时总是采用单元节点中心值，不能采用节点平均值进行绘制。

生成等值线和轮廓图需选择 Results→Graphics and Animations 命令，弹出如图 6-5 所示的 Graphics and Animations（图形和动画）面板，在 Graphics 下双击 Vectors，弹出如图 6-6 所示的 Vectors（矢量）对话框，再进行相关参数设置。

生成速度矢量图的基本步骤如下。

（1）在 Surfaces 列表中，选择希望绘制其速度矢量图的表面。如果希望显示的对象为整个求解对象，则不要选择列表中的任一项。

（2）设置速度矢量对话框中的其他选项。

（3）单击 Display 按钮，在激活的窗口中绘制速度矢量图。

4．显示轨迹

生成轨迹图需选择 Results→Graphics and Animations 命令，弹出如图 6-7 所示的 Graphics and Animations（图形和动画）面板，在 Graphics 下双击 Pathlines，弹出如图 6-8 所示的 Pathlines（轨迹）对话框。

图 6-5 Graphics and Animations 面板（二）

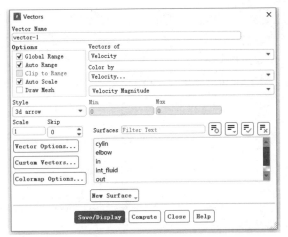

图 6-6 Vectors 对话框

图 6-7 Graphics and Animations 面板（三）

图 6-8 Pathlines 对话框

生成轨迹图的基本步骤如下。

（1）在 Release From Surfaces 列表中选择相关平面。

（2）设置 Step Size 和 Steps 的最大数目。Step Size 设置长度间隔用于计算各微粒的位置（注意当一个微粒进入/离开一个表面时其位置通常由计算得到；即便指定了一个很大的 Step Size，微粒在每个单元入口/出口的位置仍然被计算并被显示）。Steps 设置了一个微粒能够前进的最大步数。当一个微粒离开求解对象，并且其飞行的步数超过该值时将停止求解。如果希望微粒能够前进的距离超过一个长度大于 L 的求解对象，一个最简单定义上述两个参数的方法是 Step Size 和 Steps 的乘积应该近似等于 L。

（3）设置轨迹对话框中的其他选项。

（4）单击 Display 按钮，绘制轨迹线，或者单击 Pulse 按钮显示微粒位置的动画。在动画显示中 Pulse 按钮将变成 Stop 按钮，可以通过单击该按钮来停止动画的运行。

6.1.3 动画技术

在 Fluent 软件中可以生成关键帧动画，通过把静态的图像转化为动态的图像，可以大大加强结果的演示效果。动画的创建需要在动画面板中完成。

要生成动画，需选择 Results→Graphics and Animations 命令，弹出如图 6-9 所示的 Graphics and Animations（图形和动画）面板，在 Animations 下双击 Scence Animation，弹出如图 6-10 所示的 Playback 对话框，再设置相关参数。

图 6-9　Graphics and Animations 面板（四）

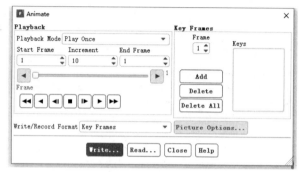

图 6-10　Playback 对话框

生成动画的基本步骤如下。

（1）创建动画。

① 输入帧数。

② 选择需要的关键帧，可以包括不同视角的观察。

③ 选择关键帧的时间。

④ 利用关键帧构成动画。

⑤ 可以回放检查效果，满意后选择保存。

（2）动画保存。动画创建完成后可以进行保存，方便以后的查阅和结果的展示，Fluent 支持三种动画格式：动画文件（Fluent 专用）、图形文件和 Video 文件。

其中，动画文件只可以被 Fluent 软件识别和读取数据，特点是文件小、不失真；图形文件把动画的每一帧生成一个图像，可以是不同的图像格式（如 jpg、bmp 和 tiff 格式）；Video 文件将动画转化为视频文件。

（3）读取动画文件。动画文件的读取非常方便，首先单击 Playback 对话框中的 Read（读取）按钮，打开选择文件面板，选择目标文件便可以打开动画文件。

6.2　CFD-Post 后处理器

6.2.1　启动后处理器

要启动 CFD-Post，需要在 Windows 系统中选择"开始"→"所有程序"→ANSYS 2020→CFD-Post 2020 命令，进入如图 6-11 所示的 CFD-Post 界面。

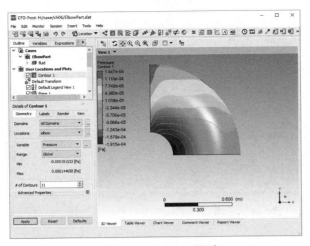

图 6-11　CFD-Post 界面

6.2.2　工作界面

后处理器的工作界面如图 6-12 所示，主要包含以下四个部分。

（1）菜单栏：包括后处理的所有操作，如新建、打开求解过程文件，编辑、插入等基本操作，打开帮助文件等。

（2）任务栏：主要包括功能快捷键，通过使用任务栏可以快速实现部分功能与操作。

（3）操作控制树：在此区域可以显示、关闭、编辑创建的位置、数据等。

（4）图形显示区：显示几何图形、制表、制图等。

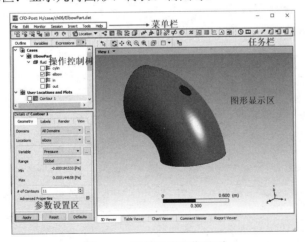

图 6-12　后处理器工作界面

6.2.3　创建位置

用户可以根据计算和分析的需要，创建特定位置显示计算结果。可以创建的位置包括：点、点云、线、面、体、等值面、区域值面、型芯区域、旋转面、曲线、自定义面、多组面、旋转机械面、旋转机械线等，如图6-13所示。

图 6-13　创建位置类型

1. Point（生成点）

（1）Geometry（几何）：在此选项卡中，可以设定点的位置。

在设定点的位置时，一般选择以输入点的坐标值的方法来设定，如图6-14所示。Method（方法）选择XYZ，在Point（点）中以此输入点的X、Y、Z坐标值来生成如图6-15所示的点。

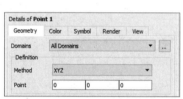

图 6-14　几何选项

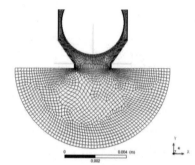

图 6-15　设置点位置

（2）Color（颜色）：在此选项卡中，可以设定点的显示颜色，如图6-16所示。生成点的颜色一般有两种方法。

- Constant（恒量）：颜色为恒定值，点默认的颜色为黄色。
- Variable（变量）：可以设定变量，根据变量所在点位置的大小来决定点的显示颜色。

（3）Symbol（样式）：在此选项卡中，可以设定点的显示样式，如图6-17所示点的样式包括十字架形、八面体形、立面体形和球形等，默认为十字架形。

图 6-16　颜色选项

图 6-17　样式选项

（4）Render（绘制）：在生成点过程中绘制选项为灰色，无法编辑，如图6-18所示。

（5）View（显示）：将生成的点按一定规则改变，如旋转、平移、镜像等，如图6-19所示。

2. Point Cloud（点云）

（1）Geometry（几何）：在此选项卡中，可以设定点云的所在域、所在位置、生成方法和生成个数，如图6-20所示。

图 6-18　绘制选项

图 6-19　显示选项

点云的生成方法有以下几种。
- Equally Spaced（等空间）：点云的所在位置平均分布。
- Rectangular Grid（角网格）：按一定比例、一定距离、一定角度排列点生成点云。
- Vertex（顶点）：将点生成在网格的顶点处。
- Face Center（面中心）：将点生成在网格面的中心处。
- Free Edge（自由边界）：将点生成在线段中心的外边缘处。
- Random（随机）：随机生成点云。

设置点云位置的效果如图 6-21 所示。

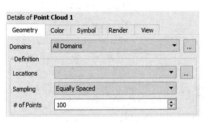
图 6-20　几何选项

图 6-21　设置点云位置

（2）Color（颜色）：在此选项卡中，可以设定点云的显示颜色，如图 6-22 所示。生成点的颜色一般有两种方法。
- Constant（恒量）：颜色为恒定值，点默认的颜色为黄色。
- Variable（变量）：可以设定变量，根据变量所在点位置的大小来决定点的显示颜色。

生成点云变量显示的效果如图 6-23 所示。

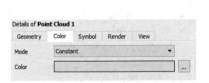
图 6-22　颜色选项

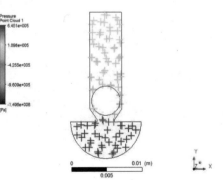
图 6-23　点云变量的显示

点云的样式、绘制及显示设定与点的设置相同，此处不再赘述。

3. Line（线）

（1）Geometry（几何）：在此选项卡中，可以设定线的所在域、生成方法、生成线的类型，如图 6-24 所示。

生成线的方法为两点坐标确定直线的方法，生成线的类型有两种。

- Sample（取样法）：生成线上两点之间的点分布在线上。
- Cut（相交法）：生成的线自动延伸至域边界处，线上的点在线与网格节点的交点处。

设置线位置的效果如图 6-25 所示。

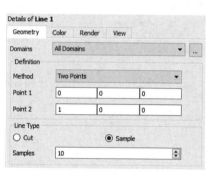

图 6-24　几何选项

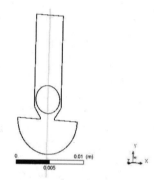

图 6-25　设置线位置

（2）Color（颜色）：在此选项卡中，可以设定线的显示颜色，如图 6-26 所示。

生成线的颜色一般有两种方法。

- Constant（恒量）：颜色为恒定值，线默认的颜色为黄色。
- Variable（变量）：可以设定变量，根据变量所在线位置的大小来决定线的显示颜色。

线变量显示的效果如图 6-27 所示。

图 6-26　颜色选项

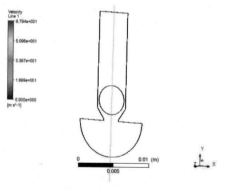

图 6-27　线变量显示

线的样式、绘制及显示设定与点的设置相同，此处不再赘述。

4．Plane（面）

（1）Geometry（几何）：在此选项卡中，可以设定面的所在域、生成方法，如图 6-28 所示。

图 6-28　几何选项

生成面的方法有以下几种。

- YZ Plane、XY Plane、XZ Plane（切面法）：指定与面垂直的坐标轴，设定面与坐标原点间的距离。
- Point and Normal（点与垂线法）：指定面上一点和与面垂直的向量。
- Three Points（三点法）：通过三个点确定平面。

（2）Color（颜色）：在此选项卡中，可以设定面的显示颜色，如图 6-29 所示。

生成面的颜色一般有两种方法。

- Constant（恒量）：颜色为恒定值，面默认的颜色为黄色。
- Variable（变量）：可以设定变量，根据变量所在面位置的大小来决定面的显示颜色。

面变量显示的效果如图 6-30 所示。

图 6-29　颜色选项

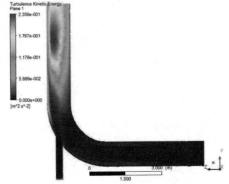

图 6-30　面变量显示

（3）Render（绘制）：在此选项卡中，可以设置显示面、网格线和纹理，如图 6-31 所示。

在 Show Faces（显示面）部分中，需要设定以下内容。

- Transparency（透明度）：设定值为 0 时，平面完全不透明，设定值为 1 时，平面完全透明。

- Draw Mode（绘制模式）：设置面颜色的绘制方法，默认为 Smooth Shading（平滑明暗法），节点处颜色与周围颜色相同。
- Face Culling（面挑选）：一般默认选择 No Culling，面显示完全。

在 Show Mesh Lines（显示网格线）部分中，设定边界角度、线宽和颜色模式。

在 Apply Texture（纹理应用）部分中，可设置生成面上显示纹理。

5．Volume（体）

（1）Geometry（几何）：在此选项卡中，可以设定体的所在域、网格类型和生成方法，如图 6-32 所示。

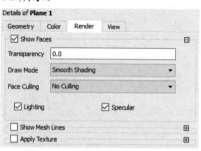
图 6-31　绘制选项

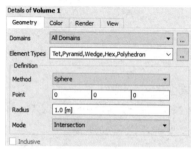
图 6-32　几何选项

网格类型包括四面体、金字塔形、楔形、六面体形等。

生成面的方法有以下几种。

- Sphere（球形体）：指定球形中心和球径生成球体。
- From Surface（自由面组成）：选择平面，表面上的网格节点形成体。
- Isovolume（等值体）：指定一个变量，设定变量值，由此变量值形成的等值面围成一个等值体。
- Surrounding Node（围绕节点）：指定节点编号，节点处网格形成体。

（2）Color（颜色）：在此选项卡中，可以设定体的显示颜色，如图 6-33 所示。

生成体的颜色一般有两种方法。

- Constant（恒量）：颜色为恒定值，体默认的颜色为黄色。
- Variable（变量）：可以设定变量，根据变量所在体位置的大小来决定体的显示颜色。

体变量显示如图 6-34 所示。

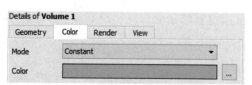
图 6-33　颜色选项

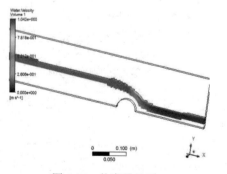
图 6-34　体变量显示

体的样式、绘制及显示设定与线的设置相同，此处不再赘述。

6. Isosurface（等值面）

（1）Geometry（几何）：在此选项卡中，可以设定等值面的所在域、选择变量、设定变量类型、为变量设定数值，如图 6-35 所示。

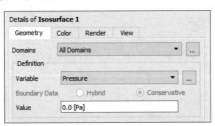

图 6-35　几何选项

（2）Color（颜色）：在此选项卡中，可以设定等值面的显示颜色，如图 6-36 所示。生成体的颜色一般有以下几种方法。

- Use Plot Variable（使用当前变量）：等值面颜色设定，使用等值面选定变量，更改变量极值，然后根据变量范围决定此时等值面颜色。
- Variable（变量）：可以设定变量，根据变量所在等值面位置的大小来决定体的显示颜色。
- Constant（恒量）：颜色为恒定值。

等值面变量显示的效果如图 6-37 所示。

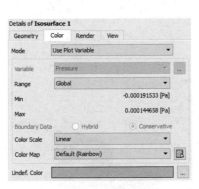

图 6-36　颜色选项

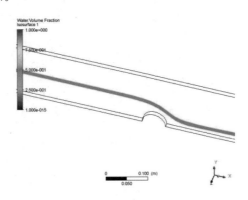

图 6-37　等值面变量显示

Color Scale（颜色比例尺）是指比例尺的颜色分布，颜色比例尺有两种类型。

- Linear（线性比例尺）：此时变量范围均匀分布在比例尺上。
- Logarithmic（对数比例尺）：此时变量范围成对数函数分布在比例尺上。

Color Map（颜色绘制）设定颜色描述的模式，其主要有以下几种。

- Rainbow（彩虹状）：使用绘图颜色，以蓝色描述最小，以红色描述最大，若设置 Inverse，则颜色与极值反转。
- Rainbow 6（扩展彩虹状）：使用标准绘图的扩展颜色，以蓝色描述最小，以紫红色描述最大，若设置 Inverse，则颜色与极值反转。

- Greyscale（灰色标尺）：以黑色描述最小，以白色描述最大，若设置 Inverse，则颜色与极值反转。
- Blue to White（蓝白标尺）：以蓝色和白色代表极值部分。
- Zebra（斑马状）：将指定范围划分为 6 个部分，每部分均为黑色向白色过渡。

等值面的样式、绘制及显示设定与线的设置相同，此处不再赘述。

7．Iso Clip（区域值面）

（1）Geometry（几何）：在此选项卡中，可以设定区域值面的所在域、位置，如图 6-38 所示。

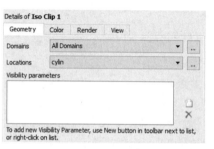

图 6-38　几何选项

（2）Color（颜色）：在颜色选项卡中，可以设定区域值面的显示颜色，如图 6-39 所示。生成区域值面的颜色一般有以下两种方法。

- Constant（恒量）：颜色为恒定值，区域值面默认的颜色为黄色。
- Variable（变量）：可以设定变量，根据变量所在区域值面位置的大小来决定区域值面的显示颜色。

区域值面显示的效果如图 6-40 所示。

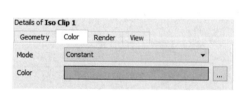

图 6-39　颜色选项

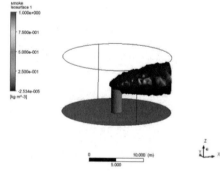

图 6-40　区域值面变量显示

区域值面的样式、绘制及显示设定与线的设置相同，此处不再赘述。

8．Votex Core Region（型芯区域）

Geometry（几何）：在此选项卡中，可以设定型芯区域的所在域、生成方法，如图 6-41 所示。

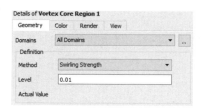

图6-41　几何选项

型芯区域的颜色、样式、绘制及显示设定与线的设置相同，此处不再赘述。

9．Surface of Revolution（旋转面）

Geometry（几何）：在此选项卡中，可以设定旋转面的所在域、生成方法，如图6-42所示。

旋转面的生成方法有以下几种。

- Cylinder（圆柱体）：生成圆柱面，通过Point（点）1设置底面位置及旋转半径，通过Point（点）2设置圆柱高度，取样个数为圆柱面上数据点个数，角样本是形成旋转面的轮廓个数，其个数值越大，圆柱面越光滑。
- Cone（圆锥面）：生成圆锥面，通过Point（点）1设置底面位置及底面半径，通过Point（点）2设置圆锥高度，取样个数为圆锥面上数据点个数，角样本是形成旋转面的轮廓个数，其个数值越大，圆锥面越光滑。
- Disc（圆盘面）：生成圆盘面，通过Point（点）1设置底面位置及外径大小，通过Point（点）2设置圆盘内径大小，取样个数为圆盘面上数据点个数，角样本是形成旋转面的轮廓个数，其个数值越大，圆盘面越光滑。
- Sphere（球面）：生成球面，通过Point（点）1设置球心位置及球半径，取样个数为球面上数据点个数，角样本是形成旋转面的轮廓个数，其个数值越大，球面越光滑。
- From Line（由线生成）：指定线段按一定旋转轴旋转。

旋转面的颜色、样式、绘制及显示设定与线的设置相同，此处不再赘述。

10．Ployline（曲线）

（1）Geometry（几何）：在此选项卡中，可以设定曲线的所在域、生成方法，如图6-43所示。

曲线的生成方法有以下几种。

- From File（从文件导入）：从文件导入点，生成曲线。
- Boundary Intersection（边界交点）：生成边界与几何体上面之间的交线。
- From Contour（从云图生成）：由云图的边线生成曲线。

（2）Color（颜色）：在此选项卡中，可以设定曲线的显示颜色，如图6-44所示。

生成曲线的颜色一般有两种方法。

- Constant（恒量）：颜色为恒定值，曲线默认的颜色为黄色。
- Variable（变量）：可以设定变量，根据变量所在曲线位置的大小来决定曲线的显示颜色。

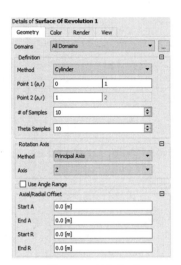

图 6-42　几何选项

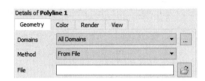

图 6-43　几何选项

曲线变量显示的效果如图 6-45 所示。

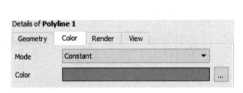

图 6-44　颜色选项

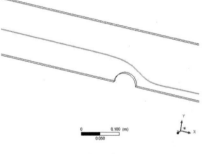

图 6-45　曲线变量显示

曲线的样式、绘制及显示设定与线的设置相同，此处不再赘述。

11．User Surface（自定义面）

（1）Geometry（几何）：在几何选项卡中，可以设定自定义面的所在域、生成方法，如图 6-46 所示。

图 6-46　几何选项

自定义面的生成方法有以下几种。

- From File（从文件导入）：从文件导入点，生成面。
- Boundary Intersection（边界交点）：生成边界与几何体上面之间的面。
- From Contour（从云图生成）：由云图的边线生成面。
- Transformed Surface（面转换）：编辑一个已经生成的面，对其进行旋转、移动、放大等操作,生成一个新面。
- Offset From Surface(面偏移):将一个已经生成的面按一定方向偏移一定距离生成新面。

(2) Color(颜色):在颜色选项卡中,可以设定面的显示颜色,如图6-47所示。生成面的颜色一般有以下两种方法。
- Constant(恒量):颜色为恒定值,面默认的颜色为黄色。
- Variable(变量):可以设定变量,根据变量所在面的位置大小来决定面的显示颜色。

自定义面变量显示的效果如图6-48所示。

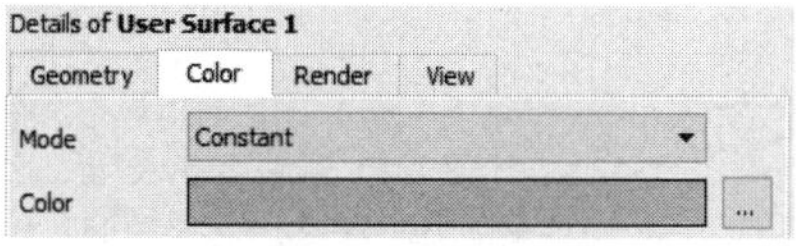

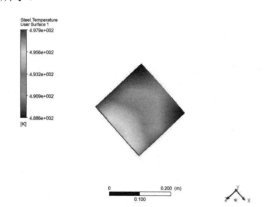

图6-47 颜色选项　　　图6-48 自定义面变量显示

自定义面的样式、绘制及显示设定与线的设置相同,此处不再赘述。

12. Surface Group(多组面)

Geometry(几何):在此选项卡中,可以设定多组面的所在域、位置,如图6-49所示。

图6-49 几何选项

多组面的颜色、样式、绘制及显示设定与线的设置相同,此处不再赘述。

6.2.4 创建对象

CFD-Post可以创建的对象包括矢量、云图、流线、粒子轨迹、体绘制、文本、坐标系、图例、场景转换、修剪面、彩图,如图6-50所示。

图6-50 创建对象类型

1．Vector（矢量）

（1）Geometry（几何）：在此选项卡中，可以设定矢量的所在域、位置、取样、缩减、比例因子、变量选择投影等，如图 6-51 所示。

Projection（投影）设定矢量的方向显示，有以下几种方式。

- None（无设定）：矢量投影方向为矢量的实际方向。
- Coord Frame（坐标系设定）：设定矢量投影的坐标方向，仅显示与此坐标轴平行的矢量方向。
- Normal（垂直设定）：矢量仅显示与面垂直方向的分量。
- Tangential（切向设定）：矢量仅显示与面平行方向的分量。

（2）Color（颜色）：在此选项卡中，可以设定矢量的显示颜色，如图 6-52 所示。

生成矢量的颜色一般有以下两种方法。

- Use Plot Variable（使用当前变量）：矢量颜色设定，使用矢量选定变量，更改变量极值，然后根据变量范围决定此时矢量颜色。
- Variable（变量）：可以设定变量，根据变量所在矢量位置的大小来决定矢量的显示颜色。
- Constant（恒量）：颜色为恒定值。

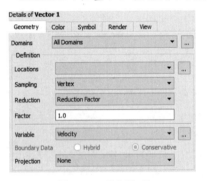

图 6-51　几何选项

图 6-52　颜色选项

（3）Symbol（样式）：设定矢量的显示样式，包括矢量箭头的样式和箭头的大小，如图 6-53 所示。

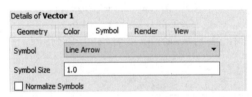

图 6-53　样式选项

（4）Render（绘制）：可以设置显示面、网格线和纹理，如图 6-54 所示。

在 Show Faces（显示面）部分中，需要设定以下内容。

- Transparency（透明度）：设定值为 0 时，平面完全不透明，设定值为 1 时，平面完全透明。

- Draw Mode（绘制模式）：设置面颜色的绘制方法，默认为 Smooth Shading（平滑明暗法），节点处颜色与周围颜色相同。
- Face Culling（面选择）：一般默认选择 No Culling，面显示完全。

在 Show Lines（显示网格线）部分中，设定边界角度、线宽和颜色模式。

（5）View（显示）：将生成的矢量按一定规则改变，如旋转、平移、镜像等，如图 6-55 所示。

矢量图如图 6-56 所示。

图 6-54　绘制选项

图 6-55　显示选项

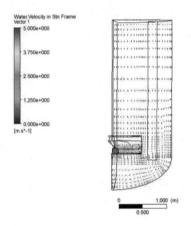

图 6-56　矢量图

2. Contour（云图）

（1）Geometry（几何）：在此选项卡中，可以设定云图的所在域、位置、变量选择等，如图 6-57 所示。

Range（变量范围）指定方法有以下几种。

- Global（全局值）：变量范围由整个计算域内变量值决定。
- Local（局部值）：变量范围由所在位置内变量值决定。
- User Specified（用户定义）：变量范围由用户确定。

（2）Labels（标记）：设定文本的格式，如图 6-58 所示。

　　图 6-57　几何选项　　　　　　　　图 6-58　样式选项

云图的绘制及显示设定与矢量的设置相同,此处不再赘述。云图如图 6-59 所示。

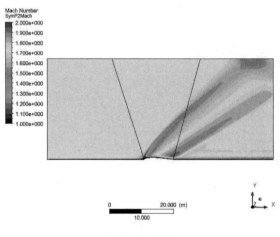

图 6-59　云图

3．Streamline（流线）

（1）Geometry（几何）：在此选项卡中,可以设定流线的所在域、位置、流线类型等,如图 6-60 所示。

Type（流线类型）有以下几种方式。

- 3D Streamline（三维流线）。
- Surface Streamline（面流线）。

流线的颜色与矢量的设置相同,此处不再赘述。

（2）Symbol（样式）：设定流线的显示样式,设定最小最大时间值来显示时间范围,通过设定时间间隔来指定两个样式间的时间跨度,如图 6-61 所示。

（3）Limits（限制）：可以设置公差、线段数、最大时间值和最长周期值,如图 6-62 所示。

流线的绘制及显示与矢量的设置相同,此处不再赘述。流线图如图 6-63 所示。

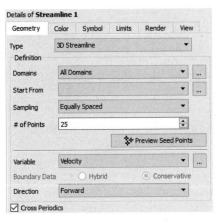

图 6-60　几何选项　　　　　　　图 6-61　样式选项

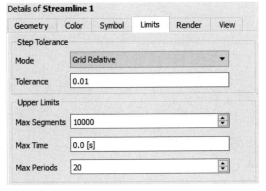

图 6-62　限制选项　　　　　　　图 6-63　流线图

4．Particle Track（粒子轨迹）

Geometry（几何）：在此选项卡中，可以设定粒子轨迹的创建方法、所在域、粒子材料、缩减因子等，如图 6-64 所示。

Method（粒子创建方法）有两种设定方法，分别为 From Res（来自结果文件）和 From File（来自文件）。

Reduction Type（粒子线缩减因子）有两种设定方法，一是设定缩减因子，二是设定粒子线的最多条数，直接指定最大数值。

Limits Option（限制选项）限定了粒子跟踪线开始绘制的时间，主要有以下几种方法：

- Up to Current Timestep（等于当前时间步长）。
- Since Last Timestep（开始于上个时间步长）。
- User Specified（用户自定义）。

粒子轨迹的颜色、样式、绘制及显示与矢量的设置相同，此处不再赘述。

5．Volume Rendering（体绘制）

Geometry（几何）：在此选项卡中，可以设定体绘制的所在域、变量选择等，如图 6-65 所示。

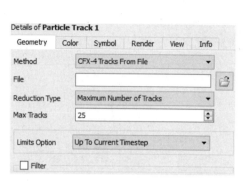

图 6-64　粒子轨迹几何选项

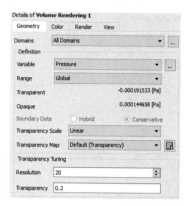

图 6-65　体绘制几何选项

体绘制的颜色、样式、绘制及显示与矢量的设置相同，此处不再赘述。

6．Text（文本）

（1）Definition（定义）：设定文本的内容，如图 6-66 所示。

Embed Auto Annotation（自动嵌入注释）可添加的注释有以下几种类型。

- Expression（表达式）：在标题位置显示表达式。
- Timestep（时间步长）：显示时间步长值。
- Time Value（时间值）：显示时间值。
- Filename（文件名）：显示文件名。
- File Date（文件日期）：显示文件创建的日期。
- File Time（文件时间）：显示文件创建的时间。

（2）Location（位置）：设定文本的位置，如图 6-67 所示。

图 6-66　定义选项

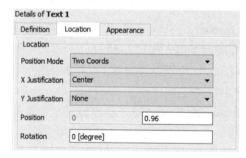

图 6-67　位置选项

（3）Appearance（样式）：设定文本的高低、颜色等显示样式，如图 6-68 所示。

7．Coordinate Frame（坐标系）

Definition（定义）：设定坐标系的位置，如图 6-69 所示。

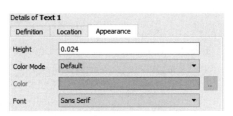 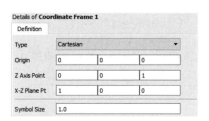

图 6-68　样式选项　　　　　　　图 6-69　坐标系选项

8．Legend（图例）

（1）Definition（定义）：设定图例的标题模式、显示位置等，如图 6-70 所示。

（2）Appearance（样式）：设定图例的尺寸参数和文本参数等显示样式，如图 6-71 所示。

9．Instance Transform（场景转换）

Definition（定义）：设定场景转换的旋转、移动、投影等场景变换方式，如图 6-72 所示。

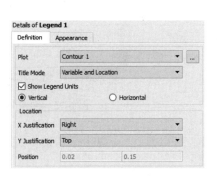 

图 6-70　定义选项　　　　　　　图 6-71　样式选项

图 6-72　场景转换选项

10．Clip Plane（修剪面）

Definition（定义）：设定修剪面的位置，如图 6-73 所示。

11. Color Map（彩图）

Definition（定义）：设定彩图显示方式，如图 6-74 所示。

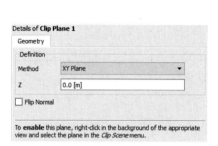

图 6-73 修剪面选项

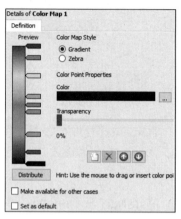

图 6-74 彩图选项

6.2.5 创建数据

CFD-Post 可以创建的数据包括变量和表达式，如图 6-75 所示。

图 6-75 创建数据类型

1. Variable（变量）

CFD-Post 提供了单独的变量处理界面，如图 6-76 所示，可以生成新的变量，以及编辑变量。

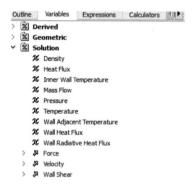

图 6-76 变量处理界面

2. Expressions（表达式）

CFD-Post 提供了专门的表达式处理界面，如图 6-77 所示，可以得到计算域内任何位置的变量值。

表达式处理界面包括以下三个部分。

（1）Definition（定义）：通过此选项生成新的表达式或修改原有表达式，如图 6-78 所示。

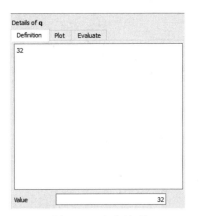

| 图 6-77 表达式处理界面 | 图 6-78 定义选项 |

（2）Plot（绘制）：绘制表达式变化曲线，如图 6-79 所示。
（3）Evaluate（求值）：可求出表达式在某个点的值，如图 6-80 所示。

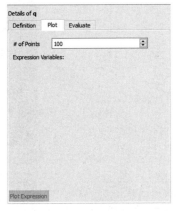
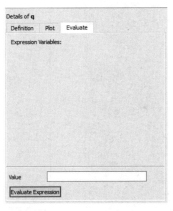

| 图 6-79 绘制选项 | 图 6-80 求值选项 |

表达式创建的方法有以下几种。
- Functions（函数）：选用提供的函数或自定义函数来编写表达式的主题结构。
- Expressions（表达式）：通过修改已有的表达式来创建新表达式。
- Variable（变量）：设定要显示值的变量。
- Locations（位置）：设定变量所在位置。
- Constant（常数）：设定为固定值的表达式。

6.3 Tecplot 使用介绍

Tecplot 是 Amtec 公司推出的一个功能强大的科学绘图软件，它不仅可以绘制函数曲线、二维图形，而且可以进行三维面绘图和三维体绘图，并提供了多种图形格式，同时界面友好、易学易用。Tecplot 有针对 Fluent 软件的专用数据接口，可以直接读入算例文件和数据文件，也可以在 Fluent 软件中选择面和变量，然后直接输出 Tecplot 格式的文档。

6.3.1 工作界面

图 6-81 所示是在没有加载任何数据的情况下，Tecplot 的开始界面。界面可以分成四个部分，即菜单栏、工具栏、状态栏和工作区。

1. 菜单栏

通过菜单栏可以使用绝大多数 Tecplot 的功能，它的使用方式类似于一般的 Windows 程序，是通过对话框或二级窗口来完成的。

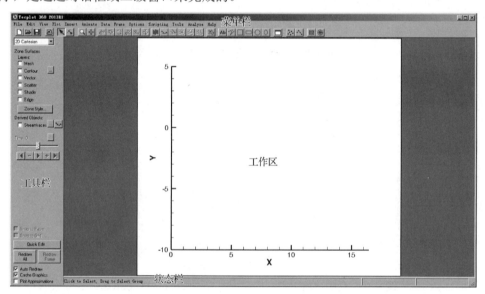

图 6-81　Tecplot 工作界面

Tecplot 的功能包含在如下菜单中。

（1）File（文件）：在这个菜单中进行文件和图形的读写、打印与输出、记录或运行宏、设置并保存配置，以及退出系统等操作。

（2）Edit（编辑）：进行图形对象的剪切、复制、粘贴、清除、改变显示顺序、修改数据点等操作。Tecplot 的剪切、复制和粘贴只在 Tecplot 内部有用。如果想与其他 Windows 程序交换图形，可以用 Copy Plot to Clipboard（将图形复制到剪贴板）功能。

（3）View（视图）：用于控制视图显示，包括比例缩放、数据范围、三维旋转等，还可以在帧之间进行图形的复制和粘贴操作。

（4）Plot（制图）：用于控制二维、三维帧模式中场变量的绘制，包括网格、等值线、矢量、阴影、流线、三维等值面、三维切片和边界曲线以及坐标轴显示形式等。

（5）Insert（插入）：在这里可以设置插入文字和集合图形。

（6）Animate（动画）：用于动画的设置和生成。

（7）Data（数据）：用于创建、操作、检查数据，比如创建简单区域、插值、三角形剖分，以及用类似 FORTRAN 的语句创建和修改变量等。

（8）Frame（帧）：创建、编辑、控制帧。

（9）Options（选项）：用于设置工作区的属性，包括色彩图板、页面网格、显示选项和标尺等。

（10）Scripting（脚本）：用于快速运行已经制作好的宏、创建简单的动画。

（11）Tools（工具）：用于对动画的设置进行操作。

（12）Analyze（分析）：用于对导入的数据进行分析处理。

（13）Help（帮助）：用于打开帮助文档。

2．工具栏

Tecplot 工具栏将常用的画图控制命令用按钮形式集中在工具栏中，同时还可以选择帧模式、激活图层和采用快照模式，工具栏如图 6-82 所示。

（1）帧模式：帧模式即当前帧内所绘制图形的类型。

① 三维：绘制三维面或者体。

② 二维：绘制二维图形。

③ XY：绘制 XY 曲线，即常见的函数关系曲线。

④ S（草图）：在没有数据的情况下随意绘制的图形，如草图、流程图等。图形是由帧模式、数据集、活动图层及其属性定义构成的。每个帧模式都只能显示数据的一种特征。

（2）区域层和图层：区域层（Zone Layer）是表达数据集合的一种方式。完整的图形应该包括所有被激活的层、坐标轴、文本、几何对象和在绘图期间加入的其他图形元素。在二维和三维帧模式下共有六种区域层；在 XY 帧模式下有四种图层；草图模式中则没有层的概念。

① 二维和三维帧模式下的六种区域层。

- Mesh（网格）：在网格层中，用线连接数据点。
- Contour（等值线）：在等值线层中，可以用曲线形式或填充形式绘制等值线，也可以同时采用等值线和填充方式进行绘制。
- Vector（矢量）：在矢量层中，绘制带方向和大小的矢量图形。
- Scatter（散点）：在散点层中，在每一个数据点的位置上绘制符号。
- Shade（阴影）：在阴影层中，可以为指定区域加阴影，或用添加光源的方式为三维曲面添加阴影。与光照（Lighting）效果配合使用，可以制作平面阴影或交错阴影；与透明（Translucency）效果配合使用，可以创建透明曲面。
- Boundary（边界）：在边界区域层中，为有序数据集合绘制区域边界。

② XY 模式下的四种图层如图 6-83 所示。

- Lines（线状图）：用线段或拟合曲线形式，绘制变量（X,Y）的函数关系曲线。
- Symbols（符号图）：用散点形式表达变量（X,Y）的函数关系。
- Bars（柱状图）：用水平或垂直柱状图形式，表达变量（X,Y）的函数关系。
- Error Bars（误差柱状图）：可以用几种格式绘制误差柱状图。

图 6-82　工具栏　　　　　　图 6-83　图层工具栏

（3）区域效果（Zone Effects）：在三维帧模式下会出现如图 6-84 所示的选择框。选择 Lighting（光照效果）和 Translucency（透明效果）复选框，只对着色和带阴影效果的等值面起作用。

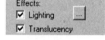

（4）重画按钮（Redraw Button）：除非选择自动重画（Automatically Redraw），否则每次对图形进行改动后都需要用重画按钮手动更新。

图 6-84　区域效果选择框

（5）自动重画（Auto Redraw）：选择这个选项将连续不断地自动更新图形内容。

（6）绘图属性按钮（Plot Attributes Button）：单击这个按钮可以打开 Plot Attributes（绘图属性）对话框，进行区域外观设置。

（7）工具按钮（Tool Button）：每个工具按钮（见图 6-85）对应于一种鼠标操作，所有操作可以归纳为 12 个类。

① 等值线模式。

② 流线模式。

③ 切片模式。

④ 帧模式。

⑤ 创建域模式。

⑥ 三维旋转模式。

⑦ 文字模式。

⑧ 几何形状模式。

⑨ 鼠标指示模式：选择与调整。

⑩ 视图模式：缩放、移动/放大。

⑪ 鼠标探测模式。

⑫ 数据提炼模式。

图 6-85 工具按钮

3．状态栏

Tecplot 窗口底部的状态栏，在鼠标移动经过工具栏、菜单和按钮时，会给出帮助提示。状态栏可以在 File（文件）菜单下的 Preferences（参考）子菜单中设定。

4．工作区

工作区是进行绘图工作的区域，绘图工作都是在帧中完成的。

6.3.2　Tecplot 数据格式

Tecplot 可以直接读取 10 种格式的数据文件。

（1）CGNS 格式，即计算流体力学通用记号系统（Computational Fluid Dynamics General Notation System）。

（2）DEM 格式，即数字高度图格式（Digital Elevation Map）。

（3）DXF 格式，即数字交换格式（Digital eXchange Format）。

（4）Excel 表格式（仅适用于 Windows 系统）。

（5）Fluent 5.0 以上版本的数据格式，包括算例文件和数据文件。

（6）Gridgen 数据格式。

（7）HDF 格式，即层级数据格式（Hierarchical Data Format）。

（8）Image（映像）文件格式。

（9）PLOT3D 数据格式。

（10）文字表单（Text Spreadsheet）格式。

启动数据加载窗口的操作是选择 File→Load Data File(s)命令。

数据加载对话框如图 6-86 所示。在对话框中选择 Fluent Data Loader（Fluent 数据加载器），然后单击 OK 按钮，即可开始 Fluent 数据加载操作。

因篇幅所限，下面将讲解 Fluent 算例文件和数据文件（即.cas 文件和.dat 文件）的加载过程，其他格式文件的加载请参考 Tecplot 的用户手册。

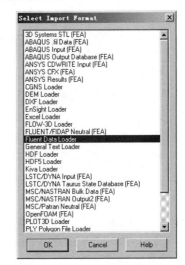

图 6-86　数据加载对话框

因为 Fluent 采用有限体积法进行计算，所以流场内部的计算结果都设置在控制点上，即网格体的几何中心点上，而流场边界的数值则在网格边界面的中心点上。因为 Tecplot 要求所有的数据位于网格节点上，所以在加载数据时会采用算术平均法将控制点数据换算成节点数据。

Fluent 的数据加载器如图 6-87 所示，其中有如下四个选项。

（1）Load Case and Data Files（加载网格数据和计算结果）：读入算例文件和数据文

件。如前所述，网格信息存放在算例文件中，流场变量的计算结果保存在数据文件中。Tecplot 将读入所有的变量并将其加入 Tecplot 数据集合。如果某个变量仅出现在某个区域上，则在其他区域上，Tecplot 会自动将该变量设置为 0。

（2）Load Case File Only（只加载网格）：只读入算例文件，并设置对应的网格选项。

（3）Load Residuals Only（只加载残差）：只从数据文件中加载残差数据（收敛史）。

（4）Load Multiple Case and Data Files（加载多个网格数据和计算结果）：读入多个算例文件和数据文件。

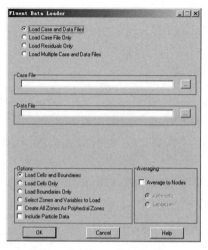

图 6-87　Fluent 数据加载器

在上述四个选项的下方是数据文件的输入框。

（1）Case File（算例文件）：输入要加载的文件名，或者单击 Select（选择）按钮，直接从硬盘上选择算例文件。

（2）Data File（数据文件）：可以直接在输入框中输入需要加载的数据文件名，或者单击 Select（选择）按钮直接从硬盘上选择数据文件。

对话框最下面为网格选项（Grid Option）组合框，其中包括如下选项。

（1）Load Cells and Boundaries（加载单元和边界）：从算例文件中读入单元数据和边界区域。每个流体、固体或边界区域在 Tecplot 软件中将被显示为独立的区域。

（2）Load Cells Only（只加载单元数据）：只加载单元数据区域。每个区域在 Tecplot 中都显示为独立的数据区域。

（3）Load Boundaries Only（只加载边界）：只加载边界区域。每个区域在 Tecplot 中都显示为独立的数据区域。

6.3.3　Tecplot 基本操作

1．绘制 XY 曲线

在 Tecplot 中的所有 XY 曲线都是由一个或者多个 XY 数据对构成的。XY 数据对及它们之间的函数关系，在 Tecplot 中被称为 XY 图形。XY 图形主要有以下三种形式。

（1）折线图（Lines）：用线段连接所有的数据点。
（2）符号图（Symbols）：每个数据点由一个符号代表，例如圆、三角形或方形等。
（3）柱状图（Bars）：每个数据点由一个水平或垂直柱代表。

用于绘制 XY 曲线的数据可以直接在 Tecplot 中输入，也可以加载硬盘上的数据文件用于绘制曲线。

Tecplot 绘制的 XY 曲线如图 6-88 所示。

2．绘制矢量图

矢量图用于表现速度、作用力等矢量的大小和方向。矢量图分二维矢量图和三维矢量图，分别对应于二维流场计算和三维流场计算。在读入数据文件后，单击左上方工具栏中的 3D 或 2D 按钮，在按钮下方就可以发现 Vector（矢量）选项。

选择 Vector（矢量）选项，则可以自动弹出 Select Variables（选择变量）对话框，如图 6-89 所示。

图 6-89 为三维矢量情况下的对话框形式，在二维矢量情况下则仅有 U、V 两个分量。在这个窗口中设定矢量分量所对应的数据，设置完毕后，单击 OK 按钮，则帧将自动显示在默认设置下的矢量图中。

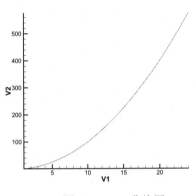

图 6-88　XY 曲线图

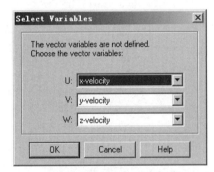

图 6-89　确定矢量分量

Tecplot 绘制的矢量图如图 6-90 所示。

3．绘制等值线图

等值线是观察流场变量变化的常用工具。绘制等值线一般包括以下五个步骤。
（1）加载数据文件。
（2）单击工具栏中的 Contour（等值线）选项，激活等值线图层。
（3）选择目标变量，绘制等值线。
（4）调整绘图参数，最终得到理想的等值线图。
（5）保存图形文件。

Tecplot 绘制的等值线图如图 6-91 所示。

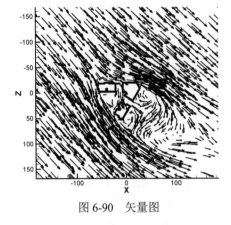 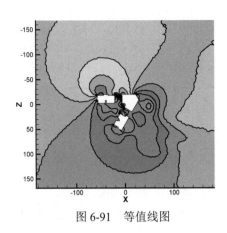

图 6-90 矢量图　　　　　　　　图 6-91 等值线图

6.4 本章小结

本章介绍了 Fluent 后处理的基本功能、CFD-Post 和 Tecplot 的使用方法，以及生成点、点样本、直线、平面、体、等值面等位置，显示云图、矢量图、制作动画短片等功能。通过本章的学习，读者可以掌握 Fluent 关于后处理、CFD-Post 和 Tecplot 的使用方法。

第二部分 功能应用

动网格问题的数值模拟

本章将重点介绍 Fluent 中的动网格模型，通过对本章的学习，掌握计算区域中包含物体运动的数值模拟，进而对流固耦合问题有一定的了解，并且能够解决其中的简单问题。

学习目标

(1) 掌握动网格模型的具体设置。
(2) 掌握 Profile 定义运动特性的方法。
(3) 掌握动网格问题边界条件的设置方法。
(4) 掌握动网格问题计算结果的后处理及分析方法。

7.1 动网格问题概述

动网格技术主要用来模拟计算区域变化的问题。动网格模型可以用来模拟流场形状由于边界运动而随时间改变的问题。边界的运动形式可以是预先定义的运动，即可以在计算前指定其速度或角速度；也可以是预先未做定义的运动，即边界的运动由前一步的计算结果决定。

网格的更新过程由 Fluent 根据每个迭代步中边界的变化情况自动完成。在使用动网格模型时，必须首先定义初始网格、边界运动的方式，并指定参与运动的区域。可以用边界型函数或者 UDF 定义边界的运动方式。Fluent 要求将运动的描述定义在网格面或网格区域上。如果流场中包含运动与不运动两种区域，则需要将它们组合在初始网格中以对它们进行识别。

那些由于周围区域运动而发生变形的区域必须被组合到各自的初始网格区域中，不同区域之间的网格不必是正则的，可以在模型设置中用 Fluent 软件提供的非正则或者滑动界面功能将各区域连接起来。

动网格的更新方法可用三种模型进行计算，即弹簧光顺模型、动态分层模型和局部网格重构模型。下面对这三种模型进行详细说明。

（1）弹簧近似光滑模型。原则上弹簧光顺模型可以用于任何一种网格体系，但是在非四面体网格区域（二维非三角形），最好在满足下列条件时使用弹簧光顺方法。

- 移动为单方向。
- 移动方向垂直于边界。

如果两个条件不满足，可能使网格畸变率增大。另外，在系统默认设置中，只有四面体网格（三维）和三角形网格（二维）可以使用弹簧光顺法，如果想在其他网格类型中激活该模型，需要在 dynamic-mesh-menu 下使用文字命令 spring-on-all-shapes，然后激活该选项即可。

（2）动态分层模型。动态分层模型的应用有如下限制。

- 与运动边界相邻的网格必须为楔形或者六面体（二维四边形）网格。
- 在滑动网格交界面以外的区域，网格必须被单面网格区域包围。
- 如果网格周围区域中有双侧壁面区域，则必须首先将壁面和阴影区分开，再用滑动交界面将两者耦合起来。
- 如果动态网格附近包含周期性区域，则只能用 Fluent 的串行版求解，但是如果周期性区域被设置为周期性非正则交界面，则可以用 Fluent 的并行版求解。

如果移动边界为内部边界，则边界两侧的网格都将作为动态层参与计算。如果在壁面上只有一部分是运动边界，其他部分保持静止，则只需在运动边界上应用动网格技术，但是动网格区与静网格区之间应该用滑动网格交界面进行连接。

（3）局部网格重构模型。需要注意的是，局部网格重构模型仅能用于四面体网格和三角形网格。在定义了动边界面以后，如果在动边界面附近同时定义了局部重构模型，

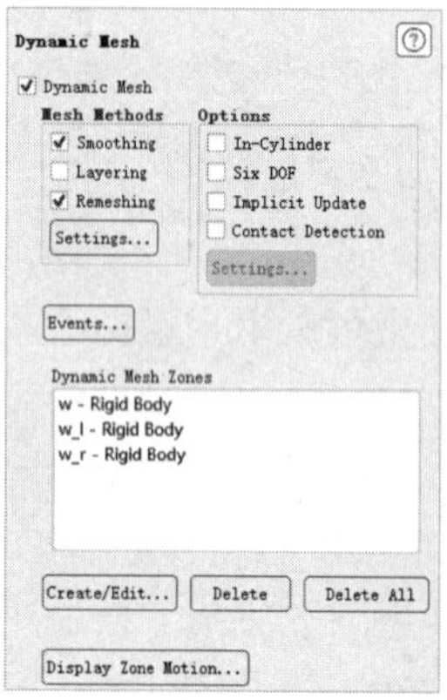

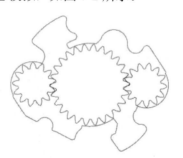

图 7-1 Dynamic Mesh 对话框

则动边界上的表面网格必须满足下列条件。

① 需要进行局部调整的表面网格是三角形（三维）或直线（二维）。

② 被重新划分的面网格单元必须紧邻动网格节点。

③ 表面网格单元必须处于同一个面上，并构成一个循环。

④ 被调整单元不能是对称面（线）或正则周期性边界的一部分。

选择 Solution Setup→ Dynamic Mesh 命令，弹出 Dynamic Mesh 对话框，如图 7-1 所示。对话框中显示了可供选择的三种网格重构的方法，一旦选择了其中的某种方法，对话框将会扩展以包含该模型相应的设置参数。

7.2 齿轮泵的动态模拟

7.2.1 案例简介

齿轮泵内部的动态模拟有助于真实地反映泵内流动的变化，本案例为对一个大齿轮带动两个小齿轮转动进行动态模拟，如图 7-2 所示。

图 7-2 齿轮模型

通过对齿轮动态过程进行数值模拟，得到齿轮泵内的速度场和压力场的计算结果，并对结果进行分析说明。

7.2.2 Fluent 求解计算设置

1. 启动 Fluent-2D

（1）在 Windows 系统中启动 Fluent，进入 Fluent Launcher 界面。

（2）选择 Dimension→2D 单选按钮和 Double Precision 复选框，Display Options 下的复选按钮可按个人喜好进行勾选，如导入网格后显示网格（Display Mesh After Reading），

如图 7-3 所示。对于一些大的模型，为了节省内存，可以取消选择 Display Mesh After Reading 复选框。

（3）其他保持默认设置即可，单击 Start 按钮，进入 Fluent Launcher 主界面窗口。

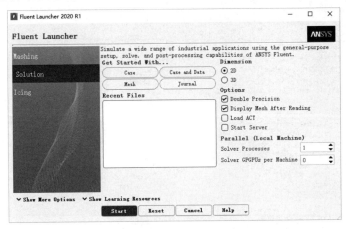

图 7-3　Fluent 启动界面

2．导入并检查网格

（1）选择 File→Read→Mesh 命令，在弹出的 Select File 对话框中导入 chilun.msh 二维网格文件。

（2）选择功能区 Domain→Mesh→Info→Size 命令，得到如图 7-4 所示的模型网格信息：有 210866 个网格单元，319915 个网格面，109047 个节点。

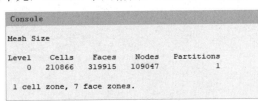

图 7-4　Fluent 网格信息

（3）选择 Mesh→Check 命令。反馈信息如图 7-5 所示，可以看到计算域二维坐标的上下限，检查最小体积和最小面积是否为负数。

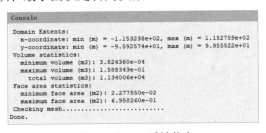

图 7-5　Fluent 反馈信息

3．求解器参数设置

（1）选择 Setup→General 命令，如图 7-6 所示，在出现的 General 面板中进行求解器的设置。

（2）选择非稳态计算，在 Time 下选择 Transient 单选按钮，如图 7-7 所示。

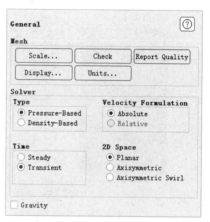

图 7-6　求解器工具条选择　　　　　图 7-7　求解参数设置

（3）选择图 7-6 中的 Models 命令，对求解模型进行设置，如图 7-8 所示。

（4）双击 Viscous-laminar 选项，弹出湍流模型设置对话框，选择 k-epsilon（2 eqn）选项，并选择 RNG 作为 k-epsilon Model，如图 7-9 所示，单击 OK 按钮完成设置。

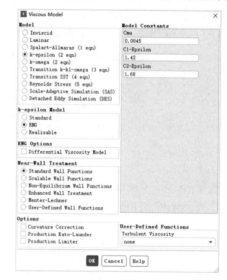

图 7-8　计算模型选择　　　　　图 7-9　湍流模型选择

4．定义材料物性

（1）选择图 7-6 中的 Materials 命令，在出现的 Materials 面板中对所需材料进行设置。

（2）双击面板中的 Fluid 选项，如图 7-10 所示，弹出材料物性参数设置对话框。

（3）在材料物性参数设置对话框中，Name 栏输入 oil，并按图 7-11 所示设置密度和黏度，单击 Change/Create 按钮后，再单击 Yes 按钮，覆盖原有材料。

图 7-10　材料选择面板

图 7-11　材料物性参数设置

5．区域条件设置

（1）选择图 7-6 中的 Cell Zone Conditions 命令，在弹出的 Cell Zone Conditions 面板中对区域条件进行设置，如图 7-12 所示。

（2）选择面板中的 fluid 选项，单击 Edit 按钮，弹出 Fluid 对话框，保持默认参数，如图 7-13 所示，单击 OK 按钮完成设置。

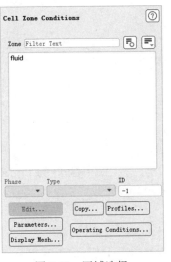

图 7-12　区域选择

图 7-13　区域属性设置

6．边界条件设置

（1）选择图 7-6 中的 Boundary Conditions 命令，在打开的 Boundary Conditions 面板中对边界条件进行设置，如图 7-14 所示。

（2）选择面板中的 in 选项，确保 Type 类型为 pressure-inlet，单击 Edit 按钮，弹出 Pressure Inlet 对话框，设置如图 7-15 所示。

图 7-14 边界条件面板

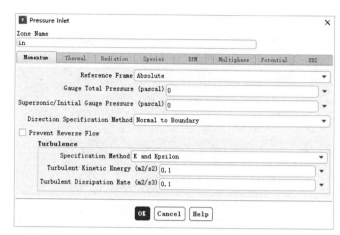

图 7-15 Pressure Inlet 对话框

（3）选择面板中的 out 选项，确保 Type 类型为 pressure-outlet，单击 Edit 按钮，弹出 Pressure Outlet 对话框，设置如图 7-16 所示。

图 7-16 Pressure Outlet 对话框

7．Profiles 文件导入

（1）选择 File→Read→Profiles 命令，弹出 Profiles 对话框，将已经编写好的 Profile 文件导入，如图 7-17 所示。

（2）Profile 文档用记事本编写，如图 7-18 所示。

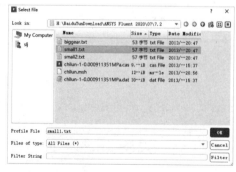

图 7-17 导入 Profiles 文件

图 7-18 Profile 文档

8．动网格设置

（1）选择图 7-6 中的 Dynamic Mesh 命令，打开 Dynamic Mesh 面板，选择 Dynamic Mesh 复选框，在 Mesh Methods 下选择 Smoothing 和 Remeshing 复选框，如图 7-19 所示。

（2）单击 Mesh Methods 下的 Settings 按钮，弹出 Mesh Method Settings 对话框，选择 Smoothing 选项卡，设置 Spring Constant Factor 为 0.5，Convergence Tolerance 为 0.001，Maximum Number of Iterations 为 20，如图 7-20 所示。

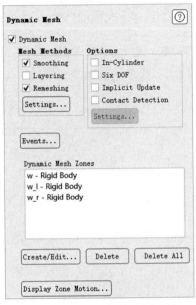
图 7-19　动网格设置面板

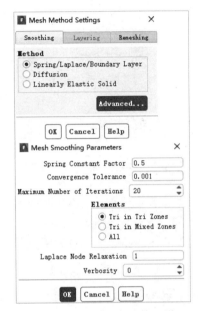
图 7-20　弹簧光顺网格设置

（3）选择 Remeshing 选项卡，打开网格重构设置。设置 Minimum Length Scale(m) 为 0.00003，Maximum Length Scale(m) 为 0.00006，Maximum Cell Skewness 为 0.4，如图 7-21 所示。

（4）回到 Dynamic Mesh 面板，单击 Create/Edit 按钮，弹出 Dynamic Mesh Zones 对话框，在 Zone Names 下拉列表中选择 w 选项，在 Motion UDF/Profile 下拉列表中选择 b 选项，设置 Center of Gravity Location 为（0,0），单击 Create 按钮，创建大齿轮运动特性。

重复上述操作，在 Zone Names 下拉列表中选择 w_l 选项，Motion UDF/Profile 下拉列表中选择 s1 选项，设置 Center of Gravity Location 为（-0.0825,0），单击 Create 按钮，创建左侧齿轮运动特性。

重复上述操作，在 Zone Names 下拉列表中选择 w_r 选项，Motion UDF/Profile 下拉列表中选择 s2 选项，设置 Center of Gravity Location 为（0.0825,0），单击 Create 按钮，创建右侧齿轮运动特性，最终结果如图 7-22 所示。

图 7-21　网格重构设置

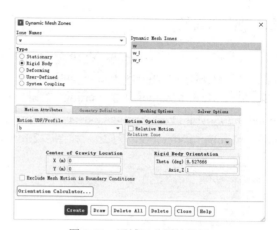
图 7-22　区域运动属性设置

7.2.3　求解计算

1．求解控制参数

（1）选择图 7-6 中的 Solution→Methods 命令，在弹出的 Solution Methods 面板中对求解控制参数进行设置。

（2）在 Scheme 下拉列表中选择 SIMPLE，在 Pressure 下拉列表中选择 PRESTO!，如图 7-23 所示。

2．求解松弛因子设置

（1）选择图 7-6 中的 Solution→Controls 命令，在弹出的 Solution Controls 面板中对求解松弛因子进行设置。

（2）面板中相应的松弛因子选择默认设置，如图 7-24 所示。

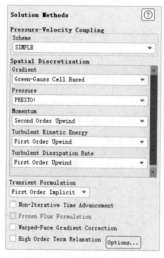
图 7-23　求解方法设置

图 7-24　松弛因子设置

3. 收敛临界值设置

（1）如图 7-25 所示，选择 Solution→Monitors 命令，打开 Monitors 面板。

（2）双击 Monitors 面板中的 Residuals-Print,Plot 选项，弹出 Residual Monitors 对话框，如图 7-26 所示，单击 OK 按钮完成设置。

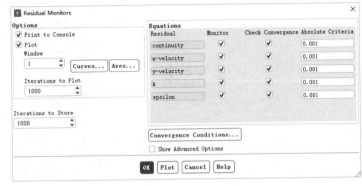

图 7-25　残差设置面板　　　　图 7-26　修改迭代残差

4. 流场初始化设置

（1）选择图 7-6 中的 Solution→Initialization 命令，打开 Solution Initialization 面板。

（2）在弹出的 Solution Initialization 面板中进行初始化设置。在 Initialization Methods 下选择 Standard Initialization 选项，在 Compute from 下拉列表中选择 all-zones，其他保持默认，单击 Initialize 按钮完成初始化。

5. 数据保存设置

（1）选择 Setup→Solution→Calculation Activities 命令，打开 Calculation Activities 面板，设置 Autosave Every(Time Steps)为 10，表示每计算十个时间步，保存一次计算数据。

（2）在功能区 Solution 中单击 Activities 下的 Create/Edit 按钮，打开 Animation Definition 对话框，在 Record after every 中填写 1，选择 time-step，如图 7-27 所示。

（3）单击 Define 按钮，弹出动画设置对话框，选择 In Memory 选项，在 Window 选项中填入 2，单击 Set 按钮；在 Display Type 中选择 Contours，并单击 Edit 按钮。在弹出的设置面板中，选择想要观察的变化云图，单击 Display 按钮，即可观察计算域内的初始云图，单击 OK 按钮关闭对话框。

6. 迭代计算

（1）选择 File→Write→Case&Data 命令，弹出 Select File 窗口，保存数据文件为 chilun-1.case 和 chilun-1.data。

（2）选择 Solution→ Run Calculation 命令，打开 Run Calculation 面板。

（3）设置 Number of Time Steps 为 1000000，Time Step Size(s)为 1e-6，如图 7-28 所示。

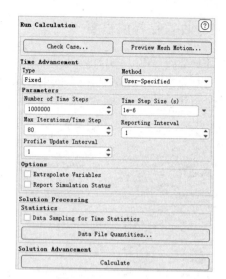

图 7-27 动画保存设置　　　　图 7-28 迭代设置对话框

（4）单击 Calculate 按钮进行迭代计算。

（5）迭代计算至 3056 步时，计算完成，残差监视窗口如图 7-29 所示。

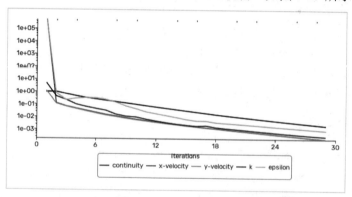

图 7-29 残差监视窗口

7.2.4 计算结果后处理及分析

1. 云图显示

（1）选择 File→Read→Case&Data 命令，导入计算完成任意时刻的 Case 和 Date 文件，即可观看任意时刻的云图。选择 Results→Graphics and Animations 命令，打开 Graphics and Animations 面板。

（2）双击 Graphics→Contours（或者选中 Contours，然后单击 Set Up 按钮）选项，弹出 Contours 对话框，如图 7-30 所示，单击 Display 按钮，显示压力云图，如图 7-31 所示。

图 7-30　压力云图绘制设置

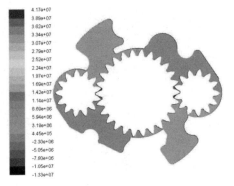

图 7-31　压力云图

（3）重复上述操作，在 Contours of 下拉列表中选择 Velocity 选项，单击 Display 按钮，显示速度云图，如图 7-32 所示。

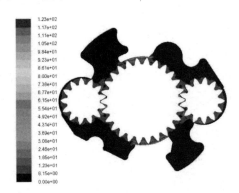

图 7-32　速度云图

2．矢量显示

双击 Graphics→Vectors（或者选中 Vectors，然后单击 Set Up 按钮）选项，弹出 Vectors 对话框，如图 7-33 所示。在 Scale 文本框中输入 1，Skip 文本框中输入 50，单击 Display 按钮，显示速度矢量云图，如图 7-34 所示。

图 7-33　速度矢量图绘制设置

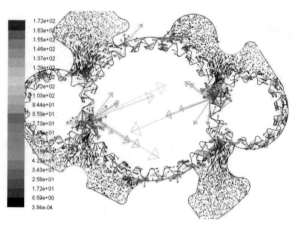

图 7-34 速度矢量云图

3．流线显示

双击 Graphics→Pathlines（或者选中 Pathlines，然后单击 Set Up 按钮）选项，弹出 Pathlines 对话框，如图 7-35 所示。在 Steps 文本框中输入 500，Path Skip 文本框中输入 2，在 Release from Surface 下的列表中选择 w、w_l、w_r、然后单击 Save/Display 按钮，显示流线图，如图 7-36 所示。

图 7-35 流线绘制设置

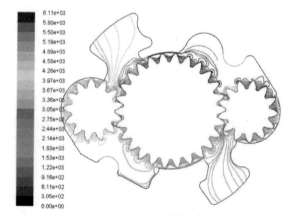

图 7-36 流线图

4．动画显示

（1）双击 Animations 下的 Solution Animation Playback 选项，对动画进行设置。

（2）在弹出的 Animate 对话框中设置 Playback Mode 为 Play Once，单击播放按钮进行动画观看，如图 7-37 所示。

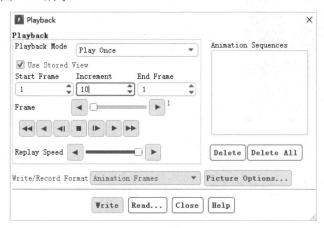

图 7-37　动画设置

7.3　水波的动态模拟

7.3.1　案例简介

本案例为水波随时间变化的动态模拟，模型如图 7-38 所示，上方为压力出口边界，其余为壁面，设置 UDF 来模拟水面的初始变化。

图 7-38　案例模型

7.3.2　Fluent 求解计算设置

1．启动 Fluent-2D

（1）在 Windows 系统中启动 Fluent，进入如图 7-39 所示的 Fluent Launcher 界面。

（2）选择 Dimension→2D 单选按钮和 Double Precision 复选框，Display Options 下的复选框可按个人喜好进行勾选，如导入网格后显示网格（Display Mesh After Reading），对于一些大的模型，可以取消 Display Mesh After Reading 选项，以减少内存消耗。

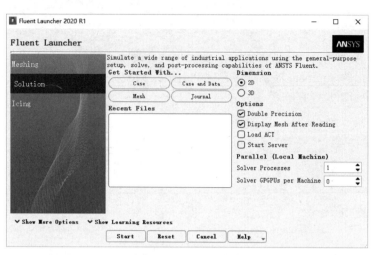

图 7-39　Fluent 界面

（3）其他保持默认设置即可，单击 Start 按钮，进入 Fluent 主界面窗口。

2. 导入并检查网格

（1）选择 File→Read→Mesh 命令，在弹出的 Select File 对话框中导入 zaobo.msh 二维网格文件。

（2）选择功能区 Domain→Mesh→Info→Size 命令，得到如图 7-40 所示的模型网格信息：有 35000 个网格单元，70450 个网格面，35451 个节点。

```
Mesh Size

Level    Cells    Faces    Nodes    Partitions
    0    35000    70450    35451             1

 1 cell zone, 7 face zones.
```

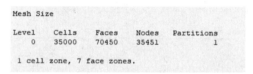

图 7-40　Fluent 网格信息

（3）选择 Mesh→Check 命令。Fluent 反馈信息如图 7-41 所示，可以看到计算域二维坐标的上下限，检查最小体积和最小面积是否为负数。

```
Console

 Domain Extents:
   x-coordinate: min (m) = 0.000000e+00, max (m) = 1.700000e+01
   y-coordinate: min (m) = 0.000000e+00, max (m) = 3.000000e+00
 Volume statistics:
   minimum volume (m3): 3.463058e-04
   maximum volume (m3): 6.432780e-03
     total volume (m3): 5.100000e+01
 Face area statistics:
   minimum face area (m2): 1.182042e-02
   maximum face area (m2): 1.066573e-01
 Checking mesh...........................
Done.
```

图 7-41　Fluent 反馈信息

3. 求解器参数设置

（1）选择 Setup→General 命令，如图 7-42 所示，在出现的 General 面板中进行求解器的设置。

(2）选择非稳态计算，在 Time 下选中 Transient 单选按钮，勾选 Gravity 复选框，并设置图 7-43 中的 Y 方向重力加速度为-9.8，如图 7-43 所示。

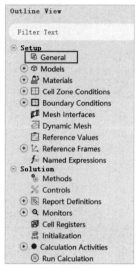

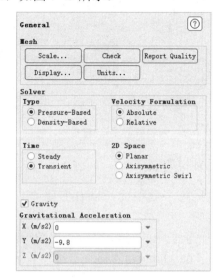

图 7-42　求解器工具条选择

图 7-43　求解参数设置

（3）选择图 7-42 中的 Model 命令，对求解模型进行选择，如图 7-44 所示。

（4）双击 Multiphase-Off 选项，弹出 Multiphase Model 对话框，选择 Volume of Fluid 单选按钮，并勾选 Implicit Body Force 复选框，如图 7-45 所示。

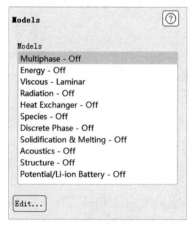

图 7-44　计算模型选择

图 7-45　多项流设置

（5）双击 Viscous-laminar 选项，弹出湍流模型设置窗口，保持默认的 Laminar 选项，如图 7-46 所示，单击 OK 按钮完成设置。

4．编译 UDF 文件

选择功能区 User-Defined→Functions→Interpreted...命令，弹出 Interpreted UDFs 对话框，单击 Browse 按钮，导入编辑好的.c 文件，如图 7-47 所示。

图 7-46　湍流模型设置窗口　　　　　　图 7-47　Profiles 文件导入

5．定义材料物性

（1）选择图 7-42 中的 Materials 命令，在出现的 Materials 面板中对所需材料进行设置。

（2）双击面板中的 Fluid 选项，如图 7-48 所示，弹出材料物性参数设置对话框。

（3）从 Fluent Fluid Materials 下选择 water-liquid(h2o<l>)，如图 7-49 所示；然后依次单击 Copy 和 Close 按钮。

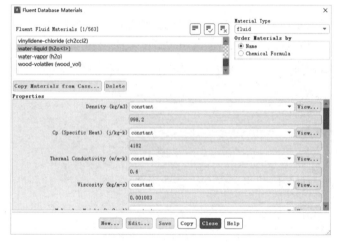

图 7-48　材料选择面板　　　　　　　　图 7-49　材料物性参数

（4）修改 water-liquid 的参数，从 Density 下拉列表中选择 user-defined，在同时弹出的对话框中选择 x_mom_source，并单击 OK 按钮；在 Speed of Sound 下拉列表中选择 user-defined，在同时弹出的对话框中选择 y_mom_source，并单击 OK 按钮；最后单击 Change/Create 按钮完成设置，如图 7-50 所示。

6．物相设置

选择 Models 中 Multiphase 下的 Phases 按钮，弹出物相对话框，双击 phase-1，打开 Primary Phase 对话框，在 name 中输入 air，并在 Phase Material 中的下拉列表中选择 air，然后单击 OK 完成操作；同样设置 secondary phase 为 water，如图 7-51 所示。

图 7-50　材料物性参数

7．区域条件设置

（1）选择图 7-42 中的 Cell Zone Conditions 命令，在弹出的 Cell Zone Conditions 面板中对区域条件进行设置，如图 7-52 所示。

（2）选择面板中的 fluid 选项，单击 Edit 按钮弹出 Fluid 对话框，勾选 Source Terms 复选框，如图 7-53 所示，单击 OK 按钮完成设置。

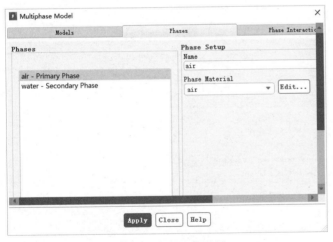

图 7-51　物相参数设置

图 7-52　区域选择

8．边界条件设置

（1）选择图 7-42 中的 Boundary Conditions 命令，在弹出的 Boundary Conditions 面板中对边界条件进行设置，如图 7-54 所示。

（2）选择面板中的 out-1 选项，确保 Type 类型为 pressure-outlet，单击 Edit 按钮，弹出 Pressure Outlet 对话框，保持默认设置即可，如图 7-55 所示。

（3）选择面板中的 out-2 选项，确保 Type 类型为 pressure-outlet，单击 Edit 按钮，弹出 Pressure Outlet 对话框，如图 7-56 所示设置出口边界条件。

图 7-53 区域属性设置

图 7-54 边界条件面板

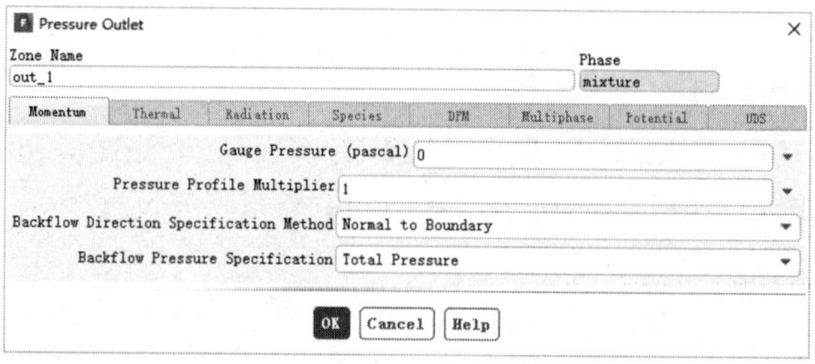

图 7-55 出口边界条件设置（一）

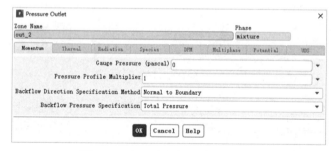

图 7-56 出口边界条件设置（二）

9. 动网格设置

（1）选择图 7-42 中的 Dynamic Mesh 命令，打开 Dynamic Mesh 面板，选择 Dynamic Mesh 复选框和 Layering 复选框，如图 7-57 所示。

（2）单击 Create/Edit 按钮，弹出 Dynamic Mesh Zones 对话框，如图 7-58 所示，zaobo 边界设置为 Regid Body。再分别设置 interior 为 stationary 类型，out_1 和 wall_yundong 为 Deforming 类型。

 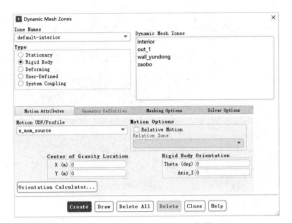

图 7-57　动网格设置面板　　　　图 7-58　区域运动属性设置

7.3.3　求解计算

1．求解控制参数

（1）选择 Solution→Methods 命令，在弹出的 Solution Methods 面板中对求解控制参数进行设置。

（2）在 Scheme 下拉列表中选择 SIMPLE，如图 7-59 所示。

2．求解松弛因子设置

（1）选择 Solution→Controls 命令，在弹出的 Solution Controls 面板中对求解松弛因子进行设置。

（2）面板中相应的松弛因子选择默认设置，如图 7-60 所示。

图 7-59　求解方法设置　　　　图 7-60　松弛因子设置

3．收敛临界值设置

（1）选择 Solution→Monitors 命令，打开 Monitors 面板，如图 7-61 所示。

（2）双击 Monitors 面板中的 Residuals-Print,Plot 选项，弹出 Residual Monitors 对话框，如图 7-62 所示，单击 OK 按钮完成设置。

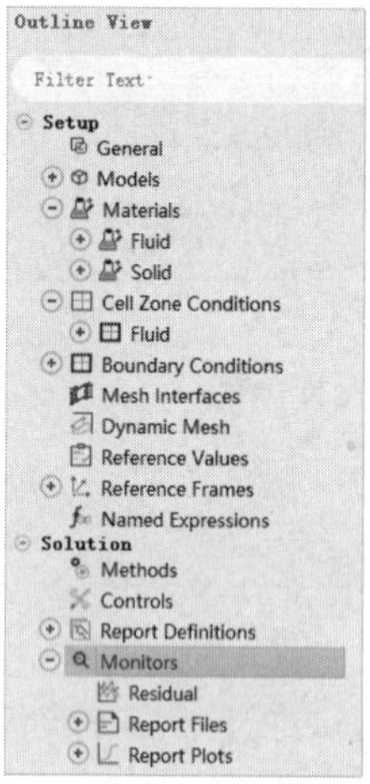

图 7-61　Monitors 面板 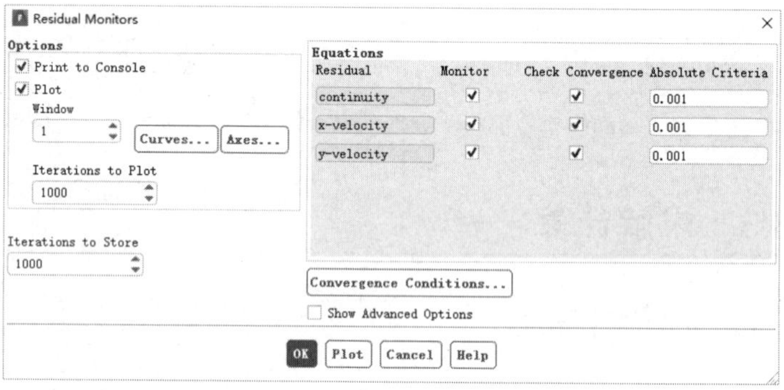　　　　图 7-62　Residual Monitors 对话框

4．流场初始化设置

（1）选择 Solution→Solution Initialization 命令，打开 Solution Initialization 面板。

（2）在 Solution Initialization 面板中进行初始化设置。在 Initialization Methods 下拉列表中选择 Standard Initialization 选项，Compute from 下拉列表中选择 all-zones，其他保持默认，单击 Initialize 按钮完成初始化。

5．数据保存设置

（1）选择 Solution→Calculation Activities 命令，打开 Calculation Activities 面板，设置 Autosave Every(Time Steps)为 10，表示每计算十个时间步，保存一次计算数据。

（2）在功能区 Solution 中单击 Activities 下的 Create/Edit 按钮，选择 Solution Animation 对话框，在 Record after every 中填写 1，选择 time step，如图 7-63 所示。

（3）单击 New Object 按钮，选择 Contours，在弹出的设置面板中，选择想要观察的变化云图单击 Display 按钮即可，观察计算域内的初始云图，单击 OK 按钮关闭对话框。

6．迭代计算

（1）选择 File→Write→Case&Data 命令，弹出 Select File 对话框，保存数据文件为 zaobo.case 和 zaobo.data。

（2）选择 Solution→Run Calculation 命令，打开 Run Calculation 面板。

（3）设置 Number of Time Steps 为 100000，Time Step Size(s)为 0.0005，如图 7-64 所示。

（4）单击 Calculate 按钮进行迭代计算。

图 7-63　动画保存设置

图 7-64　Run Calculation 面板

7.3.4　计算结果后处理及分析

1．云图显示

（1）选择 File→Read→Case&Data 命令，导入计算完成任意时刻的 Case 和 Date 文件，观测所示时间的动态特性。选择 Results→Graphics and Animations 命令，打开 Graphics and Animations 面板。

（2）双击 Contours（或者选中 Contours，然后单击 Set Up）选项，弹出 Contours 对话框，如图 7-65 所示，单击 Display 按钮，显示压力云图，如图 7-66 所示。

图 7-65　压力云图绘制设置

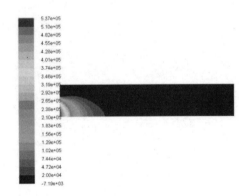

图 7-66　压力云图

（3）重复上述操作，在 Contours 对话框的 Contours of 下拉列表中选择 Velocity 选项，单击 Display 按钮，显示速度云图，如图 7-67 所示。

2．动画显示

（1）双击 Animations 下的 Solution Animation Playback 选项，对动画进行设置。

（2）在弹出的 Playback 对话框中设置 Playback Mode 为 Play Once，右侧选择

Sequence-1 选项，单击"开始"按钮，进行动画观看。

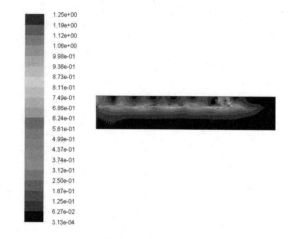

图 7-67　速度云图

7.4　钻头运动的动态模拟

7.4.1　案例简介

本案例为钻头运动的动态模拟，模型如图 7-68 所示，设置 UDF 模拟钻头的运动。

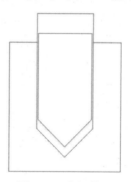

图 7-68　案例模型

7.4.2　Fluent 求解计算设置

1. 启动 Fluent-2D

（1）在 Windows 系统中启动 Fluent，进入 Fluent Launcher 界面。

（2）选择 Dimension→2D 单选按钮和 Double Precision 复选框，Display Options 下的复选按钮可按个人喜好进行勾选，如导入网格后显示网格（Display Mesh After Reading）。对于一些大的模型，可以取消选择 Display Mesh After Reading 复选框，以减少内存的消耗。

(3)其他保持默认设置即可,单击 OK 按钮,进入 Fluent 主界面窗口。

2.导入并检查网格

(1)选择 File→Read→Mesh 命令,在弹出的 Select File 对话框中导入 zuantou.msh 二维网格文件。

(2)选择功能区 Domain→Mesh→Info→Size 命令,得到如图 7-69 所示的模型网格信息:有 23308 个网格单元,35679 个网格面,12374 个节点。

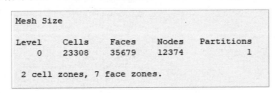

图 7-69　Fluent 网格信息

(3)选择 Mesh→Check 命令,反馈信息如图 7-70 所示,可以看到计算域二维坐标的上下限,检查最小体积和最小面积是否为负数。

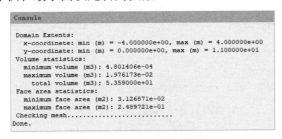

图 7-70　Fluent 反馈信息

3.求解器参数设置

(1)选择左边 Setup→General 命令,如图 7-71 所示,在出现的 General 面板中进行求解器设置。

(2)选择非稳态计算,在 Time 下选择 Transient 单选按钮,如图 7-72 所示。

图 7-71　求解器工具条选择　　　　图 7-72　求解参数设置

（3）选择图 7-71 中的 Model 命令，对求解模型进行设置，如图 7-73 所示。

（4）双击 Viscous-laminar 选项，弹出湍流模型设置窗口，选择 k-epsilon(2 eqn)选项，如图 7-74 所示，单击 OK 按钮完成设置。

图 7-73　计算模型选择

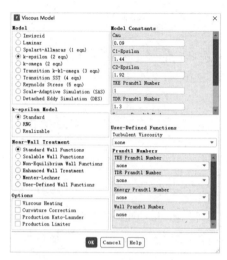

图 7-74　湍流模型选择

4．编译 UDF 文件

选择功能区 User-Defined→Functions→Interpreted 命令，弹出 Interpreted UDFs 对话框，单击 Browse 按钮，导入编辑好的.c 文件，如图 7-75 所示。

5．定义材料物性

（1）选择图 7-71 中的 Materials 命令，在出现的 Materials 面板中对所需材料进行设置。

（2）双击面板中的 Fluid 选项，如图 7-76 所示，弹出材料物性参数设置对话框，保持默认设置。

图 7-75　导入 Profiles 文件

图 7-76　Materials 面板

（3）双击面板中 Solid 选项，弹出固体材料物性参数设置对话框，在 Name 文本框中输入 bone，并修改 Density 为 1700，Cp 为 1260，Thermal Conductivity 为 0.38，单击 Change/Create 按钮完成设置，单击 Close 按钮关闭对话框，如图 7-77 所示。

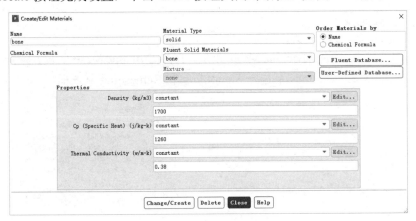

图 7-77　材料物性参数

6．区域条件设置

（1）选择图 7-71 中的 Cell Zone Conditions 命令，在弹出的 Cell Zone Conditions 面板中对区域条件进行设置，如图 7-78 所示。

（2）选择面板中的 air 选项，在下方 Type 类型中选择 Fluid，单击 Edit 按钮弹出 Fluid 对话框，确保材料为 air；同样选择面板中的 gutou 选项，在下方 Type 类型中选择 Solid，单击 Edit 按钮弹出 Solid 对话框，确保材料为 bone。

7．边界条件设置

（1）选择图 7-71 中的 Boundary Conditions 命令，在打开的 Boundary Conditions 面板中对边界条件进行设置，如图 7-79 所示。

图 7-78　区域选择

图 7-79　Boundary Conditions 面板

（2）选择面板中的 out 选项，确保 Type 类型为 pressure-outlet，单击 Edit 按钮，弹出 Pressure Outlet 对话框，设置 Backflow Trubulent Kinetic Energy 为 0.1，Backflow Trubulent Dissipation Rate 为 0.1，单击 OK 按钮完成设置，如图 7-80 所示。

8．动网格设置

（1）选择图 7-71 中的 Dynamic Mesh 命令，打开 Dynamic Mesh 面板，选择 Dynamic Mesh 复选框，在 Mesh Methods 下选择 Smoothing 和 Remeshing 复选框，如图 7-81 所示。

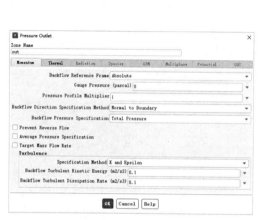

图 7-80　出口边界条件设置

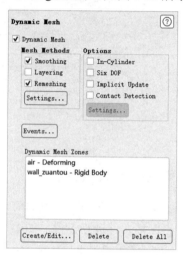

图 7-81　Dynamic Mesh 面板

（2）单击 Setting 按钮，打开 Mesh Method Setting 面板，按图 7-82 和 7-83 所示分别设置。

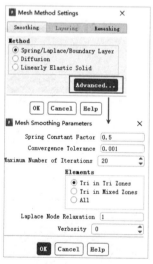

图 7-82　动网格光顺设置

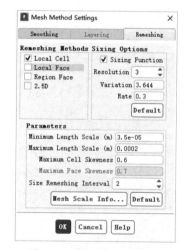

图 7-83　动网格重构设置

（3）单击 Create/Edit 按钮，弹出 Dynamic Mesh Zones 对话框，按图 7-84 和图 7-85 所示分别设置 air 为 Deforming 类型，wall_zuantou 边界设置为 Regid Body。

图 7-84 区域运动属性设置（一）

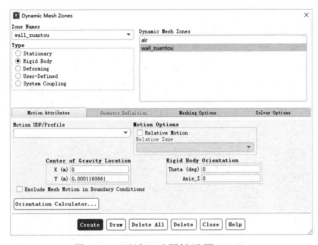

图 7-85 区域运动属性设置（二）

7.4.3 求解计算

1. 求解控制参数

（1）选择 Solution→Methods 命令，在打开的 Solution Methods 面板中对求解控制参数进行设置。

（2）在 Scheme 下拉列表中选择 SIMPLE，在 Pressure 下拉列表中选择 PRESTO!，如图 7-86 所示。

2. 求解松弛因子设置

（1）选择 Solution→Controls 命令，在打开的 Solution Controls 面板中对求解松弛因子进行设置。

（2）面板中相应的松弛因子如图 7-87 所示。

图 7-86 求解方法设置

图 7-87 松弛因子设置

3．收敛临界值设置

（1）选择 Solution→Monitors 命令，打开 Monitors 面板，如图 7-88 所示。

（2）双击 Monitors 面板中 Residuals-Print,Plot 选项，打开 Residual Monitors 对话框，如图 7-89 所示，单击 OK 按钮完成设置。

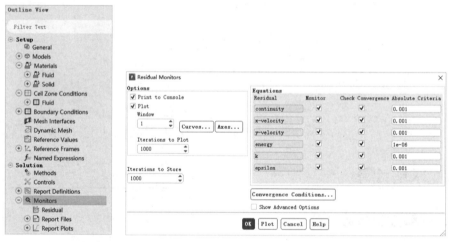

图 7-88 残差设置面板　　　　　图 7-89 修改迭代残差

4．流场初始化设置

（1）选择 Solution→Solution Initialization 命令，打开 Solution Initialization 面板。

（2）在 Solution Initialization 面板中进行初始化设置。在 Initialization Methods 下选择 Standard Initialization 选项，在 Compute from 下拉列表中选择 all-zones，其他保持默认设置，单击 Initialize 按钮完成初始化，如图 7-90 所示。

5. 数据保存设置

（1）选择 Setup→Solution→Calculation Activities 命令，打开 Calculation Activities 面板，设置 Autosave Every(Time Steps)为 20，表示每计算 20 个时间步，保存一次计算数据。

（2）选择功能区 Activities 下 Create/Edit 选项，弹出 Animation Defiuition 对话框，在 Record after every 中填写 1，选择 time-step，如图 7-91 所示。

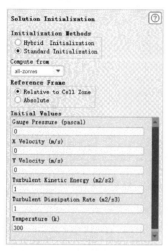

图 7-90　流场初始化设定

图 7-91　动画保存设置

（3）在 Window Id 选项中输入 2，在 New Object 中选择 Contours，弹出图 7-92 所示的对话框，按图进行设置后单击 Display 按钮，即可观察计算域内的温度变化情况。

图 7-92　动画设置

6. 迭代计算

（1）选择 File→Write→Case&Data 命令，弹出 Select File 对话框，保存数据文件为 zuantou.case 和 zuantou.data。

（2）选择 Solution→ Run Calculation 命令，打开 Run Calculation 面板。

（3）设置 Number of Time Steps 设置为 100000，Time Step Size(s) 为 0.001，如图 7-93 所示。

图 7-93　Run Calculation 面板

（4）单击 Calculate 按钮进行迭代计算。

7.4.4　计算结果后处理及分析

1．云图显示

（1）通过 File→Read→Case&Data 命令，导入计算完成任意时刻的 Case 和 Date 文件。选择 Results→Graphics and Animations 命令，打开 Graphics and Animations 面板。

（2）双击 Contours（或者选中 Contours，然后单击 Set Up）选项，弹出 Contours 对话框，如图 7-94 所示，单击 Display 按钮，显示 0.00222s 的压力云图，如图 7-95 所示。

（3）重复上述操作，在 Contours of 下拉列表中选择 Temperature 选项，单击 Display 按钮，显示温度云图，如图 7-96 所示。

图 7-94　压力云图绘制设置

第 7 章　动网格问题的数值模拟

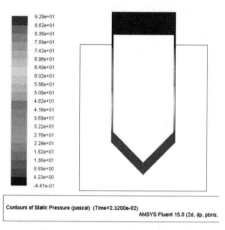

图 7-95　0.00222s 的压力云图

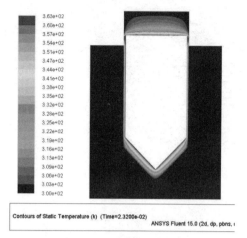

图 7-96　0.00222s 的温度云图

2．动画显示

（1）双击 Animations 下的 Playback 选项，对动画进行设置，如图 7-97 所示。

（2）在弹出的 Playback 对话框中设置 Playback Mode 为 Play Once，在右侧选择 animation-1 选项，单击"开始"按钮，进行动画观看，如图 7-98 所示。

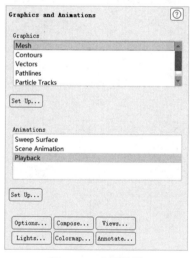

图 7-97　动画设置

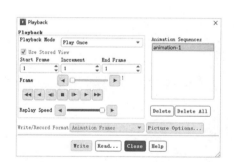

图 7-98　观看动画

7.5　本章小结

本章首先介绍了 Fluent 动网格技术的基础知识，然后对动网格所能求解的实际问题进行阐述，接着对 Fluent 动网格的三种更新方法进行讲解，分别为弹簧光顺模型、动态分层模型和局部网格重构模型。通过实例，对模型的运用进行讲解。通过本章的学习，读者可以掌握使用 Fluent 的 Profile 文件和编写 UDF 程序对动网格进行设置。

第 8 章

组分传输与燃烧

本章介绍化学组分混合和燃烧的数值模拟,通过对案例的学习,使读者初步学会组分传输和气体燃烧模型。

学习目标

(1) 学会利用组分传输模型计算化学反应过程。
(2) 学会利用燃烧模型模拟燃烧过程。
(3) 掌握组分传输与燃烧问题边界条件的设置方法。

8.1 组分传输与燃烧概述

化学反应模型，尤其是湍流状态下的化学反应模型，自 Fluent 软件诞生以来在模拟分析中一直占有很重要的地位。多年来，Fluent 强大的化学反应模拟能力帮助工程师完成了对各种复杂燃烧过程的模拟。

Fluent 可以模拟以下几种化学反应：NO_x 和其他污染形成的气相反应；在固体（壁面）处发生的表面反应（如化学蒸气沉积）；粒子表面反应（如炭颗粒的燃烧），其中的化学反应发生在离散相粒子表面。Fluent 可以模拟具有或不具有组分传输的化学反应。

涡耗散模型，PDF 转换以及有限速率化学反应模型已经加入 Fluent 的主要模型中，包括涡耗散模型、均衡混合颗粒模型、小火焰模型，以及模拟大量气体燃烧、煤燃烧、液体燃料燃烧的预混合模型。

在许多工业应用中，都设计发生在固体表面的化学反应，Fluent 表面反应模型可以用来分析气体和表面组分之间的化学反应及不同表面组分之间的化学反应，以确保表面沉积和蚀刻现象被准确预测。对催化转化、气体重整、污染物控制装置及半导体制造等的模拟都受益于这一技术。

Fluent 的化学反应模型可以和大涡模拟的湍流模型联合使用，这些非稳态湍流模型混合到化学反应模型中，才可能预测火焰的稳定性及燃尽特性。Fluent 提供了几种化学组分输运和反应流的模型，本节大致介绍这些模型。

Fluent 提供了四种模拟反应的模型：通用有限速率模型、非预混燃烧模型、预混燃烧模型和部分预混燃烧模型。

通用有限速率模型是基于组分质量分数的输运方程解，采用所定义的化学反应机制，对化学反应进行模拟。反应速率在这种方法中以源项的形式出现在组分输运方程中，计算反应速度的几种方法是：从 Arrhenius 速度表达式计算、从 Magnussn 和 Hjertager 的涡耗散模型计算或者从 EDC 模型计算。

非预混燃烧模型并不是解每一个组分输运方程，而是解一个或两个守恒标量（混合分数）的输运方程，然后从预测的混合分数分布推导出每一个组分的浓度。该方法主要用于模拟湍流扩散火焰。对于有限速率公式来说，这种方法有很多优点。在守恒标量方法中，通过概率密度函数或 PDF 来考虑湍流的影响。反映机理并不是由我们来确定的，而是使用 flame sheet（mixed-is-burned）方法或化学平衡计算来处理反应系统。层流 flamelet 模型是非预混合燃烧模型的扩展，它考虑了从化学平衡状态形成的空气动力学的应力诱导分离。

预混燃烧模型方法主要用于完全预混合的燃烧系统。在预混燃烧模型中，完全的混合反应物和燃烧物被火焰前缘分开，解出反应发展变量来预测前缘的位置。湍流的影响是通过考虑湍流火焰速度来计算的。

部分预混燃烧模型是用于描述非预混燃烧与完全预混燃烧结合的系统。在这种方法中，解出混合分数方程和反应发展变量来分别确定组分浓度和火焰前缘位置。

解决包括组分输运和反应流动的任何问题，首先都要确定什么模型合适。模型选取的大致方针如下。

通用有限速率模型主要用于化学组分混合、输运和反应的问题，以及壁面或者粒子表面反应的问题（如化学蒸气沉积）。

非预混燃烧模型主要用于包括湍流扩散火焰的反应系统，这个系统接近化学平衡，其中的氧化物和燃料以两个或者三个流道分别流入所要计算的区域。

预混燃烧模型主要用于单一或完全预混合反应物流动。

部分预混燃烧模型主要用于 n 域内具有变化等值比率的预混合火焰的情况。

本章的目的是利用 Fluent 模拟燃烧及化学反应，将用到以下三个 Fluent 中的具体模型：有限速率化学反应（finite rate chemistry）模型、混合组分/PDF 模型以及层流小火焰（laminar imelet）模型。

有限速率化学反应模型的原理是求解反应物和生成物输运组分方程，并由用户来定义化学反应机理反应率作为源项在组分输运方程中通过阿累纽斯方程或涡耗散模型来描述的。有限速率化学反应模型适用于预混燃烧、局部预混燃烧和非预混燃烧。该模型可以模拟大多数气相燃烧问题，在航空航天领域的燃烧计算中有广泛应用。

混合组分模型不求解单个组分输运方程，但求解混合组分分布的输运方程。各组分浓度由混合组分分布求得。混合组分/PDF 模型尤其适合于湍流扩散火焰的模拟和类似的反应过程。在该模型中，用概率密度函数 PDF 来考虑湍流效应。该模型不要求用户显式地定义反应机理，而是通过火焰面方法（即混合燃烧模型）或化学平衡计算来处理，因此，它比有限速率化学反应模型有更多的优势。该模型可应用于非预混燃烧（湍流扩散火焰），可以用来计算航空发动机环形燃烧室中的燃烧问题及火箭发动机中液体（固体）的复杂燃烧问题。

层流小火焰模型是混合组分模型的进一步发展，用来模拟非平衡火焰燃烧。在模拟富油一侧的火焰时，典型的平衡火焰假设失效，就要用到层流小火焰模型。层流小火焰近似法的优点，在于能够将实际的动力效应融合在湍流火焰之中，但层流小火焰模型适合预测中等强度非平衡化学反应的湍流火焰，而不适合反应速度缓慢的燃烧火焰。可以模拟形成 NO_x 中间产物的燃烧问题，可以模拟火箭发动机的燃烧问题和 RAMJET 及 SCRAMJET 的燃烧问题。

在 Model 面板中双击 Species-off 选项，弹出 Species Model 对话框，如图 8-1 所示，显示出了可供选择的组分模型。在默认情况下，Fluent 屏蔽组分计算，一旦选择了某种组分模型，对话框将会扩展以包含该模型相应的设置参数。

图 8-1　Species Model 对话框

Note

8.2 爆炸燃烧的数值模拟

8.2.1 案例简介

本案例是组分概率密度输运模型，对封闭管道内的气体燃烧、爆炸进行数值模拟。二维模型如图 8-2 所示。

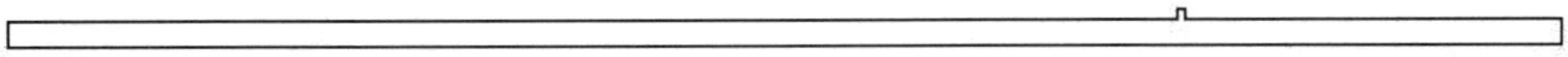

图 8-2　二维模型

8.2.2 Fluent 求解计算设置

1. 启动 Fluent-2D

（1）在 Windows 系统中启动 Fluent，进入 Fluent Launcher 界面。

（2）选择 Dimension→2D 单选按钮，Display Options 下的复选框可按个人喜好进行勾选，如导入网格后显示网格（Display Mesh After Reading）。对于一些大的模型，可以取消选择 Display Mesh After Reading，以减少对内存的消耗。

（3）其他项保持默认设置即可，单击 Start 按钮，进入 Fluent 主界面窗口。

2. 导入并检查网格

（1）选择 File→Read→Mesh 命令，从弹出的 Select File 对话框中导入 baozha.msh 二维网格文件。

（2）选择功能区 Domain→Mesh→Info→Size 命令，得到如图 8-3 所示的模型网格信息：有 26730 个网格单元，54823 个网格面，28094 个节点。

```
Mesh Size

Level    Cells    Faces    Nodes    Partitions
    0    26730    54823    28094             1

 1 cell zone, 3 face zones.
```

图 8-3　Fluent 网格数量信息

（3）选择 Mesh→Check 命令，反馈信息如图 8-4 所示，可以看到计算域二维坐标的上下限，检查最小体积和最小面积是否为负数。

```
Console

Domain Extents:
  x-coordinate: min (m) = 0.000000e+00, max (m) = 4.000000e+01
  y-coordinate: min (m) = 0.000000e+00, max (m) = 9.000000e-01
Volume statistics:
  minimum volume (m3): 8.871350e-04
  maximum volume (m3): 9.011724e-04
    total volume (m3): 2.406210e+01
Face area statistics:
  minimum face area (m2): 2.957143e-02
  maximum face area (m2): 3.003988e-02
Checking mesh.........................
Done.
```

图 8-4　Fluent 网格信息

3. 求解器参数设置

(1) 选择 Setup→General 命令，在出现的 General 面板中进行求解器的设置。
(2) 保持面板中的默认单位为 m，保持默认设置，如图 8-5 所示。
(3) 在 General 面板中选择非稳态计算，在 Time 下选择 Transient 单选按钮，如图 8-6 所示。

图 8-5 单位面板

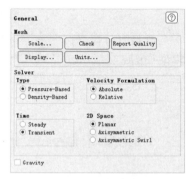

图 8-6 求解器设置

(4) 选择 File→Import→CHEMKIN Mechanism 命令，弹出 CHEMKIN Mechanism Import 对话框，分别导入反应机理文件 trq-skel.che 和热力学文件 therm.dat，如图 8-7 所示。

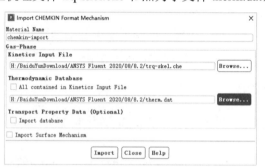

图 8-7 导入文件设置

(5) 如图 8-8 所示，双击 Energy-off 选项（或选中 Energy-off，单击 Edit 按钮），打开 Energy（能量方程）对话框。
(6) 在弹出的对话框中选择 Energy Equation 复选框，如图 8-9 所示，单击 OK 按钮，启动能量方程。

图 8-8 能量方程选择

图 8-9 能量方程的启动面板

(7) 在 Models 面板中双击 Viscous 选项，弹出 Viscous Model 对话框，湍流模型选择其中的 k-epsilon(2 eqn)选项，如图 8-10 所示，单击 OK 按钮完成设置。

图 8-10　湍流模型选择

(8) 再次在 Models 面板中双击 Species-off 选项，弹出 Species Model 对话框，选择 Composition PDF Transport 单选按钮，在 Reactions 下选择 Volumetric 复选框，如图 8-11 所示，单击 OK 按钮。

4．定义材料物性

(1) 选择求解器工具条中的 Materials 命令，在出现的 Materials 面板中对所需材料进行设置，如图 8-12 所示。

(2) 双击面板中的 Chemkin-import 选项，确保 Cp 下拉列表中选择了 mixing-law 选项；对 Reaction 选项，单击 Edit 按钮，并确保 Total Number of Reaction 为 41。单击 OK 按钮，关闭 Reactions 对话框；单击 Change/Create 按钮，关闭 Materials 面板。

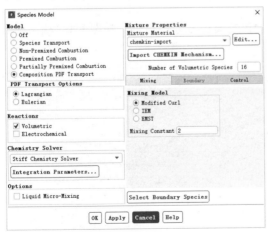

图 8-11　组分传输模型选择

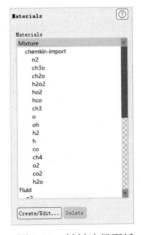

图 8-12　材料选择面板

5. 区域条件设置

（1）选择求解器工具条中的 Cell Zone Conditions 命令，在弹出的 Cell Zone Conditions 面板中对区域条件进行设置，如图 8-13 所示。

（2）选择面板中的 fluid 选项，单击 Edit 弹出 Fluid 对话框，确保勾选了 Reaction 复选框，并在 Reaction 选项卡下确保 Reaction Mechanism 为 mechanism-1，如图 8-14 所示。

图 8-13 区域选择

图 8-14 属性设置

8.2.3 求解计算

1. 求解控制参数

（1）选择 Solution→Methods 命令，在弹出的 Solution Methods 面板中对求解控制参数进行设置。

（2）在 Pressure 下选择 PRESTO!，其余默认，如图 8-15 所示。

2. 求解松弛因子设置

（1）选择 Solution→Controls 命令，在弹出的 Solution Controls 面板中对求解松弛因子进行设置。

（2）松弛因子中 Momentum 为 0.2，其余保持默认设置，如图 8-16 所示。

图 8-15 求解方法设置

图 8-16 松弛因子设置

3. 收敛临界值设置

（1）选择 Solution→ Monitors 命令，打开 Monitors 面板，如图 8-17 所示。

（2）双击 Monitors 面板中 Residuals-Print,Plot 选项，弹出 Residual Monitors 对话框，保持默认设置，如图 8-18 所示，单击 OK 按钮完成设置。

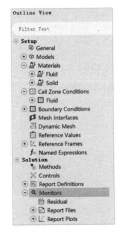

图 8-17　残差设置面板　　　　　图 8-18　修改迭代残差

4. 流场初始化及点火设置

（1）选择 Solution→Cell Registers→New→Region 命令，弹出 Region Registers 对话框，在 Options 选项下选择 Inside 选项，在 Shape 选项下选择 Circle 单选按钮，并在 Input Coordnates 下设置 X Center（m）为 5，Y Center（m）为 0.3，Radius（m）为 0.3，然后单击 Mark 按钮，最后关闭对话框，如图 8-19（a）所示。

（2）选择 Solution→Solution Initialization 命令，打开 Solution Initialization 面板。

（3）在 Solution Initialization 面板中进行初始化设置。在 Initialization Methods 下选择 Standard Initialization 选项，Compute from 下拉列表中选择 all-zones，其他保持默认，单击 Initialize 完成初始化，如图 8-19（b）所示。

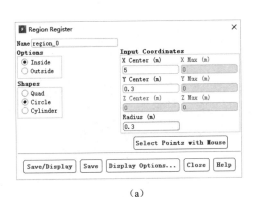

（a）　　　　　　　　　　　（b）

图 8-19　Region 设置和流场初始化设置

（4）初始化完成后，单击 Patch 按钮，弹出 Patch 对话框，如图 8-20 所示。在左侧 Variable 中选择 Temperature，在 Registers to Patch 中选择 sphere_r0，并在 Value（k）中输入 2000，单击 Patch 按钮，完成操作后关闭。

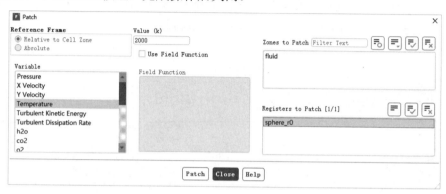

图 8-20　Patch 操作设置

5．数据保存及动画设置

（1）选择 Setup→Solution→Calculation Activities 命令，打开 Calculation Activities 面板，设置 Autosave Every(Time Steps)为 10，表示每计算十个时间步，保存一次计算数据。

（2）选择功能区 Solution→Activities→Create→Solution Animations 命令，弹出 Animation Definition 对话框，在 Record after every 选项中输入 1，选择 time-step，如图 8-21 所示。

（3）在如图 8-22 所示的对话框，选择 HSF file 选项，并单击 New Object 按钮，选择 Contours。弹出如图 8-23 所示的对话框，按图示进行设置后单击 Display 按钮，即可观察计算域内的温度变化情况。

图 8-21　动画保存设置（一）

图 8-22　动画保存设置（二）

第8章 组分传输与燃烧

图 8-23 动画设置

6. 迭代计算

（1）选择 File→Write→Case&Data 命令，弹出 Select File 对话框，保存数据文件为 baozha.cas 和 baozha.data。

（2）选择 Solution→Run Calculation 命令，打开 Run Calculation 面板。

（3）设置 Time Step Size(s)为 0.00005，时间步 Number of Time Steps 为 10000，Max Iterations/Time Step 为 80，如图 8-24 所示。

（4）单击 Calculate 按钮进行迭代计算。

（5）迭代计算至 21874 步时，计算完成，残差图如图 8-25 所示。

图 8-24 迭代设置对话框

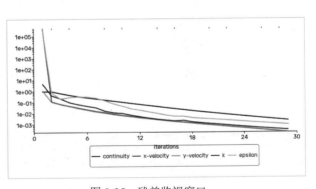

图 8-25 残差监视窗口

8.2.4 计算结果后处理及分析

1. 0.0321s 时的温度场

（1）选择 File→Read→Case&Data 命令，导入 baozha-1-32100.cas 和 baozha-1-32100.data

文件。选择 Results→Graphics and Animations 命令，打开 Graphics and Animations 面板。

（2）双击 Contours（或者选中 Contours，然后单击 Set Up 按钮）选项，弹出 Contours 对话框，选择 Temperature，如图 8-26 所示，单击 Display 按钮，显示 0.0321s 时的温度云图，如图 8-27 所示。

图 8-26　温度云图绘制设置

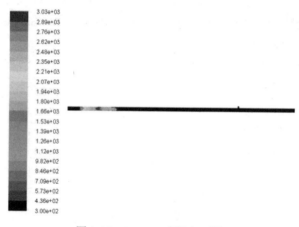

图 8-27　0.0321s 时温度云图

8.3　石油燃烧的数值模拟

8.3.1　案例简介

本案例是非预混反应模型，对石油的燃烧过程进行数值模拟。

8.3.2 Fluent 求解计算设置

1．启动 Fluent-3D

（1）在 Windows 系统中启动 Fluent，进入 Fluent Launcher 界面。

（2）选择 Dimension→3D 单选按钮，Display Options 下的复选框可按个人喜好进行勾选，如导入网格后显示网格（Display Mesh After Reading）。对于一些大的模型，可以取消选择 Display Mesh After Reading 选项，以减少对内存的消耗。

（3）其他项保持默认设置即可，单击 Start 按钮，进入 Fluent 主界面窗口。

2．导入并检查网格

（1）选择 File→Read→Mesh 命令，在弹出的 Select File 对话框中导入 oil.msh 三维网格文件。

（2）选择功能区 Domain→Mesh→Info→Size 命令，得到如图 8-28 所示的模型网格信息：有 929984 个网格单元，2211468 个网格面，330875 个节点。

图 8-28 Fluent 网格数量信息

（3）选择 Mesh→Check 命令，得到反馈信息，可以看到计算域三维坐标的上下限，检查最小体积和最小面积是否为负数。

3．交界面设置

选择 Setup→Mesh Interfaces 命令，如图 8-29 所示，将三组 interface 面设置为 Fluent 交界面。

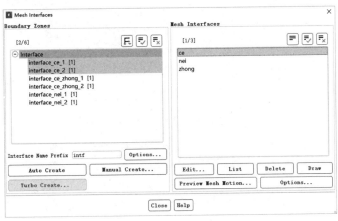

图 8-29 Fluent 交界面设置

4. 求解器参数设置

(1) 选择 Setup→General 命令，在出现的 General 面板中进行求解器的设置，如图 8-30 所示。

(2) 保持面板中的 Scale 下默认单位为 m，保持默认设置。

(3) 选择 Solution→Model 命令，打开 Model 面板，对求解模型进行设置。

(4) 双击 Energy-off 选项（或选中 Energy-off，单击 Edit 按钮），弹出 Energy（能量方程）对话框。

(5) 在弹出的对话框中选择 Energy Equation 复选框，如图 8-31 所示，单击 OK 按钮，启动能量方程。

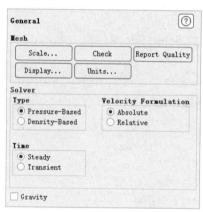

图 8-30　求解参数设置

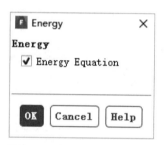

图 8-31　能量方程的启动面板

(6) 在 Models 面板中双击 Viscous-Laminar 选项，弹出 Viscous Model 对话框，湍流模型选择其中的 k-epsilon(2 eqn)选项，如图 8-32 所示，单击 OK 按钮完成设置。

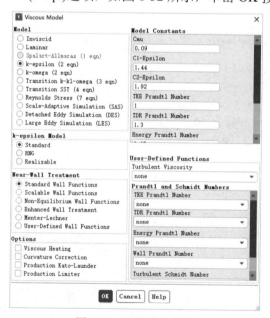

图 8-32　湍流模型设置

（7）在 Models 面板中双击 Radiation-off 选项，弹出 Radiation Model 对话框，选择 Discrete Ordnates(DO)单选按钮，单击 OK 按钮完成设置，如图 8-33 所示。

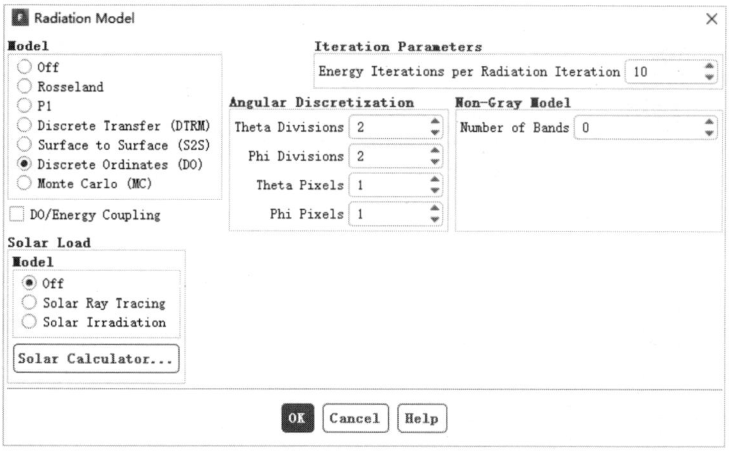

图 8-33　辐射模型设置

（8）再次在 Models 面板中双击 Species-off 选项，弹出 Species Model 对话框，选择 Non-Premixed Combustion 单选按钮，PDF Options 下选择 Inlet Diffusion 复选框，在 Chemistry 选项卡下选择 Chemical Equilibrium、Non-Adiabatic 单选按钮。在 Operating Pressure 选项中输入 101000，单击 Apply 按钮，如图 8-34 所示。

图 8-34　组分传输模型选择

（9）在 Species Model 对话框中选择 Boundary 选项卡，选择 Mole Fraction，将列表中 n2 的 Oxid 项修改为 0.79，o2 的 Oxid 项修改为 0.21。在 Boundary Species 下输入 c5h12，单击 Add 按钮，在上面的列表中则会出现 c5h12 组分，修改 Fule 为 1，Oxid 为 0。并在 Temperature 下修改 Fule（k）为 303，Oxid（k）为 650，如图 8-35 所示。

（10）在 Species Model 对话框中选择 Table 选项卡，选择 Automated Grid Refinement 复选框，其余保持默认，单击 Calculate PDF Table 按钮，计算完成后即可单击 Display PDF Table 按钮，如图 8-36 所示。单击 Display PDF Table 按钮后出现如图 8-37 所示的对话框，保持默认，单击 Display 按钮出现如图 8-38 所示的 PDF 组分三维形式图。

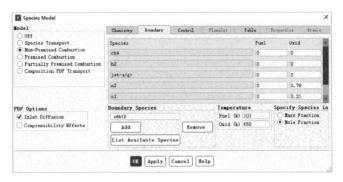

图 8-35 Boundary 选项卡

图 8-36 Table 选项卡

图 8-37 PDF Table 对话框

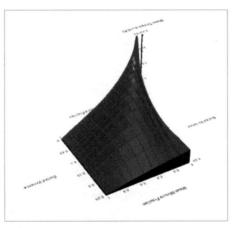

图 8-38 PDF 组分三维形式图

（11）在 Models 面板中双击 Discrete Phase-off 选项，弹出 Discrete Phase Model 对话框，选择 Interaction with Continuous Phase 复选框，并在 DPM Iteration Interval 中输入 50。在 Tracking 选项卡下修改 Max. Number of Steps 为 10000，如图 8-39 所示。

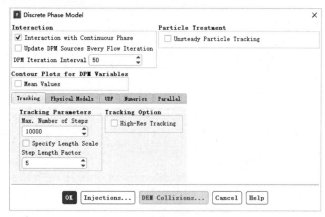

图 8-39　离散相模型设置

（12）在 Discrete Phase Model 对话框的 Physical Models 选项卡下，选择 Virtual Mass Force 和 Pressure Gradient Force 复选框，如图 8-40 所示。

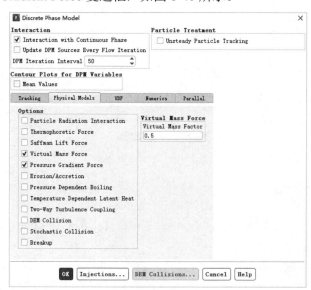

图 8-40　Physical Models 选项卡

（13）在 Discrete Phase Model 对话框的 Numerics 选项卡下，选择 Coupled Heat-Mass Solution 下的三个复选框，如图 8-41 所示。最后单击 OK 按钮，设置完成。

（14）在 Fluent 主界面选择 File→Write→PDF 命令，将 PDF 文件输出到指定位置。

5．定义材料物性

选择求解器工具条中的 Materials 命令，在弹出的对话框中对所需材料进行设置，各项均保持默认即可，如图 8-42 所示。

图 8-41　Numerics 选项卡

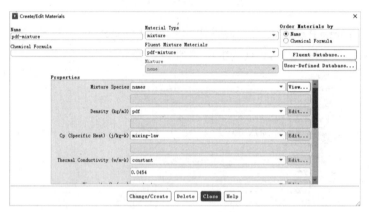

图 8-42　混合物物性参数

6. 区域条件设置

（1）选择 Setup→Cell Zone Conditions 命令，在弹出的 Cell Zone Conditions 面板中对区域条件进行设置。

（2）选择面板中的 zhuan 选项，单击 Edit 按钮，弹出 Fluid 对话框，在 Material Name 下拉列表中选择 pdf-mixture 选项，并选择 Frame Motion 复选框，在选项卡下设置 Speed 为 0.735，如图 8-43 所示。

7. 边界条件设置

（1）选择 Setup→Boundary Conditions 命令，在打开的 Boundary Conditions 面板中对边界条件进行设置。

（2）双击面板中的 air_in 选项，对进口边界进行设置，如图 8-44 所示。

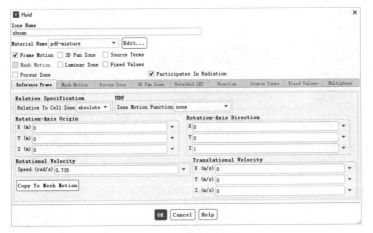

图 8-43 区域属性设置

图 8-44 边界选择

(3) 设置 air_in 速度进口边界, 速度设置为 5m/s, 在 Thermal 选项卡下设置温度为 650K。分别如图 8-45 和图 8-46 所示, 单击 OK 按钮完成设置。

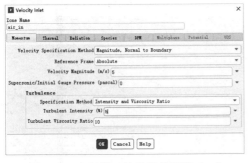

图 8-45 空气进口边界条件设置（一）

图 8-46 空气进口边界条件设置（二）

(4) 双击面板中的 oil_in 选项, 对边界进行设置, 在 Thermal 选项卡下选择 Heat Flux 单选按钮, 单击 OK 按钮完成设置, 如图 8-47 所示。

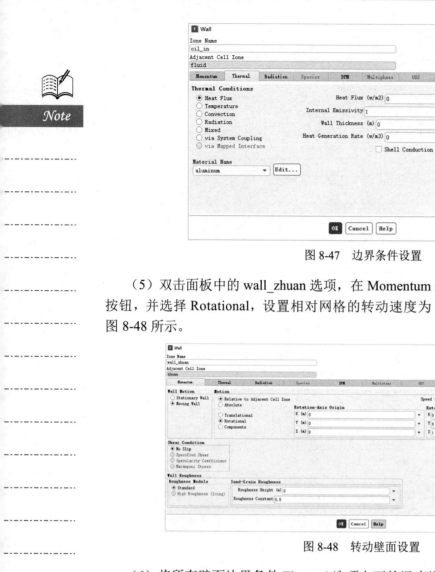

图 8-47　边界条件设置

（5）双击面板中的 wall_zhuan 选项，在 Momentum 选项卡下选择 Moving Wall 单选按钮，并选择 Rotational，设置相对网格的转动速度为 0，单击 OK 按钮完成设置，如图 8-48 所示。

图 8-48　转动壁面设置

（6）将所有壁面边界条件 Thermal 选项卡下的温度设为 400K，如图 8-49 所示。

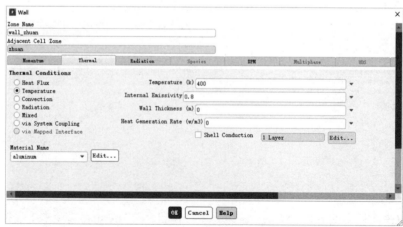

图 8-49　壁面温度设置

8.3.3 求解计算

1．求解控制参数

（1）选择 Solution→Methods 命令，在弹出的 Solution Methods 面板中对求解控制参数进行设置。

（2）面板中的各个选项采用默认值，如图 8-50 所示。

2．求解松弛因子设置

（1）选择 Solution→Controls 命令，在弹出的 Solution Controls 面板中对求解松弛因子进行设置。

（2）设置 Momentum 为 0.005，如图 8-51 所示。

图 8-50　求解方法设置

图 8-51　松弛因子设置

3．收敛临界值设置

（1）选择 Solution→Monitors 命令，打开 Monitors 面板，如图 8-52 所示。

（2）双击 Monitors 面板中的 Residual 选项，弹出 Residual Monitors 对话框，设置连续方程收敛值为 0.00001（即 1e-05），如图 8-53 所示，单击 OK 按钮完成设置。

图 8-52　残差设置面板

图 8-53　修改迭代残差

4．流场初始化设置

（1）选择 Solution→Solution Initialization 命令，打开 Solution Initialization 面板。

（2）在 Solution Initialization 面板中进行初始化设置。在 Initialization Methods 下选择 Standard Initialization 选项，Compute from 下拉列表中选择 all-zones，单击 Initialize 按钮完成初始化，如图 8-54 所示。

5．数据保存设置

选择 Solution→Calculation Activities 命令，打开 Calculation Activities 面板，设置 Autosave Every(Iteriations)为 500，表示每计算 500 次迭代，保存一次计算数据。

6．迭代计算

（1）选择 File→Write→Case&Data 命令，弹出 Select File 对话框，保存数据文件名为 oil.cas 和 oil.data。

（2）选择 Solution→ Run Calculation 命令，打开 Run Calculation 面板。

（3）设置 Number of Iterations 为 1000000，如图 8-55 所示。

（4）单击 Calculate 按钮进行迭代计算。

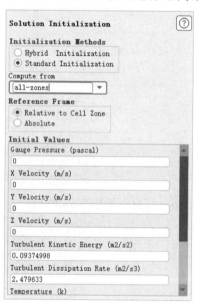
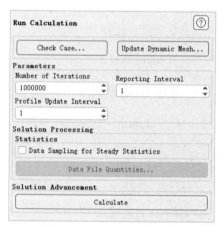

图 8-54　流场初始化设定　　　　　图 8-55　Run Calculation 对话框

8.3.4　计算结果后处理及分析

（1）选择功能区 Results→Surface→Create→Iso-Surface 命令，弹出 Iso-Surface 对话框，在 Surface of Constant 下拉列表中选择 Mesh，在 Iso-Values 中输入 0，并修改 New Surface Name 为 x=0，单击 Create 按钮，创建 x=0 的平面，如图 8-56 所示。

（2）选择 Results→Graphics and Animations 命令，打开 Graphics and Animations 面板。

图 8-56　Iso-Surface 对话框

（3）双击 Contours（或者选中 Contours，然后单击 Set Up 按钮）选项，弹出 Contours 对话框，在 Options 下选择 Filled 选项，Contours of 下选择 Temperature 选项，Surface 下选择 x=0，如图 8-57 所示，单击 Display 按钮弹出温度场云图窗口，如图 8-58 所示。由图可看出，随着反应的进行，由喷口向燃烧器内部，温度逐渐升高，且在中间区域温度最高，达到 1970K。

图 8-57　温度云图绘图设置

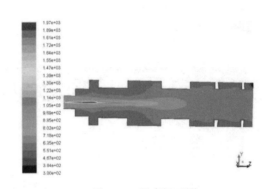
图 8-58　温度场云图

（4）重复上述操作，在 Conours of 第一个下拉列表中选择 Species 选项，第二个下拉列表中选择 Mass fraction of c5h12 选项，单击 Display 按钮，弹出石油质量分数云图，如图 8-59 所示。

（5）重复上述操作，依次完成氢气、一氧化碳、氧气、二氧化碳和水质量分数云图，分别如图 8-60～图 8-64 所示。

图 8-59　石油质量分数云图

图 8-60　氢气质量分数云图

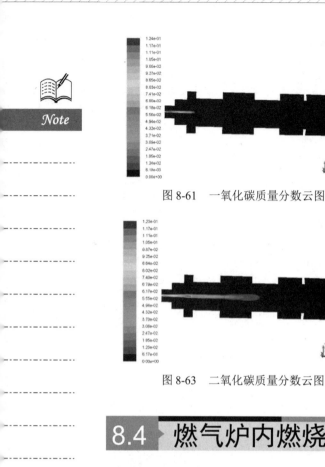

图 8-61　一氧化碳质量分数云图

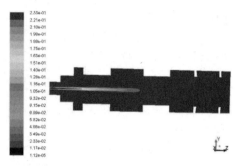

图 8-62　氧气质量分数云图

图 8-63　二氧化碳质量分数云图　　　　图 8-64　水质量分数云图

8.4　燃气炉内燃烧的数值模拟

8.4.1　案例简介

本案例是非预混反应模型，对燃气炉内燃气的燃烧过程进行数值模拟。

8.4.2　Fluent 求解计算设置

1．启动 Fluent-3D

（1）在 Windows 系统中启动 Fluent，进入 Fluent Launcher 界面。

（2）选择 Dimension→3D 单选按钮，Display Options 下的复选框可按个人喜好进行勾选，如导入网格后显示网格（Display Mesh After Reading）。对于一些大的模型，可以取消选择 Display Mesh After Reading 选项，以减少对内存的消耗。

（3）其他保持默认设置即可，单击 Start 按钮进入 Fluent 主界面窗口。

2．导入并检查网格

（1）选择 File→Read→Mesh 命令，在弹出的 Select File 对话框中导入 oil.msh 三维网格文件。

（2）选择功能区 Domain→Mesh→Info→Size 命令，得到如图 8-65 所示的模型网格信息：有 1727670 个网格单元，3608343 个网格面，387131 个节点。

图 8-65　Fluent 网格数量信息

（3）选择 Mesh→Check 命令，得到反馈信息，可以看到计算域三维坐标的上下限，检查最小体积和最小面积是否为负数，如图 8-66 所示。

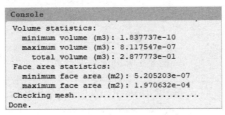

图 8-66　Fluent 网格检查

3．求解器参数设置

（1）选择 Setup→General 命令，如图 8-67 所示，在出现的 General 面板中进行求解器的设置。

（2）保持面板中 Scale 下的默认单位为 m，保持默认设置。

（3）选择 Solution→Model 命令，打开 Model 面板，对求解模型进行设置。

（4）双击 Energy-off 选项（或选中 Energy-off，单击 Edit 按钮），打开 Energy（能量方程）对话框。

（5）在弹出的对话框中选择 Energy Equation 复选框，如图 8-68 所示，单击 OK 按钮，启动能量方程。

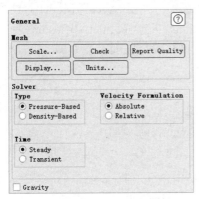
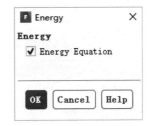

图 8-67　求解参数设置　　　　图 8-68　能量方程的启动面板

（6）在 Models 面板中双击 Viscous-Laminar 选项，弹出 Viscous Model 对话框，湍流模型选择其中的 k-epsilon(2 eqn)选项，如图 8-69 所示，单击 OK 按钮完成设置。

图 8-69 湍流模型设置

（7）在 Models 面板中双击 Radiation-off 选项，弹出 Radiation Model 对话框，选择 P1 单选按钮，单击 OK 按钮完成设置，如图 8-70 所示。

图 8-70 辐射模型设置

（8）再次在 Models 面板中双击 Species-off 选项，弹出 Species Model 对话框，选择 Non-Premixed Combustion 单选按钮，PDF Options 下选择 Inlet Diffusion 复选框。在 Chemistry 选项卡下选择 Chemical Equilibrium、Non-Adiabatic，在 Operating Pressure 中输入 101325，单击 Apply 按钮，如图 8-71 所示。

图 8-71 组分传输模型选择

（9）在 Species Model 对话框中，选择 Boundary 选项卡，选择 Mode Fraction，将列表中 ch4 的 Fule 项修改为 0.98；n2 的 Oxid 项修改为 0.78992，n2 的 Fule 项修改为 0.01；o2 的 Oxid 项修改为 0.21008。在 Boundary Species 下输入 c3h8，单击 Add 按钮，上面的列表中则会出现 c3h8 组分，修改 Fule 为 0.003，Oxid 为 0；重复 Add 操作，添加 c4h10 和 c5h6 物质，Fule 成分分别为 0.003 和 0.004；在 Temperature 下修改 Fule（k）为 573，Oxid（k）为 293，如图 8-72 所示。

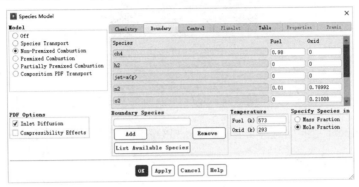

图 8-72　组分模型设置（一）

（10）在 Species Model 对话框中，选择 Table 选项卡，选择 Automated Grid Refinement 复选框，其余保持默认，单击 Calculate PDF Table 按钮，计算完成后即可单击 Display PDF Table 按钮，如图 8-73 所示。单击 Display PDF Table 按钮后出现图 8-74 所示的界面，保持默认，单击 Display 按钮出现如图 8-75 所示 PDF 组分的三维形式图。

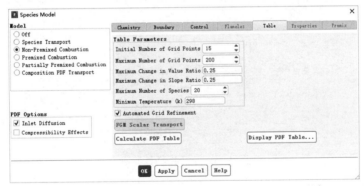

图 8-73　组分模型设置（二）

图 8-74　组分模型设置（三）

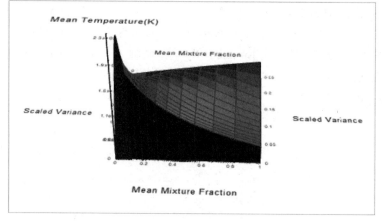

图 8-75　PDF 组分三维形式图

（11）在 Fluent 主界面选择 File→Write→PDF 命令，将 PDF 文件输出到指定位置。

4．定义材料物性

选择求解器工具条中的 Materials 命令，在出现的 Materials 面板中对所需材料进行设置，各项均保持默认即可，如图 8-76 所示。

图 8-76　混合物物性参数

5．区域条件设置

（1）选择 Solution Setup→Cell Zone Conditions 命令，在弹出的 Cell Zone Conditions 面板中对区域条件进行设置。

（2）选择面板中的 fluid 选项，单击 Edit 按钮，弹出 Fluid 对话框，在 Material Name 下拉列表中选择 pdf-mixture 选项，并选择 Participates In Radiation 复选框，如图 8-77 所示。

6．边界条件设置

（1）选择求解器工具条中的 Boundary Conditions 命令，在打开的 Boundary Conditions

面板中对边界条件进行设置。

（2）双击面板中的 in_air 选项，对进口边界进行设置，如图 8-78 所示。

图 8-77　区域属性设置　　　　　　图 8-78　边界选择

（3）设置 in_air 速度进口边界，速度设置为 2.1m/s，Hydraulic Diameter 为 0.066，在 Thermal 选项卡下设置温度为 293K，分别如图 8-79 和图 8-80 所示，单击 OK 按钮完成设置。

图 8-79　空气进口边界条件设置（一）　　图 8-80　空气进口边界条件设置（二）

（4）设置 in_ch 速度进口边界，速度设置为 2.14249m/s，Hydraulic Diameter 为 0.032，在 Thermal 选项卡下设置温度为 573K，如图 8-81 和图 8-82 所示，单击 OK 按钮完成设置。

（5）设置 out_pressure 压力出口边界，表压设置为 -20，Backflow Hydraulic Diameter 为 0.0052，在 Thermal 选项卡下设置温度为 300K，分别如图 8-83 和图 8-84 所示，单击 OK 按钮完成设置。

图 8-81　甲烷进口边界条件设置（一）　　图 8-82　甲烷进口边界条件设置（二）

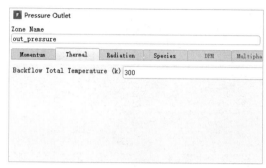

图 8-83 压力出口边界条件设置（一）　　图 8-84 压力出口边界条件设置（二）

8.4.3 求解计算

1．求解控制参数

（1）选择 Solution→Methods 命令，在弹出的 Solution Methods 面板中对求解控制参数进行设置。

（2）在面板中 Pressure 下拉列表中选择 PRESTO!，如图 8-85 所示。

2．求解松弛因子设置

（1）选择 Solution→Controls 命令，在弹出的 Solution Controls 面板中对求解松弛因子进行设置。

（2）设置 Momentum 为 0.1，如图 8-86 所示。

3．收敛临界值设置

（1）选择 Solution→Monitors 命令，打开 Monitors 面板，如图 8-87 所示。

（2）双击 Monitors 下的 Residual 选项，弹出 Residual Monitors 对话框，设置连续方程收敛值为 0.00001（即 1e-05），如图 8-88 所示，单击 OK 按钮完成设置。

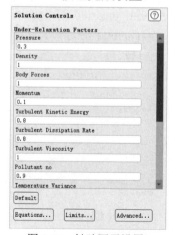

图 8-85 求解方法设置　　　　　　图 8-86 松弛因子设置

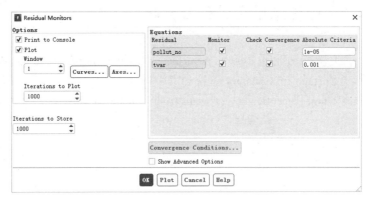

图 8-87　Monitors 面板　　　　　图 8-88　修改迭代残差

4．流场初始化设置

（1）选择 Solution→Initialization 命令，打开 Solution Initialization 面板。

（2）在弹出的 Solution Initialization 面板中进行初始化设置。在 Initialization Methods 下选择 Standard Initialization 选项，Compute from 下拉列表中选择 all-zones，单击 Initialize 按钮完成初始化，如图 8-89 所示。

5．数据保存设置

选择 Solution→Calculation Activities 命令，打开 Calculation Activities 面板，设置 Autosave Every(Iteriations)为 20，表示每计算 20 步，保存一次计算数据。

6．迭代计算

（1）选择 File→Write→Case&Data 命令，弹出 Select File 对话框，保存数据文件为 rql.cas 和 rql.data。

（2）选择 Solution→ Run Calculation 命令，打开 Run Calculation 面板。

（3）设置 Number of Iterations 为 50000，如图 8-90 所示。

（4）单击 Calculate 按钮进行迭代计算。

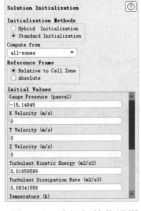

图 8-89　流场初始化设置　　　　　图 8-90　Run Calculation 面板

8.4.4 计算结果后处理及分析

（1）选择功能区 Results→Surface→Create→Iso-Surface 命令，弹出 Iso-Surface 对话框，在 Surface of Constant 下拉列表中选择 Mesh，在 Iso-Values 中输入 0，并修改 New Surface Name 为 x=0，单击 Create 按钮，创建 x-0 的平面，如图 8-91 所示。

图 8-91　Iso-Surface 对话框

（2）选择 Results→Graphics and Animations 命令，打开 Graphics and Animations 面板。

（3）双击 Contours（或者选中 Contours，然后单击 Set Up 按钮）选项，弹出 Contours 对话框，Options 下选择 Filled 复选框，Contours of 下选择 Temperature 选项，Surface 下选择 x=0，如图 8-92 所示，单击 Display 按钮，弹出温度云图窗口，如图 8-93 所示。由图可看出，随着反应的进行，由喷口向燃烧器内部温度逐渐升高，且在中间区域温度最高，达到 1970K。

图 8-92　温度云图绘图设置　　　　图 8-93　温度云图

（4）重复上述操作，在 Conours of 第一个下拉列表中选择 Species 选项，第二个下拉列表中选择 Mass fraction of ch4 选项，单击 Display 按钮，弹出甲烷质量分数云图，如图 8-94 所示。

（5）重复上述操作，可完成氢气、一氧化碳、二氧化碳、氧气和水质量分数云图绘制。氢气质量分数云图如图 8-95 所示。

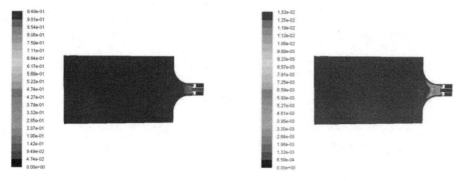

图 8-94　甲烷质量分数云图　　　　图 8-95　氢气质量分数云图

8.5　壁面反应数值模拟

8.5.1　案例简介

本案例介绍化学反应模型。

8.5.2　Fluent 求解计算设置

1. 启动 Fluent-2D

（1）在 Windows 系统中启动 Fluent，进入 Fluent Launcher 界面。

（2）选择 Dimension→2D 单选按钮，Display Options 下的复选框可按个人喜好进行选择，如导入网格后显示网格（Display Mesh After Reading）。对于一些大的模型，可以取消选择 Display Mesh After Reading 选项，以减少对内存的消耗。

（3）其他保持默认设置即可，单击 Start 按钮进入 Fluent 主界面窗口。

2. 导入并检查网格

（1）选择 File→Read→Mesh 命令，在弹出的 Select File 对话框中导入 duokong.msh 二维网格文件。

（2）选择功能区 Domain→Mesh→Info→Size 命令，得到如图 8-96 所示模型的网格信息：有 6336 个网格单元，13042 个网格面，6707 个节点。

```
Mesh Size

Level    Cells    Faces    Nodes    Partitions
   0     6336    13042     6707          1

1 cell zone, 7 face zones.
```

图 8-96　网格数量信息

（3）选择 Mesh→Check 命令，得到反馈信息，可以看到计算域二维坐标的上下限，检查最小体积和最小面积是否为负数，如图 8-97 所示。

图 8-97　网格检查信息

3. 求解器参数设置

（1）选择 Setup→General 命令，如图 8-98 所示，在出现的 General 面板中进行求解器设置。

（2）保持面板中的 Scale 下默认单位为 m，保持默认设置，在 Solver 面板选择 2D Space 为 Axisymmetric。

（3）选择 Solution→Model 命令，打开 Model 面板，对求解模型进行设置。

（4）双击 Energy-off 选项（或选中 Energy-off，单击 Edit 按钮），弹出 Energy（能量方程）对话框。

（5）在弹出的对话框中选择 Energy Equation 复选框，如图 8-99 所示，单击 OK 按钮，启动能量方程。

（6）在 Models 面板中双击 Viscous-Laminar 选项，弹出 Viscous Model 对话框，保持默认参数，如图 8-100 所示，单击 OK 按钮完成设置。

图 8-98　求解参数设置

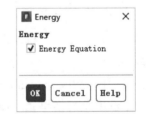

图 8-99　能量方程的启动面板

（7）再次在 Models 面板中双击 Species-off 选项，弹出 Species Model 对话框，选择 Species Transport 单选按钮，在 Reactions 下选择 Volumetric 和 Wall Surface 复选框，并在 Wall Surface Reaction Options 下选择 Heat of Surface Reactions 复选框；在 Options 下选择 Inlet Diffusion 和 Diffusion Energy Source 复选框，单击 OK 按钮完成设置，如图 8-101 所示。

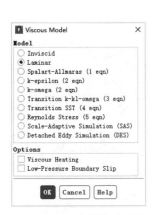
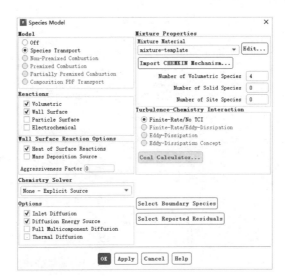

图 8-100　湍流模型设置　　　　　图 8-101　组分传输模型设置

4．定义材料物性

（1）选择 Setup→Materials 命令，在出现的 Materials 面板中对所需材料进行设置，如图 8-102 所示。

（2）双击面板中的 Mixture 选项，弹出材料物性参数设置对话框，如图 8-103 所示。

（3）在材料物性参数设置对话框中，单击 Fluent Database 按钮，弹出材料数据库对话框，选择流体材料下的 ethane、ethylene 和 hydrogen 选项，如图 8-104 所示，单击 Copy 按钮，复制到材料创建对话框。

（4）在 Create/Edit Materials 对话框中，单击 Change/Create 按钮，保存物性参数。

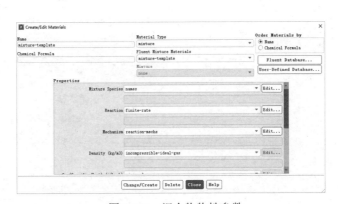

图 8-102　Materials 面板　　　　　图 8-103　混合物物性参数

5．修改混合物的材料属性

（1）回到 Models 面板，双击 Species-Species Transport 选项，弹出 Species Model 对话框，单击 Edit 按钮，弹出 Edit Material 对话框，如图 8-105 所示，单击 Mixture Species 右侧的 Edit 按钮，弹出 Species Model 对话框。

图 8-104　甲醛物性参数选择

（2）在 Species 对话框中，对混合物材料进行设置，最后改为 nitrogen、ethane、ethylene 和 hydrogen 的混合物，如图 8-106 所示，单击 OK 按钮完成设置。

图 8-105　Edit Material 对话框

图 8-106　混合物物性参数修改

6．区域条件设置

（1）选择 Setup→Cell Zone Conditions 命令，在弹出的 Cell Zone Conditions 面板中对

区域条件进行设置，如图 8-107 所示。

图 8-107　区域选择

（2）选择面板中的 fluid 选项，单击 Edit 按钮，弹出 Fluid 对话框，选择 Reaction 复选框，如图 8-108 所示，单击 OK 按钮完成设置。

图 8-108　区域属性设置

7．边界条件设置

（1）选择 Setup→Boundary Conditions 命令，在打开的 Boundary Conditions 面板中对边界条件进行设置。

（2）双击面板中的 inlet 选项，对进口边界进行设置，如图 8-109 所示。

（3）设置 inlet 速度进口边界，速度设置为 10m/s，Supersonic/Initial Gauge Pressure 设置为 8000000，如图 8-110 所示。在 Thermal 选项卡下设置温度为 800K，单击 OK 按钮完成设置。

（4）设置 outlet 压力出口边界，其中压力为 8000000，如图 8-111 所示。Thermal 选项卡下设置温度为 800K，单击 OK 按钮完成设置。

（5）设置 axis 的边界类型为 axis，如图 8-112 所示，确保 axis 边界的 Type 类型为 axis，单击 OK 按钮完成设置。

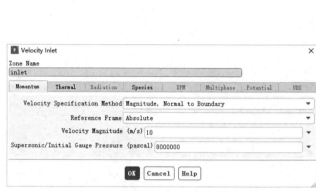

图 8-109　边界选择　　　　　图 8-110　进口边界条件设置

图 8-111　出口边界条件设置　　　　　图 8-112　对称轴边界条件设置

8.5.3　求解计算

1．求解控制参数

（1）选择 Solution→Methods 命令，在弹出的 Solution Methods 面板中对求解控制参数进行设置。

（2）在面板中选择 Gradient 为 Green-Gauss Cell Based，其余采用默认值，如图 8-113 所示。

2．求解松弛因子设置

（1）选择 Solution→Controls 命令，在弹出的 Solution Controls 面板中对求解松弛因

子进行设置。

（2）将所有的松弛因子选项全部设置为 0.1，如图 8-114 所示。

图 8-113　求解方法设置　　　　图 8-114　松弛因子设置

3．收敛临界值设置

（1）选择 Solution→ Monitors 命令，打开 Monitors 面板，如图 8-115 所示。

（2）双击 Monitors 面板中 Residual 选项，弹出 Residual Monitors 对话框，保持默认参数即可，如图 8-116 所示，单击 OK 按钮完成设置。

图 8-115　Monitors 面板　　　　图 8-116　修改迭代残差

4．流场初始化设置

（1）选择 Solution→Initialization 命令，打开 Solution Initialization 面板。

（2）在弹出的 Solution Initialization 面板中进行初始化设置。在 Initialization Methods 下选择 Standard Initialization 选项，Compute from 下拉列表选择 all-zones，单击 Initialize 按钮完成初始化，如图 8-117 所示。

5．数据保存设置

选择 Solution→Calculation Activities 命令，打开 Calculation Activities 面板，设置 Autosave Every(Iteriations)为 20，表示每计算 20 步，保存一次计算数据。

6. 迭代计算

（1）选择 File→Write→Case&Data 命令，弹出 Select File 对话框，保存数据文件为 duokong.cas 和 duokong.data。

（2）选择 Solution→Run Calculation 命令，打开 Run Calculation 面板。

（3）设置 Number of Iterations 为 300000，如图 8-118 所示。

（4）单击 Calculate 按钮进行迭代计算。

图 8-117　流场初始化设置

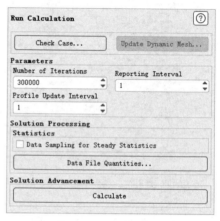

图 8-118　Run Calculation 面板

8.5.4　计算结果后处理及分析

温度场与速度场云图

（1）选择 Results→Graphics 命令，打开 Graphics and Animations 面板。

（2）双击 Contours（或者选中 Contours，然后单击 Set Up 按钮）选项，弹出 Contours 对话框，在 Contours of 下选择 Teperature，如图 8-119 所示，单击 Display 按钮，弹出温度场云图窗口，如图 8-120 所示。

图 8-119　温度场云图绘制设置

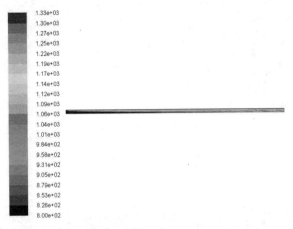

图 8-120　温度场云图

（3）重复上述操作，在 Conours of 第一个下拉列表中选择 Species 选项，第二个下拉列表中选择 Mass fraction of n2 选项，单击 Display 按钮，弹出氮气质量分数云图（速度场云图），如图 8-121 所示。

（4）重复上述操作，可完成氢气、一氧化碳、二氧化碳、氧气和水质量分数云图绘制。

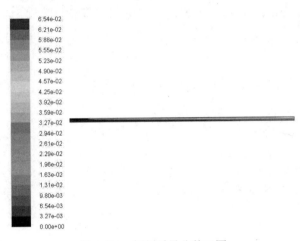

图 8-121　氮气质量分数云图

8.6　本章小结

本章首先介绍了组分传输与气体燃烧的基础知识，然后着重介绍了在 Fluent 中对化学反应的求解方法，并对其所能求解的实际问题进行说明，进一步对各个模型的使用限制和注意事项进行了阐述。通过本章的学习，能掌握组分传输和化学反应的模拟方法。

第 9 章

多孔介质数值模拟

在工程中存在大量的多孔介质内流动与换热的问题,本章利用 Fluent 的多孔介质模型,对冷风为高温烧结矿的冷却过程进行数值模拟,使读者能够掌握多孔介质模型的应用。

学习目标

(1) 学会使用多孔介质模型。
(2) 掌握多孔介质内流动与换热问题边界条件的设置方法。
(3) 掌握多孔介质内燃烧问题计算结果的后处理和分析方法。

9.1 多孔介质模型概述

多孔介质是指内部含有众多空隙的固体材料,如土壤、煤炭、木材等均属于不同类型的多孔介质。多孔材料是由相互贯通或封闭的孔洞构成的网络结构,孔洞的边界或表面由支柱或平板构成。孔道纵横交错、互相贯通的多孔体,通常具有 30%~60%体积的孔隙度,孔径 1~100μm。典型的孔结构如下:

(1)由大量多边形孔在平面上聚集形成的二维结构。
(2)由于其形状类似于蜂房的六边形结构而被称为"蜂窝"材料。
(3)更为普遍的是由大量多面体形状的孔洞在空间聚集形成的三维结构,通常称为"泡沫"材料。

如果构成孔洞的固体只存在于孔洞的边界(即孔洞之间是相通的),则称为开孔;如果孔洞表面也是实心的,即每个孔洞与周围孔洞完全隔开,则称为闭孔;有些孔洞则是半开孔和半闭孔的。

Fluent 多孔介质模型就是在定义为多孔介质的区域结合了一个根据经验假设为主的流动阻力。本质上,多孔介质模型仅仅是在动量方程上叠加了一个动量源项。

多孔介质的动量方程具有附加的动量源项。源项由两部分组成,一部分是黏性损失项,另一部分是内部损失项。

选择 Setup→Cell Zone Conditions 命令,在弹出的面板中选择定义的多孔介质区域,弹出 P2 对话框,如图 9-1 所示,选择 Laminar Zone 和 Porous Zone 等复选框,表示所定义的区域为多孔介质区且流动属于层流。

多孔介质模型主要设置两个阻力系数,即黏性阻力系数和内部阻力系数,且在主流方向和非主流方向相差不超过 1000 倍。

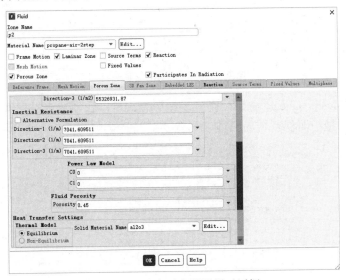

图 9-1 多孔介质参数设置对话框

Note

9.2 多孔介质燃烧的数值模拟

9.2.1 案例简介

本案例介绍多孔介质燃烧模型，对多孔介质的燃烧过程进行数值模拟。

9.2.2 Fluent 求解计算设置

1. 启动 Fluent-2D

（1）在 Windows 系统中启动 Fluent，进入 Fluent Launcher 界面。

（2）选择 Dimension→2D 单选按钮，Display Options 下的复选框可按个人喜好进行勾选，如导入网格后显示网格（Display Mesh After Reading）。对于一些大的模型，可以取消选择 Display Mesh After Reading 选项，以减少对内存的消耗。

（3）其他保持默认设置即可，单击 Start 按钮进入 Fluent 主界面窗口。

2. 导入并检查网格

（1）选择 File→Read→Mesh 命令，在弹出的 Select File 对话框中导入 duokong.msh 二维网格文件。

（2）选择功能区 Domain→Mesh→Info→Size 命令，得到如图 9-2 所示的模型网格信息：有 12500 个网格单元，25300 个网格面，12801 个节点。

```
Mesh Size

Level    Cells    Faces    Nodes    Partitions
    0    12500    25300    12801             1

 3 cell zones, 14 face zones.
```

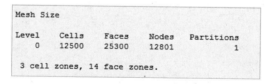

图 9-2 Fluent 网格数量信息

（3）选择 Mesh→Check 命令，得到反馈信息，可以看到计算域二维坐标的上下限，检查最小体积和最小面积是否为负数，如图 9-3 所示。

```
Console
   minimum volume (m3): 1.999193e-10
   maximum volume (m3): 1.999405e-08
     total volume (m3): 2.261947e-04
   minimum 2d volume (m3): 1.590905e-07
   maximum 2d volume (m3): 1.607155e-07
 Face area statistics:
   minimum face area (m2): 3.977269e-04
   maximum face area (m2): 4.017875e-04
 Checking mesh...........................
Done.
```

图 9-3 Fluent 网格信息

3. 求解器参数设置

（1）选择 Setup→General 命令，如图 9-4 所示，在出现的 General 面板中进行求解器的设置。

（2）保持面板中 Scale 下的默认单位为 m，保持默认设置，在 Solver 面板下选择 2D Space 为 Axisymmetric Swirl。

（3）选择 Solution→Model 命令，打开 Model 面板，对求解模型进行设置。

（4）双击 Energy-off 选项（或选中 Energy-off，单击 Edit 按钮），弹出 Energy（能量方程）对话框。

（5）在弹出的对话框中选择 Energy Equation 复选框，如图 9-5 所示，单击 OK 按钮，启动能量方程。

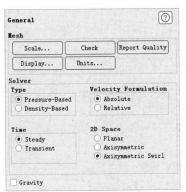
图 9-4 求解参数设置

图 9-5 能量方程的启动面板

（6）在 Models 面板中双击 Radiation-off 选项，弹出 Radiation Model 对话框，选择 Discrete Ordnates(DO)单选按钮，单击 OK 按钮完成设置，如图 9-6 所示。

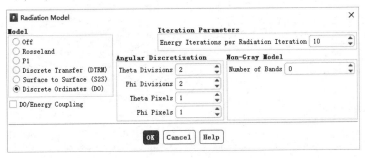
图 9-6 辐射模型设置

（7）在 Models 面板中双击 Viscous-Laminar 选项，弹出 Viscous Model 对话框，湍流模型选择其中的 k-epsilon(2 eqn)选项，如图 9-7 所示，单击 OK 按钮完成设置。

（8）再次在 Models 面板中双击 Species-off 选项，弹出 Species Model 对话框，选择 Species Transport 单选按钮，在 Reactions 下选择 Volumetric 复选框，在 Options 下选择 Inlet Diffusion 和 Diffusion Energy Source 复选框，在 Mixture Material 下选择 propane-air-2step，在 Turbulence-Chemistry Interaction 下选择 Eddy-Dissipation Concept，单击 OK 按钮，如图 9-8 所示。

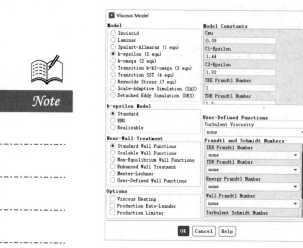

图 9-7 湍流模型设置　　　　图 9-8 组分传输模型选择

4. 定义材料物性

选择求解器工具条下的 Materials 命令，在出现的 Materials 面板中对所需材料进行设置，各项均保持默认参数即可，其对话框设置如图 9-9 所示。

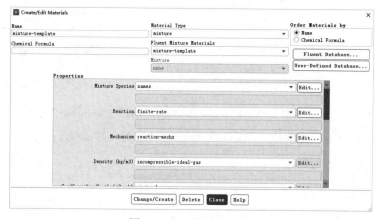

图 9-9 混合物物性参数

5. 区域条件设置

（1）选择 Setup→Cell Zone Conditions 命令，在弹出的 Cell Zone Conditions 面板中对区域条件进行设置，如图 9-10 所示。

（2）选择面板中的 p1 选项，单击 Edit 按钮，弹出 Fluid 对话框，选择 Porous Zone 和 Laminar Zone 两个复选框；然后选择 Porous Zone 选项卡，Relative Velocity Resistance Formulation、Viscous Resistance 下的三个值均设置为 3.38e+09，Inertial Resistance 下的 Direction (1/m)均设置为 65625，孔隙率设置为 0.4，如图 9-11 所示，单击 OK 按钮完成设置。

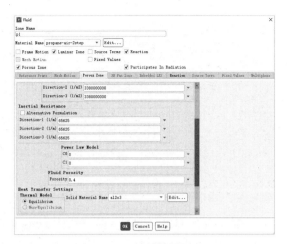

图 9-10　区域选择　　　　　图 9-11　区域属性设置

（3）选择面板中的 p2 选项，单击 Edit 按钮，弹出 Fluid 对话框，选择 Porous Zone 和 Laminar Zone 两个复选框；然后选择 Porous Zone 选项卡，Relative Velocity Resistance Formulation、Viscous Resistance 下的三个值均设置为 5.532693e+0，Inertial Resistance 下的 Direction (1/m) 均设置为 7041.61，孔隙率设置为 0.45，如图 9-12 所示，单击 OK 按钮完成设置。

6．边界条件设置

（1）选择 Setup→Boundary Conditions 命令，在打开的 Boundary Conditions 面板中对边界条件进行设置。

（2）双击面板中的 in 选项，对进口边界进行设置，如图 9-13 所示。

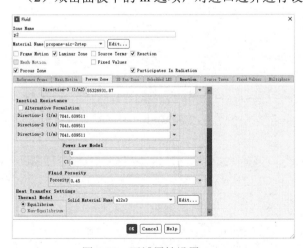

图 9-12　区域属性设置　　　　　图 9-13　边界选择

（3）设置 in 速度进口边界，速度设置为 0.97m/s，Thermal 选项卡下设置温度为 400K，分别如图 9-14 和图 9-15 所示，单击 OK 按钮完成设置。

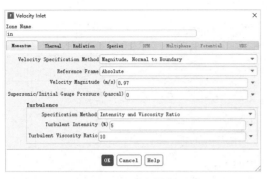

图 9-14　进口边界条件设置（一）

图 9-15　进口边界条件设置（二）

（4）设置 out 压力出口边界，其中压力为 0，Thermal 选项卡下设置温度为 400K，分别如图 9-16 和图 9-17 所示，单击 OK 按钮完成设置。

图 9-16　出口边界条件设置（一）

图 9-17　出口边界条件设置（二）

9.2.3　求解计算

1．求解控制参数

（1）选择 Solution→Methods 命令，在弹出的 Solution Methods 面板中对求解控制参数进行设置。

（2）在面板中选择 Gradient 为 Green-Gauss Cell Based，其余采用默认值，如图 9-18 所示。

2．求解松弛因子设置

（1）选择 Solution→Controls 命令，在弹出的 Solution Controls 面板中对求解松弛因子进行设置。

（2）设置 Momentum 为 0.5，如图 9-19 所示。

图 9-18 求解方法设置

图 9-19 松弛因子设置

3．收敛临界值设置

（1）选择 Monitors 命令，打开 Monitors 面板，如图 9-20 所示。

（2）双击 Monitors 面板中 Residual 选项，弹出 Residual Monitors 对话框，设置连续方程收敛值为 0.00001，如图 9-21 所示，单击 OK 按钮完成设置。

图 9-20 残差设置面板

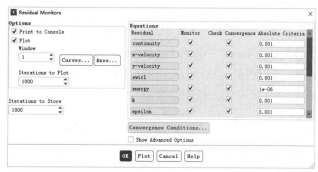
图 9-21 修改迭代残差

4．流场初始化设置

（1）选择 Solution→Initialization 命令，打开 Solution Initialization 面板。

（2）在 Solution Initialization 面板中进行初始化设置。在 Initialization Methods 下选择 Hybrid Initialization 选项，单击 Initialize 按钮完成初始化，如图 9-22 所示。

5．数据保存设置

选择 Solution→Calculation Activities 命令，打开 Calculation Activities 面板，设置 Autosave Every(Iteriations)为 20，表示每计算 20 步，保存一次计算数据。

6．迭代计算

（1）选择 File→Write→Case&Data 命令，弹出 Select File 窗口，保存文件为 duokong.cas 和 duokong.data。

（2）选择 Solution→Run Calculation 命令，打开 Run Calculation 面板。

（3）设置 Number of Iterations 为 100000，如图 9-23 所示。

（4）单击 Calculate 按钮进行迭代计算。

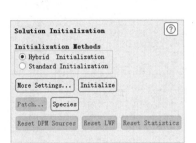

图 9-22　流场初始化设定

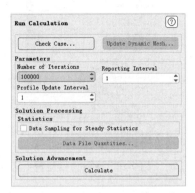

图 9-23　Run Calculation 面板

9.2.4　计算结果后处理及分析

温度场与速度场云图

（1）选择 Results→Graphics 命令，打开 Graphics and Animations 面板。

（2）双击 Contours（或者选中 Contours，然后单击 Set Up 按钮）选项，弹出 Contours 对话框，在 Contours of 下选择 Temperature，如图 9-24 所示，单击 Display 按钮，弹出温度场云图窗口，如图 9-25 所示，由温度场云图可看出，烧结矿是自下而上逐层冷却的，流动方向上温度梯度大，横向温度梯度几乎为 0。

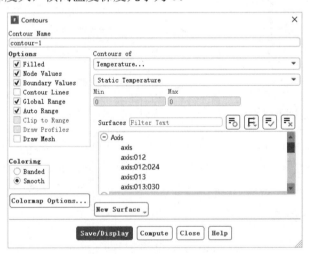

图 9-24　温度场云图绘制设置

（3）重复上一步的操作，在 Contours of 第一个下拉列表中选择 Velocity，单击 Display 按钮，弹出速度场云图窗口，如图 9-26 所示，在进口和出口区域空气流速较大，在中间烧结矿区域流速最小。

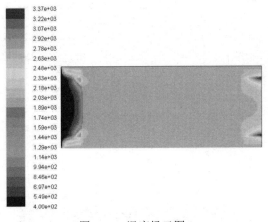

图 9-25　温度场云图

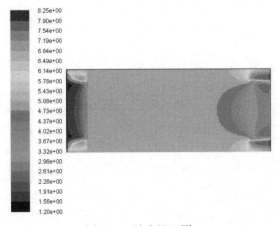

图 9-26　速度场云图

9.3　本章小结

　　本章首先介绍了多孔介质的基础知识，然后对 Fluent 中多孔介质的求解方法进行了介绍，其主要在多孔介质区域假想两个阻力，即内部阻力和黏性阻力，并没有真正的多孔骨架设置，这样可以简化求解计算。然后通过案例对多孔介质模型进行详细讲解。

　　通过对二维多孔介质气固换热过程进行数值模拟分析，读者可以掌握多孔介质模型的使用，在实际生产中可根据实际情况修改多孔介质属性，得到准确的模拟结果。

第 10 章

多相流模型

本章主要介绍 Fluent 中的多相流模型,首先明确多相流的概念,然后通过四个案例的详细讲解,使读者能够掌握利用 Fluent 求解简单的多相流问题。

学习目标

(1) 掌握 VOF 模型的应用。
(2) 掌握 Mixture 模型的应用。
(3) 掌握 Eularian 模型的应用。
(4) 学会三种计算模型后处理的方法和结果分析。

10.1 多相流模型概述

在自然界和工程问题中会遇到大量的多相流动。物质一般具有气态、液态和固态三相，但在多相流系统中，相的概念有其更为广泛的意义。在通常所指的多相流动中，所谓的相可以定义为具有相同类别的物质，该类物质在所处的流动中具有特定的惯性响应并与流场相互作用。例如，相同材料的固体物质颗粒如果具有不同尺寸，就可以把它们看成不同的相，因为相同尺寸粒子的集合对流场有相似的动力学响应。

Fluent 软件是多相流建模方面的领导者，其丰富的模拟能力可以帮助设计者洞察设备内部那些难以探测的现象，比如 Eulerian 多相流模型通过分别求解各相流动方程的方法分析相互渗透的各种流体或各相流体，对于颗粒相流体采用特殊的物理模型进行模拟。

在很多情况下，占用资源较少的混合模型也用来模拟颗粒相与非颗粒相的混合。Fluent 可用来模拟三相混合流（液、颗粒、气），如泥浆气泡柱和喷淋床；也可以模拟相间传热和相间传质的流动，使得对均相及非均相的模拟成为可能。

计算流体力学的技术发展为深入了解多相流动提供了基础。目前有两种数值计算的方法处理多相流：欧拉—拉格朗日方法和欧拉—欧拉方法。

Fluent 中的拉格朗日离散相模型遵循欧拉—拉格朗日方法。流体相被处理为连续相，直接求解时均为纳维—斯托克斯方程，而离散相是通过计算流场中大量的粒子、气泡或液滴的运动得到的。

离散相和流体相之间可以有动量、质量和能量的交换。该模型的一个基本假设是，作为离散的第二相的体积比率应很低，即便如此，较大的质量加载率仍能满足。粒子或液滴运行轨迹的计算是独立的，它们被安排在流相计算的指定间隙完成。这样的处理能较好地符合喷雾干燥、煤和液体燃料燃烧，以及一些粒子负载流动，但不适用于流—流混合物、流化床和其他第二相体积率等不容忽略的情形。

Fluent 中的欧拉—欧拉多相流模型遵循欧拉—欧拉方法，不同的相被处理成互相贯穿的连续介质。由于一种相所占的体积无法再被其他相占有，故引入相体积率（Phasic Volume Fraction）的概念。体积率是时间和空间的连续函数，各相的体积率之和等于 1。

从各相的守恒方程可以推导出一组方程，这些方程对所有的相都具有类似的形式。从实验得到的数据可以建立一些特定的关系，从而能使上述方程封闭。另外，对于小颗粒流，则可以通过应用分子运动论的理论使方程封闭。

在 Fluent 中，共有三种欧拉—欧拉多相流模型，分别为流体体积模型（VOF），欧拉（Eularian）模型和混合物模型。

所谓 VOF 模型，是一种在固定的欧拉网格下的表面跟踪方法。当需要得到一种或多种互不相融流体间的交界面时，可以采用这种模型。在 VOF 模型中，不同的流体组分共用一套动量方程，计算时，在全流场的每个计算单元内都记录下各流体组分所占有的体积率。

VOF 模型的应用例子包括分层流、自由面流动、灌注、晃动、液体中大气泡的流动、水坝决堤时的水流、对喷射衰竭（Jet Breakup）表面张力的预测，以及求得任意液—气分界面的稳态或瞬时分界面。

欧拉模型是 Fluent 中最复杂的多相流模型。它建立了一套包含有 n 个的动量方程和连续方程来求解每一相。压力项和各界面交换系数是耦合在一起的。耦合的方式则依赖于所含相的情况，颗粒流（流—固）的处理与非颗粒流（流—流）是不同的。对于颗粒流，可应用分子运动理论来求得流动特性。

不同相之间的动量交换也依赖于混合物的类别。通过 Fluent 客户自定义函数（User-Defined Functions），可以自定义动量交换的计算方式。欧拉模型的应用包括气泡柱、土浮、颗粒悬浮及流化床。

混和物模型可用于两相流或多相流（流体或颗粒）。因为在欧拉模型中，各相被处理为互相贯通的连续体，混和物模型求解的是混合物的动量方程，并通过相对速度来描述离散相。混合物模型的应用包括低负载的粒子负载流、气泡流、沉降及旋风分离器。混合物模型也可用于没有离散相相对速度的均匀多相流。

在 Fluent 标准模块中还包括许多其他的多相流模型，对于其他的一些多相流流动，如喷雾干燥器、煤粉高炉、液体燃料喷雾等，可以使用离散相模型（DPM）。

解决多相流问题的第一步，就是从各种模型中挑选出最能符合实际流动的模型。这里将根据不同模型的特点，给出挑选恰当的模型的最基本原则：对于体积率小于 10%的气泡、液滴和粒子负载流动，采用离散相模型；对于离散相混合物或者单独的离散相体积率超出 10%的气泡、液滴和粒子负载流动，采用混合物模型或者欧拉模型；对于活塞流和分层/自由面流动，采用 VOF 模型；对于气动输运，如果是均匀流动，则采用混合物模型，如果是粒子流，则采用欧拉模型；对于流化床，采用欧拉模型模拟粒子流；对于泥浆流和水力输运，采用混合物模型或欧拉模型；对于沉降，采用欧拉模型。对于更加一般的，同时包含若干种多相流模式的情况，应根据最感兴趣的流动特征，选择合适的流动模型。此时，由于模型只是对部分流动特征做了较好模拟，其精度必然低于只包含单个模式的流动。

双击 Model 面板中的 Multiphase-off 选项，弹出 Multiphase Model 对话框，可以选择不同的多相流模型，如图 10-1 所示。

当选择了某种多相流模型之后，对话框会进一步展开，以包含相应模型的有关参数。

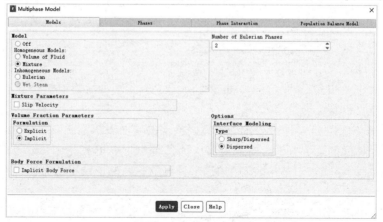

图 10-1　多相流对话框

10.2 气穴现象的数值模拟

10.2.1 案例简介

本案例是对水中气穴现象进行数值模拟，简化的二维模型如图 10-2 所示。利用多相流 Mixture 模型对因压力变化而产生气穴的过程进行数值模拟。

图 10-2　气穴模型

10.2.2 Fluent 求解计算设置

1．启动 Fluent-2D

（1）在 Windows 系统中启动 Fluent，进入 Fluent Launcher 界面。

（2）选择 Dimension→2D 按钮和 Double Precision 复选框，Display Options 下的复选框可按个人喜好进行勾选，如导入网格后显示网格（Display Mesh After Reading）。对于一些大的模型，可以取消选择 Display Mesh After Reading 选项，以减少对内存的消耗。

（3）其他保持默认设置即可，单击 Start 按钮进入 Fluent 主界面窗口。

2．导入并检查网格

（1）选择 File→Read→Mesh 命令，在弹出的 Select File 对话框中导入 shuixia.msh 二维网格文件。

（2）选择 Domain→Mesh→Info→Size 命令，得到如图 10-3 所示的模型网格信息：有 47068 个网格单元，82877 个网格面，35810 个节点。

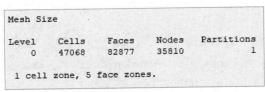

图 10-3　Fluent 网格数量信息

（3）选择 Mesh→Check 命令。反馈信息如图 10-4 所示，可以看到计算域二维坐标的上下限，检查最小体积和最小面积是否为负数。

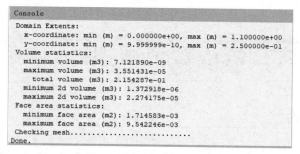

图 10-4　Fluent 网格信息

3. 求解器参数设置

（1）选择 Setup→General 命令，在出现的 General 面板中进行求解器的设置，如图 10-5 所示。

（2）保持面板中 Scale 下的默认单位为 m，保持默认设置，在 Solver 面板下选择 2D Space 为 Axisymmetric Swirl。

（3）选择 Setup→Model 命令，打开 Model 面板，对求解模型进行设置。

（4）双击 Multiphase-off 选项，弹出 Multiphase Model 对话框。选择 Model 下的 Mixture 单选按钮，Number of Eulerian Phases 设置为 2，并取消选择 Slip Velocity 复选框，如图 10-6 所示，单击 OK 按钮，完成设置。

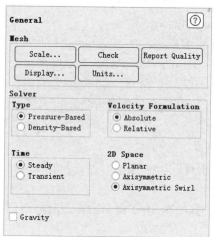

图 10-5　求解参数设置　　　　　图 10-6　多相流模型选择

（5）在 Models 面板中双击 Viscous-Laminar 选项，弹出 Viscous Model 对话框，湍流模型选择其中的 k-epsilon(2 eqn)选项，k-epsilon Model 下选择 Realizable 单选按钮，其他保持默认，如图 10-7 所示，单击 OK 按钮完成设置。

4. 定义材料物性

（1）选择 Setup→Materials 命令，在出现的 Materials 面板中对所需材料进行设置，如图 10-8 所示。

（2）双击面板中的 Fluid 选项，弹出材料物性参数设置对话框。

图 10-7 湍流模型设置

图 10-8 材料选择面板

（3）在材料物性参数设置对话框中，单击 Fluent Database 按钮，弹出 Fluent Database Materials 窗口，Fluent Fluid Materials 下选择 water-liquid(h2o<1>)选项，如图 10-9 所示，单击 Copy 按钮，复制水的物性参数。

图 10-9 复制水物性参数设置

（4）水的物性参数设置如图 10-10 所示，单击 Change/Create 按钮，保存对水物性参数的更改，单击 Close 按钮关闭窗口。

（5）再次打开材料物性参数设置对话框，单击 Fluent Database 按钮，弹出 Fluent Database Materials 对话框，Fluent Fluid Materials 下选择 water-vapor(h2o)选项，单击 Copy 按钮复制水蒸汽的物性参数。最后单击 Change/Create 按钮，保存水蒸汽的物性参数设置。

5．两相属性设置

（1）选择 Setup→Models→Multiphase 选项，弹出 Multiphase Model 对话框，单击 Phases 按钮，如图 10-11 所示。

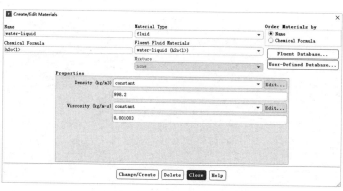

图 10-10　水的物性参数设置

图 10-11　气液相设置

（2）双击 Phases 下的 phase-1-Primary Phase 选项，弹出液相设置对话框，在 Name 中输入 liquid，Phase Material 下拉列表中选择 water-liquid 选项，如图 10-12 所示。

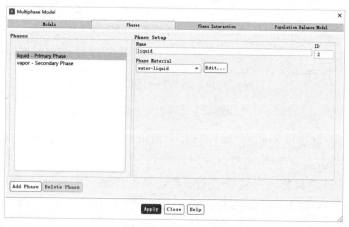

图 10-12　液相设置

（3）双击 Phases 下的 phase-2-Primary Phase 选项，弹出 Primary Phase 对话框，在 Name 中输入 vapor，Phase Material 下拉列表中选择 water-vapor 选项。

（4）单击 Phases Interaction 按钮，选择 Heat、Mass、Reactions 选项卡，将 Number of Mass Transfer Mechanisms 设置为 1，并将 From Phase 设置为 liquid，To Phase 设置为 vapor，如图 10-13 所示，单击 OK 按钮完成设置。

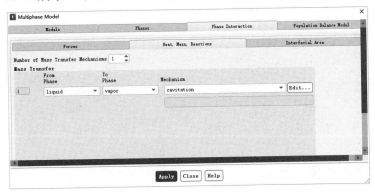

图 10-13　两相设置

6．边界条件设置

（1）选择 Setup→Boundary Conditions 命令，在打开的 Boundary Conditions 面板中对边界条件进行设置，如图 10-14 所示。

（2）双击面板中的 in 选项，弹出 Pressure Inlet 对话框，Gauge Total Pressure(pascal) 设置为 4990500，Turbulent Kinetic Energy(m2/s2) 设置为 0.02，Turbulent Dissipation Rate(m2/s3) 设置为 1，如图 10-15 所示，单击 OK 按钮完成设置。

图 10-14　边界选择

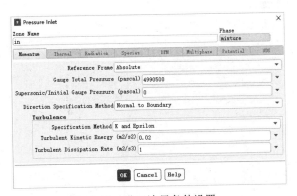

图 10-15　进口边界条件设置

（3）双击面板中的 out 选项，弹出 Pressure Outlet 对话框，Gauge Total Pressure(pascal) 设置为 101325，Backflow Turbulent Kinetic Energy(m2/s2) 设置为 0.02，Backflow Turbulent Dissipation Rate(m2/s3) 设置为 1，如图 10-16 所示，单击 OK 按钮完成设置。

（4）单击 Boundary Conditions 面板上的 Opertating Conditions 按钮，弹出 Opertating Conditions 对话框，设置 Operating Pressure 为 0，如图 10-17 所示。

图 10-16 出口边界条件设置

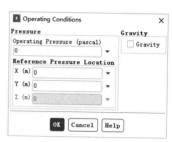

图 10-17 参考压力设置

10.2.3 求解计算

1．求解控制参数

（1）选择 Solution→Methods 命令，在弹出的 Solution Methods 面板中对求解控制参数进行设置。

（2）在 Scheme 下选择 Coupled 算法，Pressure 下拉列表中选择 PRESTO!，Momentum、Volume Fraction、Turbulent Dissipation Rate 和 Turbulent Kinetic Energy 都选择 QUICK，选择 Coupled with Volume Fractions 和 Preudo Transient 两个复选框，如图 10-18 所示。

2．求解松弛因子设置

（1）选择 Solution→Controls 命令，在弹出的 Solution Controls 面板中对求解松弛因子进行设置。

（2）松弛因子设置如图 10-19 所示。

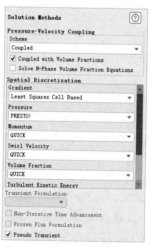

图 10-18 求解方法设置

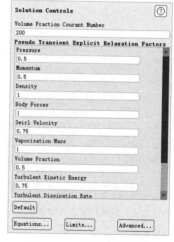

图 10-19 松弛因子设置

3．收敛临界值设置

（1）选择 Monitors 命令，打开 Monitors 面板，如图 10-20 所示。

（2）双击 Monitors 面板中的 Residual 选项，弹出 Residual Monitors 对话框，保持默认参数，如图 10-21 所示，单击 OK 按钮完成设置。

图 10-20　Monitors 面板　　　　　　图 10-21　修改迭代残差

4．流场初始化设置

（1）选择 Solution→Initialization 命令，打开 Solution Initialization 面板。

（2）在 Solution Initialization 面板中进行初始化设置。在 Initialization Methods 下选择 Standard Initialization 选项，Compute from 下拉列表中选择 all-zones，单击 Initialize 按钮完成初始化，如图 10-22 所示。

5．迭代计算

（1）选择 File→Write→Case&Data 命令，弹出 Select File 对话框，保存文件为 shuixia.case 和 shuixia.data。

（2）选择 Solution→ Run Calculation 命令，打开 Run Calculation 面板。

（3）设置 Number of Iterations 为 100000，如图 10-23 所示。单击 Calculate 按钮进行迭代计算，迭代残差曲线如图 10-24 所示。

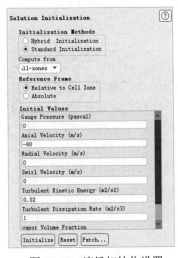

图 10-22　流场初始化设置　　　　　　图 10-23　Run Calculation 面板

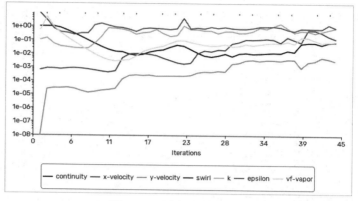

图 10-24　迭代残差曲线图

10.2.4　计算结果后处理及分析

速度云图

（1）双击 Contours（或者选中 Contours，然后单击 Set Up 按钮）选项，弹出 Contours 对话框，在 Options 下选择 Filled 复选框，在 Contours of 下第一个下拉列表中选择 Velocity 选项，Phase 下拉列表中选择 mixture 选项，如图 10-25 所示，单击 Display 按钮，显示速度场云图，如图 10-26 所示。

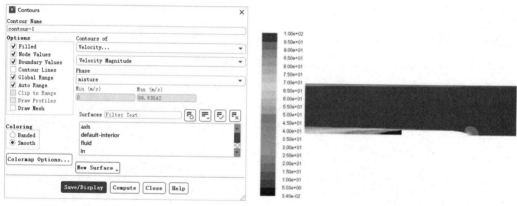

图 10-25　速度场云图绘制设置　　　　　　图 10-26　速度场云图

（2）由速度场云图可看出，在锥形体的正后方有一个低速区，且出现了回流。

（3）重复上述操作，在 Contours of 下第一个下拉列表中选择 Pressure 选项，单击 Display 按钮，弹出压力场云图窗口，如图 10-27 所示。可见锥形体的正后方出现了低压区。

（4）重复上述操作，在 Contours of 下第一个下拉列表中选择 Phases 选项，Phase 下选择 vapor 选项，单击 Display 按钮，弹出蒸汽相的体积分数云图窗口，如图 10-28 所示。锥形体的正后方，正是低压区的部分，发生了气体渗出的现象，这正是气穴现象。

图 10-27　压力场云图

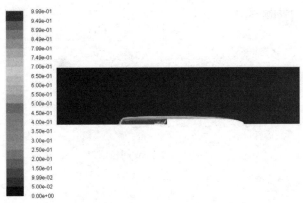

图 10-28　蒸汽相的体积分数云图

10.3　水中气泡破碎过程的数值模拟

10.3.1　案例简介

本案例主要是对水中气泡的破碎过程进行数值模拟。

10.3.2　Fluent 求解计算设置

1. 启动 Fluent-2D

（1）在 Windows 系统中启动 Fluent，进入 Fluent Launcher 界面。

（2）选中 Dimension→2D 按钮和 Double Precision 复选框，Display Options 下的复选框可按个人喜好进行勾选，如读入网格后显示网格（Display Mesh After Reading）。对于一些大的模型，可以取消选择 Display Mesh After Reading 选项，以减少对内存的消耗。

（3）其他保持默认设置即可，单击 Start 按钮进入 Fluent 主界面窗口。

2. 导入并检查网格

（1）选择 File→Read→Mesh 命令，在弹出的 Select File 对话框中导入 posui.msh 二维网格文件。

（2）选择功能区 Domain→Mesh→Info→Size 命令，得到如图 10-29 所示的模型网格信息：有 100000 个网格单元，200700 个网格面，100701 个节点。

图 10-29 Fluent 网格数量信息

（3）选择 Mesh→Check 命令。反馈信息如图 10-30 所示，可以看到计算域二维坐标的上下限，检查最小体积和最小面积是否为负数。

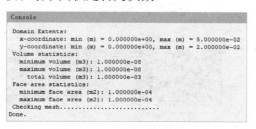

图 10-30 Fluent 网格信息

3. 求解器参数设置

（1）选择 Setup→General 命令，在出现的 General 面板中进行求解器的设置，如图 10-31 所示。

（2）在 General 面板中，开启重力加速度。选择 Gravity 复选框，在 Y(m/s2)文本框输入-9.81，Time 下选择 Transient 单选按钮，其他求解参数保持默认设置。

（3）选择 Setup→Model 命令，打开 Model 面板，对求解模型进行设置，如图 10-32 所示。

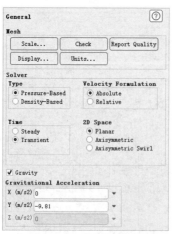

图 10-31 求解参数设置

图 10-32 计算模型选择

（4）双击 Viscous-Laminar 选项（或选中 Viscous-Laminar，然后单击 Edit 按钮），弹出 Viscous Model 对话框。

（5）在弹出的对话框中，Model 下选择 k-epsilon(2 eqn)单选按钮，其他保持默认设置，如图 10-33 所示，单击 OK 按钮，启动 k-e 湍流方程。

（6）再次回到 Models 面板，双击 Multiphase-off 选项，弹出 Multiphase Model 对话框。选择 Model 下的 Volume of Fluid 单选框，Body Force Formulation 下选择 Implicit Body Force 复选框，Number of Eulerian Phases 设置为 2，如图 10-34 所示，单击 OK 按钮，完成设置。

图 10-33　湍流模型选择

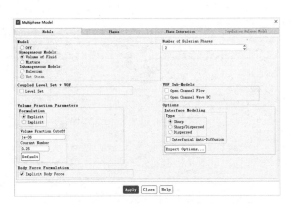

图 10-34　多相流模型选择

4．定义材料物性

（1）选择 Setup→Materials 命令，在出现的 Materials 面板中对所需材料进行设置，如图 10-35 所示。

（2）双击面板中的 Fluid 选项，弹出材料物性参数设置对话框，如图 10-36 所示。

图 10-35　材料选择面板

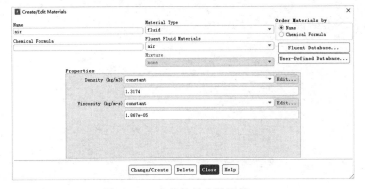

图 10-36　空气物性参数设置

（3）在材料物性参数设置对话框中，单击 Fluent Database 按钮，弹出 Fluent Database Materials 对话框，Fluent Fluid Materials 下选择 water-liquid(h2o<1>)选项，如图 10-37 所

示,单击 Copy 按钮,复制水的物性参数。

(4)单击 Change/Create 按钮,保存对水物性参数的更改,单击 Close 按钮关闭对话框。

5. 两相属性设置

(1)选择 Setup→Model→Multiphase-off 命令,弹出 Multiphase Model 对话框,在出现的 Multiphase Model 对话框中对所需材料进行设置,如图 10-38 所示。

图 10-37　水物性参数设置

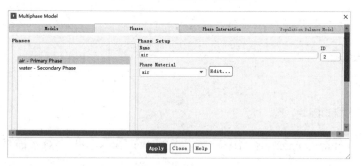

图 10-38　Phases 面板

(2)双击 phase-1-Primary Phase 选项,弹出 Phase Setup 选项卡,在 Name 中输入 air,Phase Material 下拉列表中选择 air 选项,如图 10-39 所示。

图 10-39　气相参数设置

(3)双击 phase-2-Primary Phase 选项,弹出 Phase Setup 选项卡,在 Name 中输入 water,Phase Material 下拉列表中选择 water-liquid 选项,如图 10-40 所示。

图 10-40　液相参数设置

（4）单击 Phase Interaction 按钮，选择 Forces 选项，选择 Surface Tension Force Modeling 复选框，气液的表面张力设为常数 constant，文本框中输入 0.023，如图 10-41 所示，单击 OK 按钮完成设置。

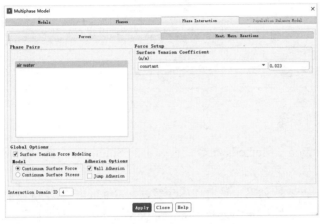

图 10-41　气液表面张力设置

6. 边界条件设置

（1）选择 Setup→Boundary Conditions 命令，在打开的 Boundary Conditions 面板中对边界条件进行设置，如图 10-42 所示。

（2）双击面板中的 in 选项，弹出 Velocity Inlet 对话框，设置进口速度为 33.83，Hydraulic Diameter 设置为 2，如图 10-43 所示。

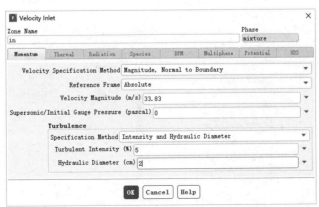

图 10-42　边界选择　　　　　图 10-43　进口边界条件设置

（3）双击面板中的 out_sx 选项，弹出 Pressure Outlet 对话框，Backflow Hydraulic Diameter 设置为 5，如图 10-44 所示。同样将 out_y 的出口 Backflow Hydraulic Diameter 设置为 5。

图 10-44　出口边界条件设置

10.3.3　求解计算

1．求解控制参数

（1）选择 Solution→Methods 命令，在弹出的 Solution Methods 面板中对求解控制参数进行设置。

（2）在 Scheme 下拉列表中选择 PISO 算法，Gradient 下拉列表中选择 Green-Gauss Cell Based，Pressure 下拉列表中选择 Body Force Weight，其他保持默认设置，如图 10-45 所示。

2．求解松弛因子设置

（1）选择 Solution→Controls 命令，在弹出的 Solution Controls 面板中对求解松弛因子进行设置。

（2）面板中相应的松弛因子选择默认设置，如图 10-46 所示。

图 10-45　求解方法设置

图 10-46　松弛因子设置

3. 收敛临界值设置

（1）选择 Monitors 命令，打开 Monitors 面板，如图 10-47 所示。

（2）双击 Monitors 面板中的 Residuals 选项，弹出 Residual Monitors 对话框，各参数保持默认设置，如图 10-48 所示，单击 OK 按钮完成设置。

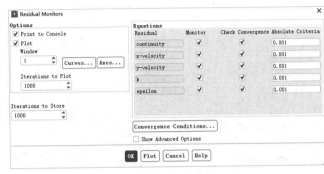

图 10-47　Monitors 面板　　　　图 10-48　修改迭代残差参数

4. 流场初始化设置

（1）选择 Solution→Initialization 命令，打开 Solution Initialization 面板。

（2）在 Solution Initialization 面板中进行初始化设置。在 Initialization Methods 下选择 Standard Initialization 单选按钮，Compute from 下拉列表中选择 all-zones，其他设置保持默认，单击 Initialize 完成初始化，如图 10-49 所示。

5. 液相区域设置

选择 Solution→Cell Registers→New→Region 命令，弹出 Region Registers 对话框，Shapes 下选择 Circle 单选按钮，X Center(cm)参数设置为 0.5，Y Center(cm)参数设置为 1，Radius(cm)设置为 0.06，如图 10-50 所示，单击 Save 按钮完成设置。

图 10-49　流场初始化设置（一）

6. 初始相设置

回到流场初始化的 Solution Initialization 面板，单击 Patch 按钮，弹出 Patch 对话框，选择 Registers to Patch 下的 Region_0 选项，Phase 下拉列表中选择 water 选项，Variable 下选择 Volume Fraction 选项，Value 文本框中输入 1，如图 10-51 所示，单击 Patch 按钮完成设置。

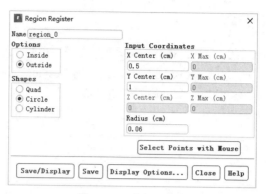

图 10-50　液相区设置

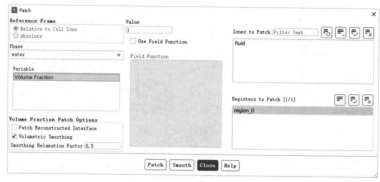

图 10-51　流场初始化设置（二）

7. 流动动画设置

（1）选择 Solution→Calculation Activities 命令，弹出 Calculation Activities 面板，Autosave Every(Time Steps)设置为 3，表示每计算三个时间步，保存一次数据，如图 10-52 所示。

（2）选择功能区 Solution 下 Activities 的 Create 按钮，选择 Solution Animations，弹出 Animation Definition 对话框，设置 Record After Every 为 1，选择 time-step，如图 10-53 所示。

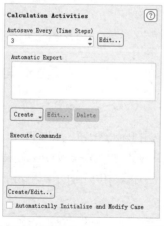

图 10-52　Calculation Activities 面板

图 10-53　Animation Definition 对话框（一）

（3）在 Storage Type 下选择 In Memory，如图 10-54 所示。

图 10-54　Animation Definition 对话框（二）

（4）在 New Object 下选择 Contours 单选按钮，弹出 Contours 对话框。

（5）在弹出的 Contours 对话框中，Options 下选择 Filled 复选框，Contours of 下第一个下拉列表中选择 Phases 选项，如图 10-55 所示，单击 Display 按钮。

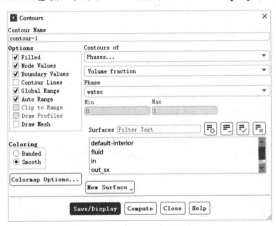

图 10-55　Contours 对话框

（6）单击 Display 按钮后，监视窗口出现了初始时刻气液相图。

（7）单击 Contours 对话框的 Close 按钮，关闭 Contours 对话框；单击 Animation Sequence 对话框的 OK 按钮，关闭 Animation Sequence 对话框；单击 Solution Animation 对话框的 OK 按钮，关闭 Solution Animation 对话框，设置完成。

8．迭代计算

（1）选择 File→Write→Case&Data 命令，弹出 Select File 对话框，保存文件为 posui.case 和 posui.data。

（2）选择 Solution→Run Calculation 命令，打开 Run Calculation 面板。

（3）设置初始 Time Step Size 为 0.00001，Number of Iterations 设置为 100000，Max Iterations/Time Step 设置为 50，表示每一个时间步最多进行 50 次迭代计算，如图 10-56 所示。单击 Calculate 按钮进行迭代计算。

图 10-56　Run Calculation 面板

10.3.4　计算结果后处理及分析

气液相云图

（1）导入 posui-1-00003.dat 数据，选择 Results→Graphics 命令，打开 Graphics and Animations 面板。

（2）双击 Contours（或者选中 Contours，然后单击 Set Up 按钮）选项，弹出 Contours 对话框，Options 下选择 Filled 复选框，Contours of 下第一个下拉列表中选择 Phases 选项，Phase 下拉列表中选择 water 选项，如图 10-57 所示，单击 Display 按钮，显示气液相云图，如图 10-58 所示。

图 10-57　Contours 对话框

(3)此时计算进行到 0.003s，气泡刚刚开始运动，没有明显变化。

(4)重复上述操作，绘制不同时刻的气液相云图，如图 10-59～图 10-67 所示。

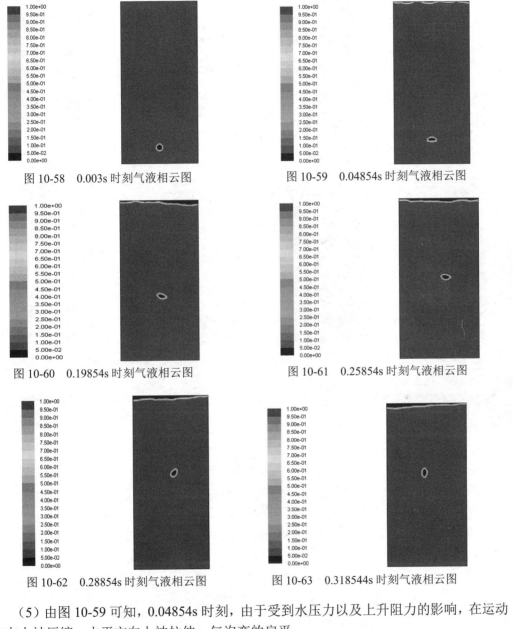

图 10-58　0.003s 时刻气液相云图　　图 10-59　0.04854s 时刻气液相云图

图 10-60　0.19854s 时刻气液相云图　　图 10-61　0.25854s 时刻气液相云图

图 10-62　0.28854s 时刻气液相云图　　图 10-63　0.318544s 时刻气液相云图

(5)由图 10-59 可知，0.04854s 时刻，由于受到水压力以及上升阻力的影响，在运动方向上被压缩，水平方向上被拉伸，气泡变的扁平。

(6)从 0.19854s 时刻至 0.64854s 时刻，气泡不断上升，在运动中发生旋转且也发生变形。

(7)由图 10-66 可看出，0.68454s 时刻，气泡已经运动到了液面的最上端，且刚开始与空气融合。

(8)由图 10-67 可看出，气泡已经完全从水中溢出，共耗时 0.70254s，运动距离为 90mm。

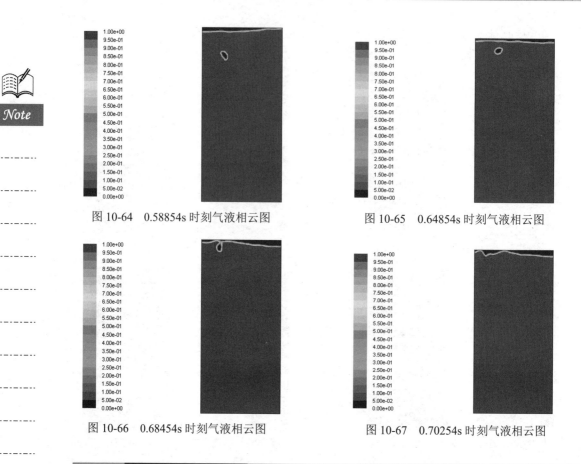

图 10-64　0.58854s 时刻气液相云图　　　图 10-65　0.64854s 时刻气液相云图

图 10-66　0.68454s 时刻气液相云图　　　图 10-67　0.70254s 时刻气液相云图

10.4　本章小结

本章首先介绍了多相流的基础知识，然后介绍了 Fluent 中关于多相流的几种求解模型，即 VOF 模型和 Mixture 模型，对两种模型各自的特点进行了阐述，并对其优缺点做了进一步的说明，再通过两个实例对两种模型进行讲解。

通过对本章的学习，读者可以掌握 Fluent 对多相流模型的求解模拟，并学会对结果进行后处理和分析。

第11章 离散相的数值模拟

多相流模型用于求解连续相的多相流问题，对于颗粒、液滴、气泡、粒子等多相流问题，当其体积分数小于10%时，就要用到离散相模型。本章通过两个案例的分析求解，使读者学会Fluent离散相模型的应用。

学习目标

(1) 通过实例掌握离散相数值模拟的方法。
(2) 掌握离散相问题边界条件的设置方法。
(3) 掌握离散相问题的后处理和结果分析。

11.1 离散相模型概述

所谓离散相，就是当颗粒相体积分数小于10%时，利用 Fluent 离散相模型进行求解可得到较为准确的结果。粒子被当作离散存在的一个个颗粒，首先计算连续相流场，再结合流场变量求解每一个颗粒的受力情况获得颗粒的速度，从而追踪每一个颗粒的轨道，这就是在拉氏坐标下模拟流场中离散的第二相。

Fluent 提供的 Discrete Model 可以计算这些颗粒的轨道，以及由颗粒引起的热量/质量传递，即颗粒发生化学反应、燃烧等现象，相间的耦合及耦合结果对离散相轨道、连续相流动的影响均可考虑进去。

Fluent 提供的离散相模型功能十分强大：对稳态与非稳态流动，可以考虑离散相的惯性、曳力、重力、热泳力、布朗运动等多种作用力；可以预报连续相中由于湍流涡旋的作用，而对该颗粒造成的影响（即随机轨道模型）；颗粒的加热/冷却（情性粒子）；液滴的蒸发与沸腾（液滴）；挥发分析及焦炭燃烧模型（可以模拟煤粉燃烧）；连续相与离散相间的单向、双向耦合；喷雾、雾化模型；液滴的迸裂与合并等。应用这些模型，Fluent 可以模拟各种涉及离散相的问题，如颗粒分离与分级、喷雾干燥、气溶胶扩散过程、液体中气泡的搅浑、液体燃料的燃烧以及煤粉燃烧等。

Fluent 中的离散相模型假定第二相非常稀疏，因此可以忽略颗粒与颗粒之间的相互作用、体积分数对连续相的影响。这种假定意味着离散相的体积分数必然很低，一般要求颗粒相的体积分数小于10%，但颗粒质量载荷可大于10%，即用户可以模拟离散相质量流率等于或大于连续相的流动。

稳态的离散相模型适用于具有确切定义的入口与出口边界条件的问题，不适用于模拟在连续相中无限期悬浮的颗粒流问题，如流化床中的颗粒相可处于悬浮状态，应该采用 Mixture 模型或者欧拉模型，而不能采用离散相模型。

双击 Model 面板中 Discrete Phase-off 选项，弹出 Discrete Phase Model 对话框，如图 11-1 所示。该对话框允许用户设置与粒子的离散相计算相关的参数，包括是否激活离

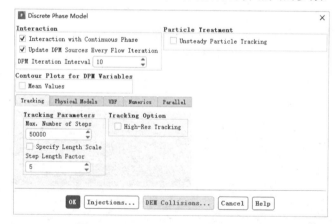

图 11-1 Discrete Phase Model 对话框

散相与连续相间的耦合计算，设置粒子轨迹跟踪的控制参数，设置计算中使用的其他模型，设置用于计算粒子上力平衡的阻力率，设置液滴破碎及碰撞的有关参数，以及用户自定义函数的引入对离散相模型参数的修改。

Note

11.2　喷雾干燥过程的数值模拟

11.2.1　案例简介

本案例是利用 DPM 模型，对喷雾的干燥过程进行数值模拟。二维模型如图 11-2 所示。

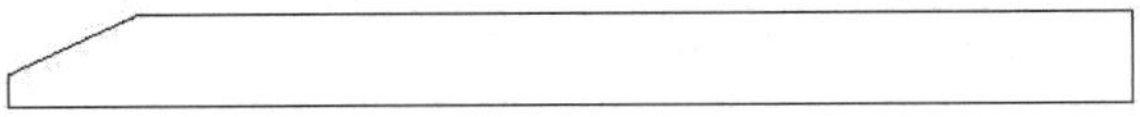

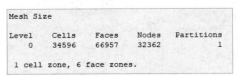

图 11-2　二维模型

11.2.2　Fluent 求解计算设置

1．启动 Fluent-2D

（1）在 Windows 系统中启动 Fluent，进入 Fluent Launcher 界面。

（2）选中 Dimension→2D 单选按钮，Display Options 下的复选框可按个人喜好进行勾选，如导入网格后显示网格（Display Mesh After Reading）。对于一些大的模型，可以取消选择 Display Mesh After Reading 选项，以减少对内存的消耗。

（3）其他保持默认设置即可，单击 Start 按钮进入 Fluent 主界面窗口。

2．导入并检查网格

（1）选择 File→Read→Mesh 命令，在弹出的 Select File 对话框中导入 baozha.msh 二维网格文件。

（2）选择功能区 Domain→Mesh→Info→Size 命令，得到如图 11-3 所示的模型网格信息：有 34596 个网格单元，66957 个网格面，32362 个节点。

```
Mesh Size

Level     Cells     Faces     Nodes     Partitions
    0     34596     66957     32362              1

 1 cell zone, 6 face zones.
```

图 11-3　Fluent 网格数量信息

（3）选择 Mesh→Check 命令。反馈信息如图 11-4 所示，可以看到计算域二维坐标的上下限，检查最小体积和最小面积是否为负数。

3．求解器参数设置

（1）选择 Setup→General 命令，在出现的 General 面板中进行求解器的设置。

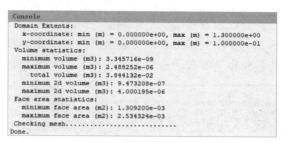

图 11-4　Fluent 网格信息

（2）保持面板中 Scale 下的默认单位为 m，保持其他默认设置，如图 11-5 所示。

（3）在 General 面板中选择 Axisymmetric 单选按钮，选择 Gravity 复选框，X(m/s2) 设置为-9.81，如图 11-6 所示。

图 11-5　单位设置面板

图 11-6　求解器设置面板

（4）双击 Models 面板中的 Energy-off 选项（或选中 Energy-off，单击 Edit 按钮），如图 11-7 所示，弹出 Energy（能量方程）对话框。

（5）在弹出的对话框中选择 Energy Equation 复选框，如图 11-8 所示，单击 OK 按钮，启动能量方程。

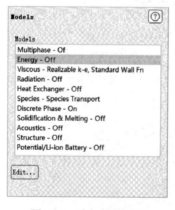

图 11-7　选择能量方程

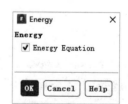

图 11-8　能量方程的启动面板

（6）在 Models 面板中双击 Viscous-Laminar 选项，弹出 Viscous Model 对话框，选择

其中的 k-epsilon(2 eqn)选项，并选择 Realizable 模型，如图 11-9 所示，单击 OK 按钮完成设置。

（7）再次在 Models 面板中双击 Species-off 选项，弹出 Species Model 对话框，选择 Species Transport 单选按钮，Options 下选择 Inlet Diffusion 和 Diffusion Energy Source 复选框，如图 11-10 所示，单击 OK 按钮。

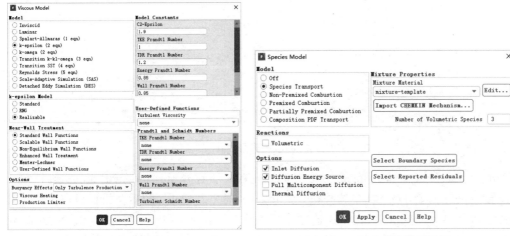

图 11-9　湍流模型设置　　　　　图 11-10　组分传输模型设置

（8）再次在 Models 面板中双击 Discrete Phase-off 选项，弹出 Discrete Phase Model 对话框，选择 Interaction with Continuous Phase 和 Update DPM Sources Every Flow Iteration 复选框，并在 DPM Iteration Intercal 中输入 50，Max Number of Steps 设置为 5000，如图 11-11 所示。

（9）在 Phasical Models 选项卡下选择 Virtual Mass Force 和 Pressure Gradient Force 复选框，如图 11-12 所示。

图 11-11　离散相模型设置　　　　　图 11-12　离散相模型设置（一）

（10）在 Numerics 选项卡下选择 Droplet 和 Multicomponent 复选框，如图 11-13 所示。

（11）单击 Injections 按钮，弹出 Injections 对话框，创建离散相粒子。单击 Create 按钮，弹出 Set Injection Properties 对话框，设置离散相属性。

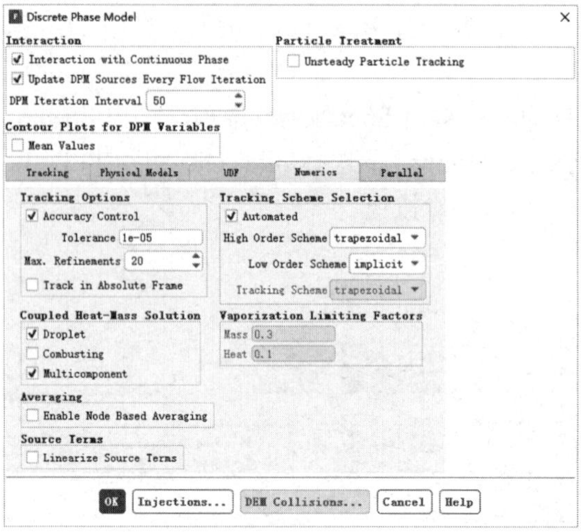

图11-13 离散相模型设置（二）

Injection Name 设置为 injection-0，Injection Type 下选择 pressure-swirl-atomizer 选项，Particle Type 下选择 Droplet 单选按钮；Material 保持默认选项，随后在材料设置中修改其物性参数即可；在 Point Properties 选项卡下设置粒子属性，初始位置坐标：X-Position(m) 为 1.3，Y-Position(m) 设置为 0；Flow Rate(kg/s) 设置为 0.001，如图 11-14 所示，单击 OK 按钮完成设置。

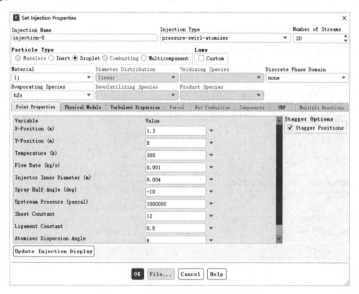

图11-14 离散相粒子属性设置

4．定义材料物性

（1）选择 Setup→Materials 命令，在出现的 Materials 面板中对所需材料进行设置，如图 11-15 所示。

（2）双击面板中的 nitrogen 选项，在 Cp 下拉列表中选择 constant，单击 OK 按钮。重复操作，将 oxygen 和 water-vpor 的 Cp 值均设置为 constant。

（3）双击面板中的 Droplet Particle 选项，按图 11-16 所示修改其物性属性，并重新命名为 lj。

图 11-15　Materials 面板

图 11-16　材料物性参数设置

5．区域条件设置

（1）选择 Setup→Cell Zone Conditions 命令，在弹出的 Cell Zone Conditions 面板中对区域条件进行设置，如图 11-17 所示。

（2）选择面板中的 fluid 选项，单击 Edit 按钮，弹出 Fluid 对话框，确保 Materia Name 选择 Mixture-template，如图 11-18 所示。

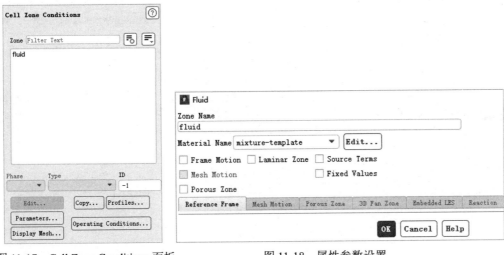

图 11-17　Cell Zone Conditions 面板　　图 11-18　属性参数设置

6．边界条件设置

（1）选择 Setup→Boundary Conditions 命令，在打开的 Boundary Conditions 面板中对边界条件进行设置。

（2）双击面板中的 inlet 选项，对进口边界进行设置，如图 11-19 所示。

图 11-19　边界选择

（3）设置 inlet 速度进口边界，设置速度为 0.4m/s，Turbulent Intensity 为 5%，Hydraulic Diameter 为 0.18；Thermal 选项卡下设置温度为 433K，如图 11-20 和图 11-21 所示，单击 OK 按钮完成设置。

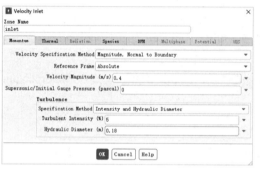

图 11-20　进口边界条件设置（一）

图 11-21　进口边界条件设置（二）

（4）双击面板中的 out 选项，对 Outflow 边界进行设置，选择 Discrete Phase BC Type 为 trap，如图 11-22 所示。

图 11-22　边界条件设置

（5）双击面板中的 axis 选项，设置边界条件为 axis 类型，单击 OK 按钮完成设置。

11.2.3　求解计算

1．求解控制参数

（1）选择 Solution→Methods 命令，在弹出的 Solution Methods 面板中对求解控制参

数进行设置。

（2）保持默认设置，如图 11-23 所示。

2．求解松弛因子设置

（1）选择 Solution→Controls 命令，在弹出的 Solution Controls 面板中对求解松弛因子进行设置。

（2）松弛因子中 Momentum 设置为 0.2，其余默认设置，如图 11-24 所示。

图 11-23　求解方法设置

图 11-24　松弛因子参数设置

3．收敛临界值设置

（1）选择 Monitors 命令，打开 Monitors 面板，如图 11-25 所示。

（2）双击 Monitors 面板中 Residual 选项，弹出 Residual Monitors 对话框，设置 continuity 为 1e-05，如图 11-26 所示，单击 OK 按钮完成设置。

图 11-25　Monitors 面板

图 11-26　修改迭代残差参数

4．流场初始化及点火设置

（1）选择 Solution→Initialization 命令，打开 Solution Initialization 面板。

（2）在弹出的 Solution Initialization 面板中进行初始化设置。在 Initialization Methods 下选择 Standard Initialization 选项，Compute from 下拉列表中选择 all-zones，其他保持默认，单击 Initialize 按钮完成初始化，如图 11-27 所示。

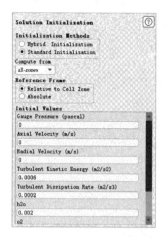

图 11-27　流场初始化参数设置

5．数据保存及动画设置

选择 Solution→Calculation Activities 命令，打开 Calculation Activities 面板，设置 Autosave Every(Time Steps)为 20，表示每计算十个时间步，保存一次计算数据。

6．迭代计算

（1）选择 File→Write→Case&Data 命令，弹出 Select File 对话框，保存文件为 sd.cas 和 sd.data。

（2）选择 Solution→Run Calculation 命令，打开 Run Calculation 面板。

（3）设置 Number of Iterations 为 1110，如图 11-28 所示。

（4）单击 Calculate 按钮进行迭代计算。

（5）迭代计算至 21874 步时，计算完成，如图 11-29 所示。

图 11-28　Run Calculation 面板

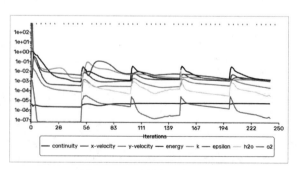

图 11-29　残差监视窗口图

11.2.4　计算结果后处理及分析

压力场与速度场

（1）选择 Results→Graphics 命令，打开 Graphics and Animations 面板。

（2）双击 Contours（或者选中 Contours，然后单击 Set Up 按钮）选项，弹出 Contours 对话框，如图 11-30 所示，单击 Display 按钮，弹出压力场云图窗口，如图 11-31 所示。

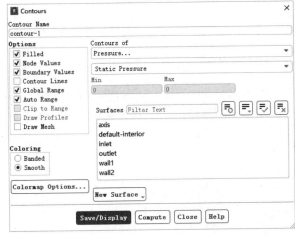

图 11-30　压力云图绘制参数设置

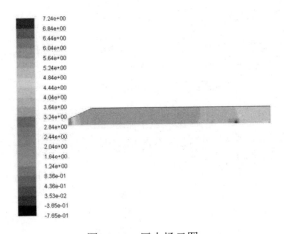

图 11-31　压力场云图

（3）重复上一步的操作，在 Contours of 的第一个下拉列表中选择 velocity，单击 Display 按钮，弹出速度场云图，如图 11-32 所示。由速度场云图看出，速度呈条纹状分布，这是烟气与喷流液滴相互作用的结果。

（4）重复第二步的操作，在 Contours of 的第一个下拉列表中选择 Discrete Phase Variables 选项，第二个下拉列表中选择 DPM Concentration 选项，单击 Display 按钮，弹出离散相的质量分数云图，如图 11-33 所示。

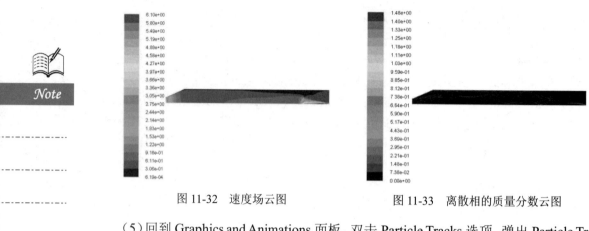

图 11-32　速度场云图　　　　　图 11-33　离散相的质量分数云图

（5）回到 Graphics and Animations 面板，双击 Particle Tracks 选项，弹出 Particle Tracks（颗粒轨迹绘制）对话框，如图 11-34 所示，选中 Release from Injections 下的所有选项，单击 Display 按钮，显示离散相的运动时间，如图 11-35 所示，液滴从喷口落至喷流塔底部所需最长时间为 5.21s。

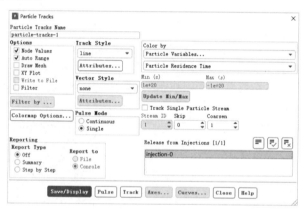

图 11-34　Particle Tracks 对话框

（6）在 Color by 的第一个下拉列表中选择 Velocity 选项，单击 Display 按钮，显示离散相粒子的运动速度，如图 11-36 所示。

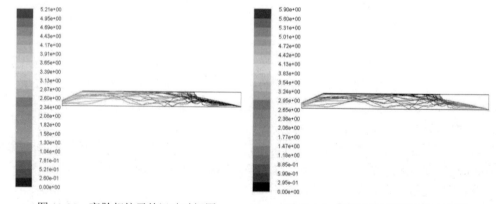

图 11-35　离散相粒子的运动时间图　　　　　图 11-36　离散相粒子的运动速度图

（7）单击 Track 按钮，在程序行显示颗粒的跟踪情况，如图 11-37 所示，可看到共跟踪 20 个颗粒，其中 0 个逃离，20 个被捕捉。

```
Console
DPM Iteration ....
number tracked = 20, trapped = 20
DPM Iteration ....
number tracked = 20, trapped = 20
```

图 11-37　颗粒跟踪信息

11.3　弯管磨损的数值模拟

11.3.1　案例简介

本案例是利用 DPM 模型对喷淋过程进行数值模拟，图 11-38 所示为三维模型。

图 11-38　弯管磨损模型

11.3.2　Fluent 求解计算设置

1．启动 Fluent-3D

（1）在 Windows 系统中启动 Fluent，进入 Fluent Launcher 界面。

（2）选中 Dimension→3D 单选按钮，Display Options 下的复选框可按个人喜好进行勾选，如导入网格后显示网格（Display Mesh After Reading）。对于一些大的模型，可以取消选择 Display Mesh After Reading 选项，以减少对内存的消耗。

（3）其他保持默认设置即可，单击 Start 按钮进入 Fluent 主界面窗口。

2．导入并检查网格

（1）选择 File→Read→Mesh 命令，在弹出的 Select File 对话框中导入 mosun.msh 三维网格文件。

(2）选择功能区 Domain→Mesh→Info→Size 命令，得到如图 11-39 所示的模型网格信息：有 13774 个网格单元，43691 个网格面，16302 个节点。

(3）选择 Mesh→Check 命令。反馈信息如图 11-40 所示，可以看到计算域三维坐标的上下限，检查最小体积和最小面积是否为负数。

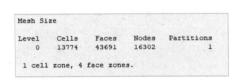

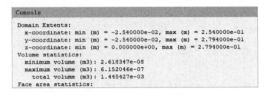

图 11-39　Fluent 网格数量信息　　　　　图 11-40　Fluent 网格信息

3．求解器参数设置

（1）选择 Setup→General 命令，在出现的 General 面板中进行求解器的设置，求解参数保持默认设置，如图 11-24 所示。

图 11-41　求解参数设置

（2）选择 Setup→Model 命令，对求解模型进行设置，如图 11-42 所示。

（3）在 Models 面板中双击 Viscous-Laminar 选项，弹出 Viscous Model 对话框，选择其中的 k-epsilon(2 eqn)选项，如图 11-43 所示，单击 OK 按钮完成设置。

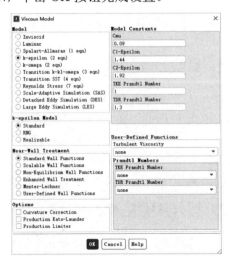

图 11-42　计算模型选择　　　　　　　图 11-43　湍流模型选择

（4）在 Models 面板中双击 Discrete Phase-off 选项，弹出 Discrete Phase Model 对话框，Interaction 下选中 Interaction with Continuous Phase 复选框，DPM Iteration Iteration 设置为 5，Max.Number of Steps 设置为 10000，其他保持默认设置，如图 11-44 所示，单击 Injections 按钮，弹出 Injections 对话框，创建离散相粒子，如图 11-45 所示。

图 11-44　DPM 模型选择

图 11-45　离散相粒子创建

（5）在弹出的对话框中，单击 Create 按钮，弹出 Set Injection Properties 窗口，设置离散相属性。Injection Name 设置为 injection-0，Injection Type 下选择 surface 选项，Material 保持默认选项即可，随后在材料设置中把其改为浆料的物性参数，在 Point Properties 选项卡下设置粒子属性，初始速度 Z-Velocity(m/s)设为 10，Diameter(m)设置为 0.0002，Flow Rate(kg/s)设置为 1，如图 11-46 所示；按相同参数再设置一个离散材料，单击 OK 按钮完成设置。

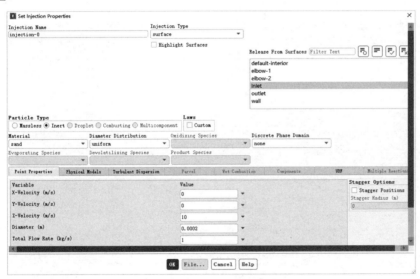

图 11-46　离散相粒子属性参数设置

4．定义材料物性

（1）选择 Setup→Materials 命令，在出现的 Materials 面板中对所需材料进行设置，如图 11-47 所示。

（2）双击面板中的 Fluid 选项，弹出材料物性参数设置对话框，如图 11-48 所示。

图 11-47　Materials 面板

图 11-48　空气物性参数设置

（3）在材料物性参数设置对话框中，单击 Fluent Database 按钮，弹出 Fluent Database Materials 对话框，在 Fluent Fluid Materials 下选择 water-liquid(h2o<1>)选项，如图 11-49 所示，单击 Copy 按钮，复制水的物性参数。

（4）单击 Change/Create 按钮，保存对水物性参数的更改，单击 Close 按钮关闭对话框。

（5）在 Material Type 下拉列表中选择 inert-particle 选项，分别将两种材料的 Name 改为 sand 和 anthracite，Density 分别设置为 1500 和 1550，单击 Change/Create 按钮，结果如图 11-50 所示。

图 11-49　水物性参数设置　　　　　　　图 11-50　物性参数设置

5．区域条件设置

（1）选择 Setup→Cell Zone Conditions 命令，在弹出的 Cell Zone Conditions 面板中对区域条件进行设置，如图 11-51 所示。

（2）选择面板中的 fluid 选项，单击 Edit 按钮，弹出 Fluid 对话框，在 Material Name 下拉列表中选择 water-liquid，如图 11-52 所示，单击 OK 按钮完成设置。

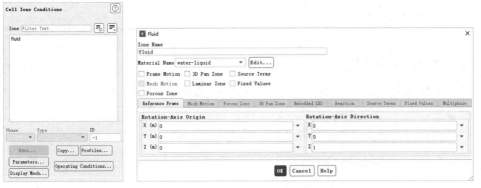

图 11-51　区域选择　　　　　图 11-52　区域属性参数设置

6. 边界条件设置

（1）选择 Setup→Boundary Conditions 命令，在弹出的 Boundary Conditions 面板中对边界条件进行设置，如图 11-53 所示。

（2）双击面板中的 inlet 选项，弹出 Velocity Inlet 窗口，对烟气进口边界条件进行设置。

（3）在对话框中选择 Momentum 选项卡，Velocity Magnitude 参数为 10，Hydraulic Diameter 设置为 0.05，如图 11-54 所示。

（4）选择 DPM 选项卡，设置 Discrete Phase BC Type 的类型为 escape。

 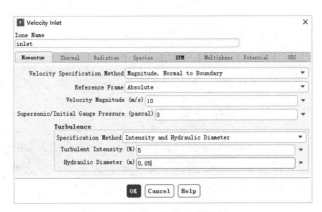

图 11-53　进口边界选择　　　　　图 11-54　进口边界条件设置

（5）设置出口边界为 outlet，并将 Discrete Phase BC Type 的类型设为 escape，如图 11-55 所示。

图 11-55　出口边界条件设置

11.3.3 求解计算

1. 求解控制参数

(1) 选择 Solution→Methods 命令,在弹出的 Solution Methods 面板中对求解控制参数进行设置。

(2) 面板中的各个选项采用默认值,如图 11-56 所示。

2. 求解松弛因子设置

(1) 选择 Solution→Controls 命令,在弹出的 Solution Controls 面板中对求解松弛因子进行设置。

(2) 面板中相应的松弛因子选择默认设置,如图 11-57 所示。

图 11-56 求解方法设置

图 11-57 松弛因子参数设置

3. 收敛临界值设置

(1) 选择 Monitors 命令,打开 Monitors 面板,如图 11-58 所示。

(2) 双击 Monitors 面板中的 Residual 选项,弹出 Residual Monitors 对话框,保持默认设置,如图 11-59 所示,单击 OK 按钮完成设置。

图 11-58 Monitors 面板

图 11-59 修改迭代残差参数设置

4．流场初始化设置

（1）选择 Solution→Initialization 命令，打开 Solution Initialization 面板。

（2）在 Solution Initialization 面板中进行初始化设置。单击 Initialize 按钮完成初始化，如图 11-60 所示。

5．迭代计算

（1）选择 File→Write→Case&Data 命令，弹出 Select File 对话框，保存文件为 ejector.case 和 ejector.data。

（2）选择 Solution→ Run Calculation 命令，打开 Run Calculation 面板。

（3）设置 Number of Iterations 设置为 1000，如图 11-61 所示。

图 11-60 流场初始化设置

图 11-61 Run Calculation 对话框

（4）单击 Calculate 按钮进行迭代计算。

（5）迭代残差收敛，残差图如图 11-62 所示。

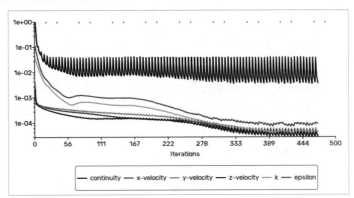

图 11-62 迭代残差曲线图

11.3.4 计算结果后处理及分析

压力场与速度场

（1）选择 Results→Graphics 命令，打开 Graphics and Animations 面板。

（2）双击 Contours（或者选中 Contours，然后单击 Set Up 按钮）选项，弹出 Contours

对话框，如图 11-63 所示，单击 Display 按钮，弹出压力场云图窗口，如图 11-64 所示。

图 11-63　压力云图绘制参数设置

（3）重复第二步的操作，在 Contours of 的第一个下拉列表中选择 velocity，单击 Display 按钮，弹出速度场云图，如图 11-65 所示。由速度场云图可看出，速度呈条纹状分布，这是烟气与喷流液滴相互作用的结果。

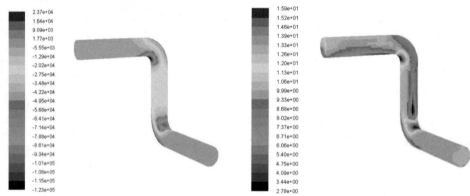

图 11-64　压力场云图　　　　　　　图 11-65　速度场云图

（4）重复第二步的操作，在 Contours of 的第一个下拉列表中选择 Discrete Phase Variables 选项，第二个下拉列表中选择 DPM Concentration 选项，单击 Display 按钮，弹出离散相的质量分数云图，如图 11-66 所示。

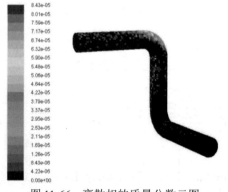

图 11-66　离散相的质量分数云图

11.4 本章小结

本章首先介绍了离散相的基础知识及 Fluent 中离散相的定义，接着进一步对 Fluent 离散相模型所能模拟的实际问题进行了说明，并阐述了离散相模型的使用限制和注意事项。最后通过两个案例对离散相模型进行了详细讲解。

通过本章的学习，读者能了解如何使用离散相模型模拟颗粒的运动轨迹，可根据实际情况自行设置颗粒相的属性参数，查看不同性质的颗粒轨迹运动情况。

第三部分　行业应用

第12章

建筑行业中的应用

随着我国经济建设的发展，城市规模的不断扩展，大型社区与高层建筑大量建设，与此同时，高层建筑群风环境的问题日益突出，引起了人们的普遍关注。环境中风的状况直接影响着人们的生活，而风环境的状况不仅与当地气候有关，还与建筑物的体型、布局等因素有关。如果在规划设计的初期就对建筑物周围的风环境进行分析，并对规划设计方案进行优化，将会有效改善建筑物周围的风环境，创造舒适的室外活动空间。

同时，室外风环境也对可能产生的环境污染有非常重要的影响，以及对高层、超高层建筑的风载荷有很大的影响。

学习 Fluent 在以下方面的应用

(1) 室外通风　　　　　　(2) 室内通风
(3) 热岛效应　　　　　　(4) 污染物扩散
(5) 温湿度控制　　　　　(6) 消防喷淋
(7) 风噪声

12.1 高层建筑室外通风数值模拟

12.1.1 案例介绍

如图 12-1 所示的三栋高层建筑，高度均为 108m，计算区域为长 1200m、宽 1200m、高 300m。其中来风流速为 3m/s，风向为西北风，请用 Fluent 求解出压力与速度的分布云图。

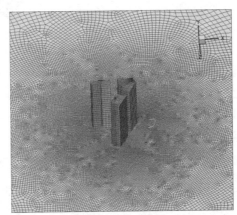

图 12-1 案例模型

12.1.2 启动 Fluent 并导入网格

（1）在 Windows 系统中启动 Fluent，进入如图 12-2 所示的 Fluent Launcher 对话框。

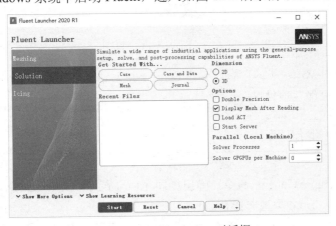

图 12-2 Fluent Launcher 对话框

（2）在 Fluent Launcher 对话框的 Dimension 中选择 3D，在 Display Options 中选择 Display Mesh After Reading 复选框，单击 Start 按钮，进入 Fluent 主界面。

（3）在 Fluent 主界面中，选择 File→Read→Mesh 命令，弹出如图 12-3 所示的 Select File 对话框，选择名为 building.msh 的网格文件，单击 OK 按钮，便可导入网格。

（4）导入网格后，在图形显示区将显示几何模型，如图 12-4 所示。

图 12-3　Select File 对话框

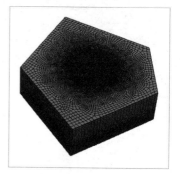
图 12-4　显示几何模型

（5）选择 Mesh→Check 命令，检查网格质量，确保不存在负体积。

（6）选择 Mesh→Scale 命令，弹出如图 12-5 所示的 Scale Mesh（网格缩放）对话框。在 Scaling 中选择 Convert Units，Mesh Was Created In 中选择 m，单击 Scale 按钮完成网格缩放，在 View Length Unit In 中选择 m。

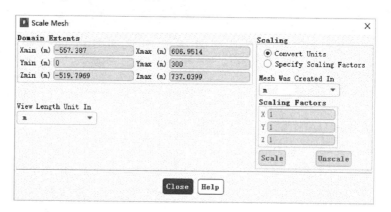
图 12-5　Scale Mesh 对话框

（7）选择 File→Write→Case 命令，弹出 Select File 对话框，在 Case File 中输入 building，单击 OK 按钮便可保存项目。

12.1.3　定义求解器

（1）选择 Setup→General 命令，弹出如图 12-6 所示的 General（总体模型设定）面板。在 Solver 中，Time 类型选择 Steady。

（2）选择功能区 Physics→Solver→Operating Conditions 命令，弹出如图 12-7 所示的 Operating Conditions（操作条件）对话框。保持默认值，单击 OK 按钮确认。

图 12-6 General 面板

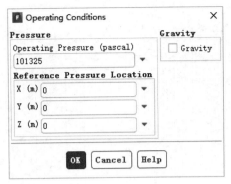
图 12-7 Operating Conditions 对话框

12.1.4 定义模型

选择 Setup→Models 命令,弹出如图 12-8 所示的 Models(模型设定)面板。在模型设定面板中双击 Viscous 选项,弹出如图 12-9 所示的 Viscous Model(湍流模型)对话框。

在 Model 中选择 k-epsilon (2 eqn)选项,在 Near-Wall Treatment 中选择 Enhanced Wall Treatment,单击 OK 按钮确认。

图 12-8 Models 面板

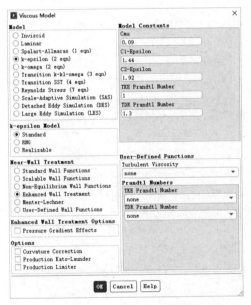
图 12-9 Viscous Model 对话框

12.1.5 设置材料

选择 Setup→Materials 命令,弹出如图 12-10 所示的 Materials(材料)面板,双击 Air 选项便可弹出如图 12-11 所示的 Create/Edit Materials(物性参数设定)对话框。保持默认值,单击 Close 按钮退出。

图 12-10 Materials 面板

图 12-11 Create/Edit Materials 对话框

12.1.6 边界条件

（1）导入 UDF 文件。在室外风环境模拟中，来流按风廓线分布，即不同高度的来流速度呈如下指数分布：

$$u = U_{10}(z/10)^\alpha$$

式中，U_{10} 为距离地面 10m 高的来流速度，α 为地面粗糙系数，这里取 $\alpha=0.3$。按照上述公式，编写 UDF 文件如下：

```
#include "udf.h"
#define U10 3.0
/* profile for velocity */
DEFINE_PROFILE(velocity,t,i)
{
  real y, x[ND_ND];  /* variable declarations */
  face_t f;
  begin_f_loop(f,t)
    {
      F_CENTROID(x,f,t);
      y = x[1];
      F_PROFILE(f,t,i) = U10*pow(y/10.0,0.3);
    }
  end_f_loop(f,t)
}
```

在 Fluent 软件中，选择功能区 User-Defined→Functions→Interpreted 命令启动如图 12-12 所示的 Interpreted UDFs（编辑 UDF）对话框。

在 Source Files Name 下单击 Browse 按钮，弹出如图 12-13 所示的 Select File 对话框，选择 vec.c 文件，单击 OK 按钮完成 UDF 文件导入。

（2）选择 Setup→Boundary Conditions 命令启动如图 12-14 所示的 Boundary Conditions（边界条件）面板。

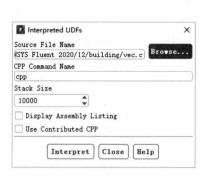
图 12-12 编辑 UDF 对话框

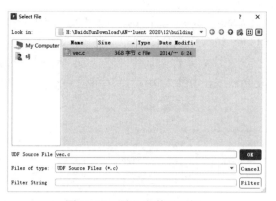
图 12-13 导入文件对话框

（3）在边界条件面板中，双击 n，弹出如图 12-15 所示的 Velocity Inlet（边界条件设置）对话框。

在 Velocity Specification Method 中选择 Magnitude and Direction，Velocity Magnitude 中选择 udf velocity，X-Component of Flow Direction 和 Z-Component of Flow Direction 中均输入 0.70710677。

图 12-14 Boundary Conditions 面板

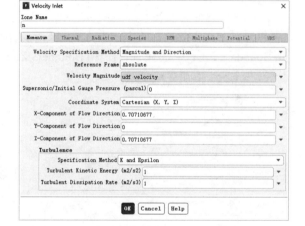
图 12-15 Velocity Inlet 对话框

（4）在边界条件面板中，单击 Copy 按钮弹出如图 12-16 所示的 Copy Conditions（边界条件复制）对话框。

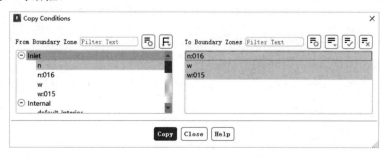
图 12-16 Copy Conditions 对话框

在 From Boundary Zone 中选择 n，在 To Boundary Zone 中选择 n:016、w、w:015，单击 Copy 按钮完成复制。

（5）在边界条件面板中，双击 se，弹出如图 12-17 所示的 Pressure Outlet 对话框，在 Gauge Pressure 中输入 101325，单击 OK 按钮退出。

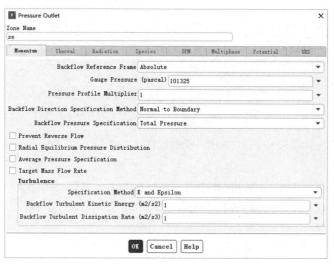

图 12-17　Pressure Outlet 对话框

（6）重复第四步，出现如图 12-18 所示的 Copy Conditions（边界条件复制）对话框，在 From Boundary Zone 中选择 se，在 To Boundary Zone 中选择 ne、ne:001、se:012、sw、sw:014，单击 Copy 按钮完成复制。

图 12-18　Copy Conditions 对话框

12.1.7　求解控制

（1）选择 Solution→Methods 命令，弹出如图 12-19 所示的 Solution Methods（求解方法设置）面板，保持默认设置不变。

（2）选择 Solution→Controls 命令，弹出如图 12-20 所示的 Solution Controls（求解过程控制）面板，保持默认设置不变。

图 12-19　Solution Methods 面板

图 12-20　Solution Controls 面板

12.1.8　初始条件

选择 Solution→Initialization 命令，弹出如图 12-21 所示的 Solution Initialization（初始化设置）面板。

在 Initialization Methods 中选择 Hybrid Initialization，单击 Initialize 按钮进行初始化。

图 12-21　Solution Initialization 面板

12.1.9　求解过程监视

选择 Monitors 命令，弹出如图 12-22 所示的 Monitors（监视）面板，双击 Residual 选项，弹出如图 12-23 所示的 Residual Monitors（残差监视）对话框。

保持默认设置不变，单击 OK 按钮确认。

图 12-22　Monitors 面板　　　　图 12-23　Residual Monitors 对话框

12.1.10 计算求解

选择 Solution→Run Calculation 命令，弹出如图 12-24 所示的 Run Calculation（运行计算）面板。

在 Number of Iterations 中输入 500，单击 Calculate 按钮开始计算。

图 12-24 Run Calculation 面板

12.1.11 结果后处理

（1）选择 Results→Surface→New→Iso-Surface 命令，弹出如图 12-25 所示的 Iso-Surface（等值面）对话框。

图 12-25 Iso-Surface 对话框

在 Surface of Contant 中选择 Mesh 和 Y-Coordinate，在 Iso-Values 中输入 1.5，在 New Surface Name 中输入 yhei，单击 Create 按钮。

（2）选择 Results→Graphics 命令，弹出如图 12-26 所示的 Graphics and Animations（图形和动画）面板，在 Graphics 下双击 Contours，弹出如图 12-27 所示的 Contours（等值线）对话框。

在 Contours of 中选择 Pressure，在 surfaces 中选择 yhei，单击 Display 按钮，显示如图 12-28 所示的压力云图。

第 12 章　建筑行业中的应用

图 12-26　Graphics and Animations 面板

图 12-27　Contours 对话框

图 12-28　压力云图

（3）在 Contours of 中选择 Velocity，单击 Display 按钮，显示如图 12-29 所示的速度云图。

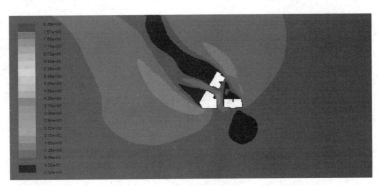

图 12-29　速度云图

（4）在 Graphics 下双击 Vectors，弹出如图 12-30 所示的 Vectors（矢量）对话框。选择 Draw Mesh 复选框，弹出如图 12-31 所示的 Mesh Display（网格显示）对话框，在 Edge Type 中选择 Feature，单击 Display 按钮显示如图 12-32 所示的几何框图。

在 Vectors（矢量）对话框的 Scale 中输入 5，Skip 中输入 5，Surfaces 中选择 yhei，单击 Display 按钮，显示如图 12-33 所示的速度矢量图。

图 12-30 Vectors 对话框

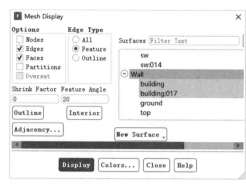

图 12-31 Mesh Display 对话框

图 12-32 几何框图

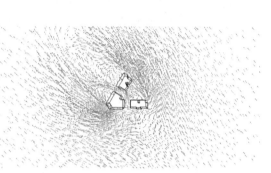

图 12-33 速度矢量图

12.2 室内通风模拟分析

12.2.1 案例介绍

如图 12-34 所示的室内空间，其中入口流速为 0.25m/s，温度为 300K，人体发热量为 43w/m²，请用 Fluent 求解压力与速度的分布云图。

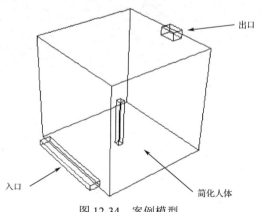

图 12-34 案例模型

12.2.2　启动 Fluent 并导入网格

（1）在 Windows 系统中启动 Fluent，进入 Fluent Launcher 界面。

（2）在 Fluent Launcher 界面的 Dimension 中选择 3D，在 Display Options 中选择 Display Mesh After Reading，单击 Start 按钮进入 Fluent 主界面。

（3）在 Fluent 主界面中，选择 File→Read→Mesh 按钮，弹出如图 12-35 所示的 Select File 对话框，选择名为 room.msh 的网格文件，单击 OK 按钮便可导入网格。

（4）导入网格后，在图形显示区将显示几何模型，如图 12-36 所示。

图 12-35　Select File 对话框　　　　图 12-36　几何模型

（5）选择 Mesh→Check 命令，检查网格质量，确保不存在负体积。

（6）选择 Mesh→Scale 命令，弹出如图 12-37 所示的 Scale Mesh（网格缩放）对话框。在 Scaling 中选择 Convert Units，Mesh Was Created In 中选择 m，单击 Scale 按钮完成网格缩放，在 View Length Unit In 中选择 m。

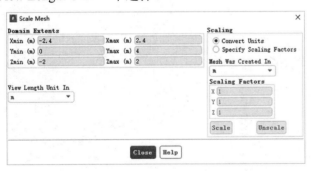

图 12-37　Scale Mesh 对话框

（7）选择 File→Write→Case 命令，弹出 Select File 对话框，在 Case File 中输入 room，单击 OK 按钮便可保存项目。

12.2.3　定义求解器

（1）选择 Setup→General 命令，弹出如图 12-38 所示的 General（总体模型设定）面板。在 Solver 中，Time 类型选择 Steady。

（2）选择功能区 Physics→Solver→Operating Conditions 命令，弹出如图 12-39 所示的 Operating Conditions（操作条件）对话框。在 Operating Pressure 中输入 101325，选择 Gravity 复选框，在 Y（m/s2）中输入-9.81，在 Operating Temperature 中输入 305，单击 OK 按钮。

图 12-38　General 面板

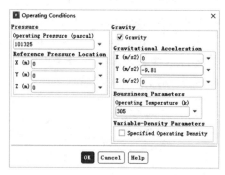

图 12-39　Operating Conditions 对话框

12.2.4　定义模型

（1）选择 Setup→Models 命令，弹出如图 12-40 所示的 Models（模型设定）面板。在模型设定面板中双击 Viscous 选项，弹出如图 12-41 所示的 Viscous Model（湍流模型）对话框。

在 Model 中选择 k-epsilon (2 eqn)，单击 OK 按钮。

图 12-40　Models 面板

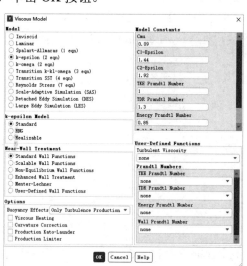

图 12-41　Viscous Model 对话框

（2）在模型设定面板中双击 Energy，弹出如图 12-42 所示的 Energy（能量模型）对话框，选择 Energy Equation 复选框激活能量方程，单击 OK 按钮。

（3）在模型设定面板中双击 Radiation，弹出如图 12-43 所示的 Radiation Model（辐射模型）对话框，选择 P1 模型，单击 OK 按钮。

图 12-42　Energy 对话框

图 12-43　Radiation Model 对话框

12.2.5　设置材料

选择 Setup→Materials 命令，弹出如图 12-44 所示的 Materials（材料）面板。在材料面板中，双击 Air 便可弹出如图 12-45 所示的 Create/Edit Materials（物性参数设定）对话框。

保持默认设置，单击 Close 按钮退出。

图 12-44　Materials 面板

图 12-45　Create/Edit Materials 对话框

12.2.6　边界条件

（1）选择 Setup→Boundary Conditions 命令，启动如图 12-46 所示的 Boundary Conditions 面板。

（2）在 Boundary Conditions 面板中，双击 inlet，弹出如图 12-47 所示的 Velocity Inlet 对话框。

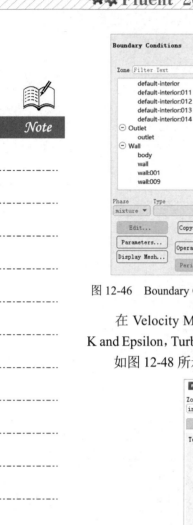

图 12-46 Boundary Conditions 面板

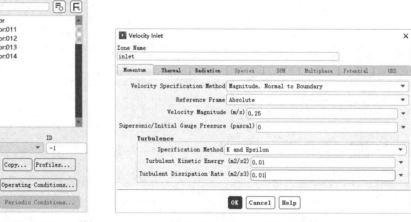

图 12-47 Velocity Inlet 对话框

在 Velocity Magnitude 中输入 0.25，在 Turbulence 的 Specification Method 中选择 K and Epsilon，Turbulent Kinetic Energy 输入 0.01，Turbulent Dissipation Rate 中输入 0.01。

如图 12-48 所示，在 Thermal 选项卡的 Total Temperature 中输入 300，单击 OK 按钮。

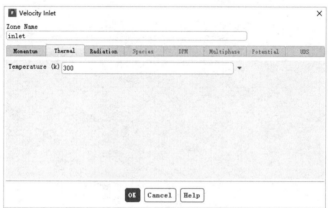

图 12-48 Thermal 选项卡

（3）在 Boundary Conditions 面板中，双击 outlet，弹出如图 12-49 所示的 Outflow 对话框。保持默认设置，单击 OK 按钮。

图 12-49 Outflow 对话框

（4）在 Boundary Conditions 面板中，双击 body，弹出如图 12-50 所示的 Wall 对话框。

在 Thermal 选项卡的 Thermal Conditions 中选择 Heat Flux，在 Heat Flux 中输入 43，单击 OK 按钮。

图 12-50　Wall 对话框

12.2.7　求解控制

选择 Solution→Methods 命令，弹出如图 12-51 所示的 Solution Methods（求解方法设置）面板。

在 Turbulent Kinetic Energy 和 Specific Dissipation Rate 中选择 Second Order Upwind。

12.2.8　初始条件

选择 Solution→Initialization 命令，弹出如图 12-52 所示的 Solution Initialization（初始化设置）面板。

在 Initialization Methods 中选择 Standard Initialization，Compute from 选择 inlet，单击 Initialize 按钮进行初始化。

图 12-51　Solution Methods 面板

图 12-52　Solution Initialization 面板

12.2.9 求解过程监视

(1) 选择 Monitors 命令，弹出如图 12-53 所示的 Monitors（监视）面板，双击 Residual 选项，弹出如图 12-54 所示的 Residual Monitors（残差监视）对话框。

保持默认设置不变，单击 OK 按钮。

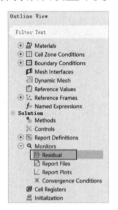

图 12-53 Monitors 面板

图 12-54 Residual Monitors 对话框

(2) 选择 Solution→Monitors→Report Files→New→New→Surface Report→Area-Weighted Average 命令，弹出如图 12-55 所示的 Surface Report Definition（表面报告定义）对话框，在 Report Type 中选择 Mass Flow Rate，在 Surface 中选择 outlet，单击 OK 按钮。

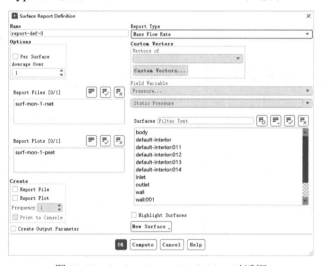

图 12-55 Surface Report Definition 对话框

12.2.10 计算求解

选择 Solution→Run Calculation 命令，弹出如图 12-56 所示的 Run Calculation（运行计算）面板。

在 Number of Iterations 中输入 500，单击 Calculate 按钮开始计算。

图 12-56　Run Calculation 面板

12.2.11　结果后处理

（1）选择 Results→Surface→New→Iso-Surface 命令，弹出如图 12-57 所示的 Iso-Surface（等值面）对话框。

图 12-57　Iso-Surface 对话框

在 Surface of Contant 中选择 Mesh 和 Z-Coordinate，在 Iso-Values 中输入 0，在 New Surface Name 中输入 z0，单击 Create 按钮。

（2）重复第一步，在 Surface of Contant 中选择 Mesh 和 Y-Coordinate，在 Iso-Values 中输入 1，在 New Surface Name 中输入 y1，单击 Create 按钮。

（3）选择 Results→Graphics 命令，弹出如图 12-58 所示的 Graphics and Animations（图形和动画）面板，在 Graphics 下双击 Contours，弹出如图 12-59 所示的 Contours（等值线）对话框。

图 12-58　Graphics and Animations 对话框

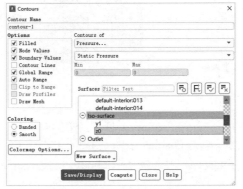

图 12-59　Contours 对话框

Contours of 选择 Pressure，选择 Filled 复选框，在 Surfaces 中选择 z0，单击 Display 按钮，显示如图 12-60 所示的压力云图。

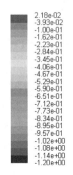

图 12-60　z0 压力云图

在 Surfaces 中选择 y1，单击 Display 按钮，显示如图 12-61 所示的压力云图。

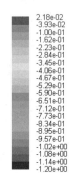

图 12-61　y1 压力云图

（4）在 Contours of 中选择 Velocity，选择 Filled 复选框，在 Surfaces 中选择 z0，单击 Display 按钮，显示如图 12-62 所示的速度云图。

在 Surfaces 中选择 y1，单击 Display 按钮，显示如图 12-63 所示的速度云图。

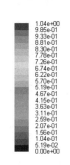

图 12-62　z0 速度云图　　　　　　　图 12-63　y1 速度云图

（5）在 Contours of 中选择 Temperature，选择 Filled 复选框，在 Surfaces 中选择 z0 和 body，单击 Display 按钮，显示如图 12-64 所示的温度云图。

在 Surfaces 中选择 y1 和 body，单击 Display 按钮，显示如图 12-65 所示的温度云图。

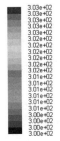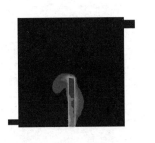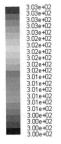

图 12-64　z0 和 body 温度云图　　　　　图 12-65　y1 和 body 温度云图

（6）在 Graphics 下双击 Vectors，弹出如图 12-66 所示的 Vectors（矢量）对话框。选择 Draw Mesh 复选框，弹出如图 12-67 所示的 Mesh Display（网格显示）对话框，在 Edge Type 中选择 Feature，单击 Display 按钮，显示如图 12-68 所示的几何框图。

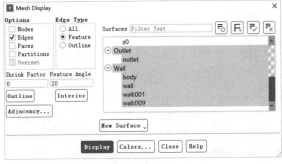

图 12-66　Vectors 对话框　　　　　　　　图 12-67　Mesh Display 对话框

在 Vectors（矢量）对话框的 Scale 中输入 0.2，Skip 中输入 2，Surfaces 中选择 z0，单击 Display 按钮，显示如图 12-69 所示的速度矢量图。

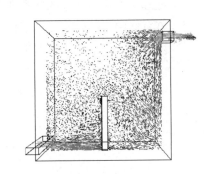

图 12-68　几何框图　　　　　　　　　　图 12-69　z0 速度矢量图

在 Surfaces 中选择 y1，单击 Display 按钮，显示如图 12-70 所示的速度矢量图。

（7）选择 Report→Result Reports 命令，弹出如图 12-71 所示的 Reports（结果）面板。

双击 Fluxes 选项，弹出如图 12-72 所示的 Flux Reports 对话框，在 Boundaries 中选择 inlet 和 outlet，单击 Compute 按钮进行计算。

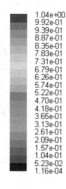
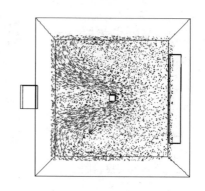

图 12-70　y1 速度矢量图

图 12-71　Reports 面板

图 12-72　Flux Reports 对话框

12.3　本章小结

　　建筑行业中的室内外风环境已经越来越被人们所重视，特别是针对绿色建筑中的室外通风情况和室内空气质量的研究非常重视。

　　通过本章的学习，读者可以掌握 Fluent 模拟分析的基本操作和在建筑行业中的主要分析方法，通过完成本章案例的练习，可以基本了解 Fluent 前处理和后处理的操作，对 Fluent 模拟分析有一定的认识。

第13章

机械行业中的应用

在机械行业中，流体机械的工作原理、设计理论与方法、制造技术等的基础理论为叶轮机械气体动力学、流体力学、计算流体力学、微器件内部流体动力学、生物流体力学、化工工质物性、优化设计理论、强度与转子动力学、轴承理论、检测与控制理论、密封技术、固液两相流及固/液/气多相流动理论、湍流理论、流体系统的动力学理论等多学科的交叉。当前的发展趋向：在能量转换强度上，向高速、高效、高压力方向发展；在机组规模上，向超大型、超小型的两极方向发展；在设计理念上，从单工况、定常流设计向"三多二非"（多设计工况、多目标函数、多约束条件下的优化设计方法、非定常流动与非稳定流动设计）方向发展；在学科交叉发展上，与生物流体力学、MEMS、高精测量技术、材料等学科交叉结合发展；在实验技术上，从外特性实验走向内部非定常流动的无干扰测量技术发展。

学习 Fluent 在以下方面的应用

- (1) 阀门移动
- (2) 压气机和涡轮机叶片的流道分析
- (3) 水泵转子叶轮和涡壳设计
- (4) 扩散器性能
- (5) 盘腔冷却和盘摩擦
- (6) 燃烧器设计
- (7) 汽轮机薄膜冷却
- (8) 密封泄露

13.1 阀门运动

13.1.1 案例介绍

如图 13-1 所示的球阀，球阀通过移动起到开关作用，控制流体进入容器，请用 Fluent 分析球阀周边流场情况。

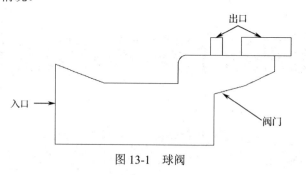

图 13-1 球阀

13.1.2 启动 Fluent 并导入网格

（1）在 Windows 系统中启动 Fluent，进入 Fluent Launcher 界面。

（2）在 Fluent Launcher 界面的 Dimension 中选择 2D，在 Display Options 中选择 Display Mesh After Reading 复选框，单击 Start 按钮，进入 Fluent 主界面。

（3）在 Fluent 主界面中，选择 File→Read→Mesh 命令，弹出如图 13-2 所示的 Select File 对话框，选择名为 valve.msh 的网格文件，单击 OK 按钮便可导入网格。

（4）导入网格后，在图形显示区将显示几何模型，如图 13-3 所示。

图 13-2 Select File 对话框

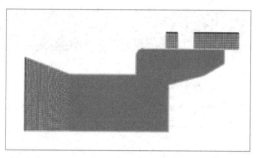

图 13-3 显示几何模型

（5）选择 Mesh→Check 命令，检查网格质量，确保不存在负体积。

（6）选择 Mesh→Scale 命令，弹出如图 13-4 所示的 Scale Mesh（网格缩放）对话框。在 Scaling 中选择 Convert Units，Mesh Was Created In 中选择 in，单击 Scale 按钮完成网格缩放，在 View Length Unit In 中选择 in。

图 13-4　Scale Mesh 对话框

（7）选择 Setup→General→Units 命令，弹出如图 13-5 所示的 Set Units（设置单位）对话框，在 Pressure 中选择 psi。

单击 New 按钮，弹出如图 13-6 所示的 Define Unit（定义单位）对话框。在 Quantities 中选择 mass-flow，在 Unit 中输入 gpm，在 Factor 中输入 0.0536265，单击 OK 按钮。

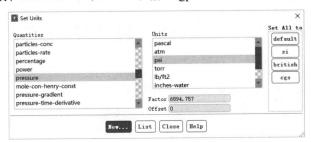

图 13-5　Set Units 对话框

图 13-6　Define Unit 对话框

（8）选择 File→Write→Case 命令，弹出 Select File 对话框，在 Case File 中输入 Valve，单击 OK 按钮保存项目。

13.1.3　定义求解器

（1）选择 Setup→General 命令，弹出如图 13-7 所示的 General（总体模型设定）面板。在 Solver 中，Time 类型选择 Transient，2D Space 选择 Axisymmetric。

（2）选择功能区 Physics→Solver→Operating Conditions 命令，弹出如图 13-8 所示的 Operating Conditions（操作条件）对话框。在 Operating Pressure 中输入 0，单击 OK 按钮。

图 13-7　General 面板

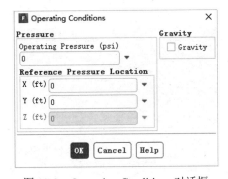

图 13-8　Operating Conditions 对话框

13.1.4 定义模型

选择 Setup→Models 命令，弹出如图 13-9 所示的 Models（模型设定）面板，双击 Viscous Model 按钮，弹出如图 13-10 所示的 Viscous Model（湍流模型）对话框。

在 Model 中选择 k-epsilon(2 eqn)，单击 OK 按钮。

图 13-9　Models 面板

图 13-10　Viscous Model 对话框

13.1.5 设置材料

选择 Setup→Materials 命令，弹出如图 13-11 所示的 Materials（材料）面板，单击 Create/Edit 按钮，弹出如图 13-12 所示的 Create/Edit Materials（物性参数设定）对话框。

图 13-11　Materials 面板

图 13-12　Create/Edit Materials 对话框

在 Name 中输入 oil，在 Density 中输入 850，在 Viscosity 中输入 0.17，单击 Change/Create 按钮创建新物质，在弹出的如图 13-13 所示的 Question（疑问）对话框中，单击 No 按钮，不替换原来的 air 物质。

图 13-13　Question 对话框

13.1.6　边界条件

（1）选择 Setup→Boundary Conditions 命令，启动如图 13-14 所示的 Boundary Conditions 面板。

（2）双击 inlet，弹出如图 13-15 所示的 Mass-Flow Inlet 对话框。

图 13-14　Boundary Conditions 面板

图 13-15　Mass-Flow Inlet 对话框

在 Mass Flow Rate 中输入 2，Supersonic/Initial Gauge Pressure 中输入 80，在 Turbulence 的 Specification Method 中选择 Intensity and Hydraulic Diameter，在 Turbulent Intensity 中输入 10，Hydraulic Diameter 中输入 0.3。

（3）在 Boundary Conditions 面板中，双击 outlet，弹出如图 13-16 所示的 Pressure Outlet 对话框。

图 13-16　Pressure Outlet 对话框

在 Gauge Pressure 中输入 14.7，Backflow Turbulent Intensity 中输入 10，Backflow Turbulent Viscosity Ratio 中输入 10。

13.1.7 设置分界面

（1）选择 Setup→Mesh Interfaces 命令，启动如图 13-17 所示的 Mesh Interfaces（网格分界面）面板。

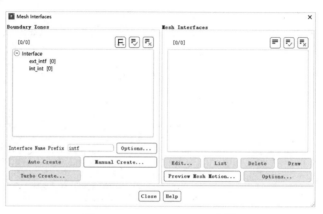

图 13-17 Mesh Interfaces 面板

（2）单击 Manual Create 按钮，弹出如图 13-18 所示的 Edit Mesh Interfaces（创建/编辑网格分界面）对话框。

图 13-18 Edit Mesh Interfaces 对话框

在 Interface Zone 1 中选择 ext_intf，在 Interface Zone 2 中选择 int_int，在 Interface Name 中输入 if，单击 Create 按钮完成创建。

13.1.8 动网格设置

（1）导入 UDF 文件。

选择功能区 User-Defined→Functions→Compiled 命令，启动如图 13-19 所示的 Compiled UDFs（编辑 UDF）对话框。

在 Source Files 下单击 Add 按钮，弹出如图 13-20 所示的 Select File 对话框，选择 valve.c 文件，单击 OK 按钮，完成 UDF 文件导入。

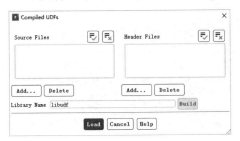

图 13-19 Compiled UDFs 对话框

图 13-20 Select File 对话框

返回编辑 UDF 对话框，单击 Bulid 按钮进行编辑，在弹出的疑问对话框中单击 OK 按钮。

单击 Load 按钮，加载刚刚编译完成的 UDF 函数库。

（2）选择 Setup→Dynamic Mesh 命令，启动如图 13-21 所示的 Dynamic Mesh（动网格设置）面板。选择 Dynamic Mesh 复选框，在 Mesh Methods 中选择 Smoothing 和 Remeshing 复选框。

单击 Settings 按钮，弹出如图 13-22 所示的 Mesh Method Settings（网格方法设置）对话框。在 Smoothing 选项卡的 Spring Constant Factor 中输入 1，Convergence Tolerance 中输入 0.001，MaximumNumber of Iterations 中输入 50，Laplace Node Relaxation 中输入 0.7。

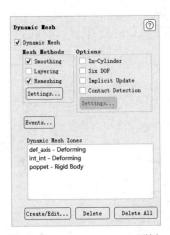

图 13-21 Dynamic Mesh 面板

图 13-22 Mesh Method Settings 对话框

在如图 13-23 所示 Remeshing 选项卡的 Minimum Length Scale 中输入 0，Maximum Length Scale 中输入 0.006396，Maximum Cell Skewness 输入 0.7，单击 OK 按钮。

（3）在 Dynamic Mesh Zones 中单击 Create/Edit 按钮，弹出如图 13-24 所示的 Dynamic Mesh Zones（动网格区域）对话框。

在 Zone Names 中选择 poppet，在 Type 中选择 Rigid Body；在 Motion Attributes 选项卡的 Motion UDF/Profile 中选择 valve；在 Meshing Options 选项卡的 Cell Height 中输入 0.005。单击 Create 按钮，创建动网格区域。

图 13-23　Remeshing 选项卡

图 13-24　Dynamic Mesh Zones 对话框 1

如图 13-25 所示，在 Zone Names 中选择 def_axis，在 Type 中选择 Deforming，在 Geometry Definition 选项卡的 Definition 中选择 plane，Point on Plane 的 X、Y 分别输入 0、0，Plane Normal 的 X、Y 分别输入 0、1，在 Meshing Options 选项卡的 Minimum Length Scale 中输入 0.002，Maximum Length Scale 中输入 0.007。单击 Create 按钮创建 Dynamic Mesh Zones（动网格区域）。

如图 13-26 所示，在 Zone Names 中选择 int_int，在 Type 中选择 Deforming，在 Geometry Definition 选项卡的 Definition 中选择 plane，在 Point on Plane 的 X、Y 中分别输入 0、0.22625，在 Plane Normal 的 X、Y 中分别输入 0、1，在 Meshing Options 选项卡的 Minimum Length Scale 中输入 0.002，Maximum Length Scale 中输入 0.007。单击 Create 按钮创建 Dynamic Mesh Zones（动网格区域）。

图 13-25　Dynamic Mesh Zones 对话框 2

图 13-26　Dynamic Mesh Zones 对话框 3

13.1.9　求解控制

（1）选择 Solution→Methods 命令，弹出如图 13-27 所示的 Solution Methods（求解方法设置）面板。保持默认设置不变。

（2）选择 Solution→Controls 命令，弹出如图 13-28 所示的 Solution Controls（求解过程控制）面板。保持默认设置不变。

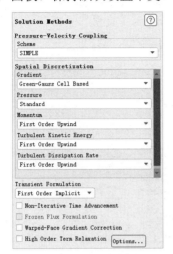

图 13-27　Solution Methods 面板

图 13-28　Solution Controls 面板

13.1.10　初始条件

选择 Solution→Initialization 命令，弹出如图 13-29 所示的 Solution Initialization（初始化设置）面板。

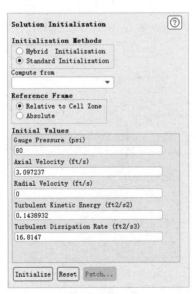

图 13-29　Solution Initialization 面板

在 Initialization Methods 中选择 Standard Initialization，在 Gauge Pressure 中输入 80，Axial Velocity 中输入 3.097237，Turbulent Kinetic Energy 中输入 0.1438932，Turbulent Dissipation Rate 中输入 16.8147，单击 Initialize 按钮进行初始化。

13.1.11 求解过程监视

选择 Monitors 命令，弹出如图 13-30 所示的 Monitors（监视）面板，双击 Residual 选项，弹出如图 13-31 所示的 Residual Monitors（残差监视）对话框。

保持默认设置不变，单击 OK 按钮。

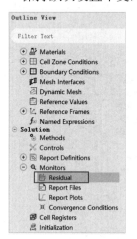

图 13-30 Monitors 面板

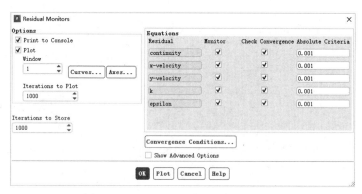

图 13-31 Residual Monitors 对话框

13.1.12 计算求解

选择 Solution→Run Calculation 命令，弹出如图 13-32 所示的 Run Calculation（运行计算）面板。

图 13-32 Run Calculation 面板

在 Time Step Size 中输入 4e-06，在 Max Iterations/Time Step 中输入 100，Number of Time Steps 中输入 80，单击 Calculate 按钮开始计算。

13.1.13 结果后处理

(1) 选择 Results→Graphics 命令, 弹出如图 13-33 所示的 Graphics and Animations (图形和动画) 面板, 在 Graphics 下双击 Contours, 弹出如图 13-34 所示的 Contours (等值线) 对话框。

图 13-33　Graphics and Animations 面板

图 13-34　Contours 对话框

在 Contours of 中选择 Pressure, 单击 Display 按钮, 显示如图 13-35 所示的压力云图。

图 13-35　压力云图

(2) 在 Graphics 下双击 Vectors, 弹出如图 13-36 所示的 Vectors (矢量) 对话框。单击 Display 按钮, 显示如图 13-37 所示的速度矢量图。

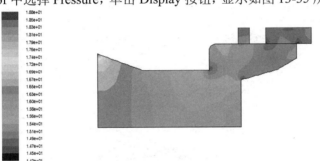

图 13-36　Vectors 对话框

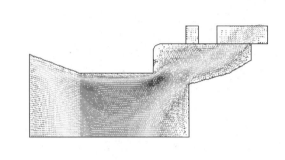

图 13-37　速度矢量图

13.2　风力涡轮机分析

13.2.1　案例介绍

用 Fluent 分析如图 13-38 所示的风力涡轮机运动过程中扇叶周边的流场情况。

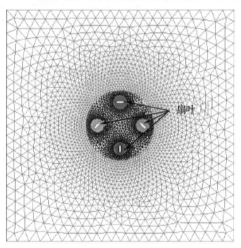

图 13-38　案例模型

13.2.2　启动 Fluent 并导入网格

（1）在 Windows 系统中启动 Fluent，进入 Fluent Launcher 界面。
（2）在 Fluent Launcher 界面的 Dimension 中选择 2D，在 Display Options 中选择 Display Mesh After Reading 复选框，单击 Start 按钮进入 Fluent 主界面。

(3) 在 Fluent 主界面中选择 File→Read→Mesh 命令，弹出如图 13-39 所示的 Select File 对话框，选择名为 windturbine.msh 的网格文件，单击 OK 按钮，便可导入网格。

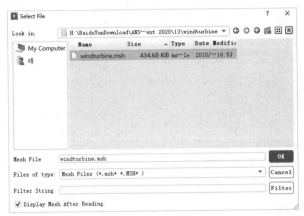

图 13-39　Select File 对话框

(4) 导入网格后，在图形显示区将显示几何模型，如图 13-40 所示。

(5) 选择 Mesh→Check 命令，检查网格质量，确保不存在负体积。

(6) 选择 File→Write→Case 命令，弹出 Select File 对话框，在 Case File 中输入 windturbine，单击 OK 按钮保存项目。

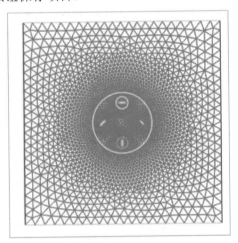

图 13-40　几何模型

13.2.3　定义求解器

(1) 选择 Setup→General 命令，弹出如图 13-41 所示的 General（总体模型设定）面板。在 Solver 中，Time 类型选择 Steady。

(2) 选择功能区 Physics→Solver→Operating Conditions 按钮，弹出如图 13-42 所示 Operating Conditions（操作条件）对话框。保持默认设置，单击 OK 按钮。

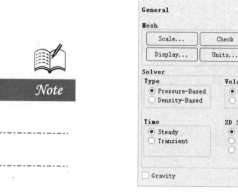

图 13-41 General 面板

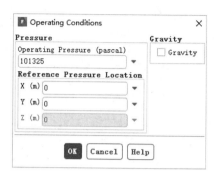

图 13-42 Operating Conditions 对话框

13.2.4 定义模型

选择 Setup→Models 命令，弹出如图 13-43 所示的 Models（模型设定）面板。在模型设定面板中双击 Viscous 选项，弹出如图 13-44 所示的 Viscous Model（湍流模型）对话框。

在 Model 中选择 k-epsilon(2 eqn)，单击 OK 按钮。

图 13-43 Models 面板

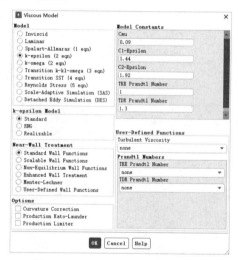

图 13-44 Viscous Model 对话框

13.2.5 设置材料

选择 Setup→Materials 命令，弹出如图 13-45 所示的 Materials（材料）面板，双击 Air，弹出如图 13-46 所示的 Create/Edit Materials（物性参数设定）对话框。

保持默认值，单击 Close 按钮。

图 13-45　Materials 面板　　　　图 13-46　Create/Edit Materials 对话框

13.2.6　边界条件

（1）选择 Setup→Boundary Conditions 命令，弹出如图 13-47 所示的 Boundary Conditions 面板。

（2）双击 vel-inlet-wind 选项，弹出如图 13-48 所示的 Velocity Inlet 对话框。

在 Velocity Magnitude 中输入 10，在 Turbulence 的 Specification Method 中选择 Intensity and Hydraulic Diameter，在 Turbulent Intensity 中输入 5，Hydraulic Diameter 中输入 1。

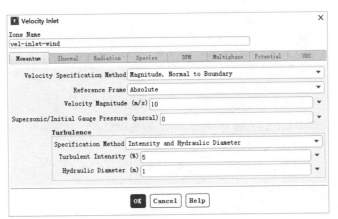

图 13-47　Boundary Conditions 面板　　　　图 13-48　Velocity Inlet 对话框

（3）在 Boundary Conditions 面板中双击 pressure-outlet-wind，弹出如图 13-49 所示的 Pressure Outlet 对话框。

在 Gauge Pressure 中输入 0，在 Turbulence 的 Specification Method 中选择 Intensity and Hydraulic Diameter，在 Backflow Turbulent Intensity 输入 5，Backflow Hydraulic Diameter 中输入 1。

图 13-49　Pressure Outlet 对话框

（4）在 Boundary Conditions 面板中，双击 wall-blade-xneg，弹出如图 13-50 所示的 Wall 对话框。

图 13-50　Wall 对话框

在 Wall Motion 中选择 Moving Wall，在 Motion 中选择 Rotational，在 Speed 中输入 0，单击 OK 按钮确认。

（5）在 Boundary Conditions 面板中，单击 Copy 按钮，弹出如图 13-51 所示的 Copy Conditions（边界条件复制）对话框。

图 13-51　Copy Conditions 对话框

在 From Boundary Zone 中选择 wall-blade-xneg，在 To Boundary Zone 中选择 wall-blade-xpos、wall-blade-ypos 和 wall-blade-yneg，单击 Copy 按钮完成复制。

13.2.7 设置分界面

（1）选择 Mesh Interfaces 命令，弹出如图 13-52 所示的 Mesh Interfaces（网格分界面）面板。

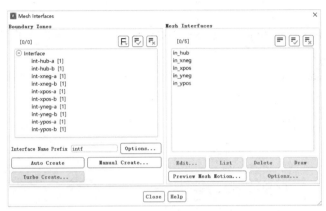

图 13-52　Mesh Interfaces 面板

（2）单击 Manual Create 按钮，弹出如图 13-53 所示的 Create/Edit Mesh Interfaces（创建/编辑网格分界面）对话框。

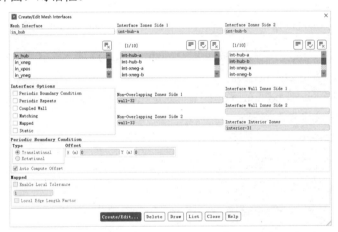

图 13-53　Create/Edit Mesh Intefaces 对话框

按如下操作创建网格分界面：

在 Interface Zone Side 1 中选择 int-hub-a，在 Interface Zone Side 2 中选择 int-hub-b，在 Mesh Interface 中填入 in_hub，单击 Create 按钮完成创建。

在 Interface Zone Side 1 中选择 int-xneg-a，在 Interface Zone Side 2 中选择 int-xneg-b，在 Mesh Interface 中填入 in_xneg，单击 Create 按钮完成创建。

在 Interface Zone Side 1 中选择 int-xpos-a，在 Interface Zone Side 2 中选择 int-xpos-b，在 Mesh Interface 中填入 in_xpos，单击 Create 按钮完成创建。

在 Interface Zone Side 1 中选择 int-yneg-a，在 Interface Zone Side 2 中选择 int-yneg-b，在 Mesh Interface 中填入 in_yneg，单击 Create 按钮完成创建。

在 Interface Zone Side 1 中选择 int-ypos-a，在 Interface Zone Side 2 中选择 int-ypos-b，在 Mesh Interface 中填入 in_ypos，单击 Create 按钮完成创建。

13.2.8 动网格设置

（1）选择 Setup→Cell Zone Conditions 命令，弹出如图 13-54 所示的 Cell Zone Condition（区域条件）面板。

双击 fluid-rotating-core 选项，弹出如图 13-55 所示的 Fluid（流体域设置）对话框。

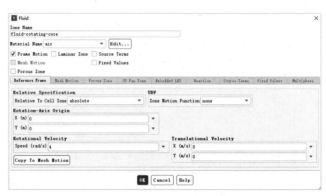

图 13-54　Cell Zone Conditions 面板　　　　图 13-55　Fluid 对话框 1

选择 Frame Motion 复选框，激活 Reference Frame 选项卡，在 Rotational Velocity 的 Speed 中输入 4，单击 OK 按钮确认。

（2）在 Cell Zone Conditions 面板中，双击 fluid-blade-xneg 选项，弹出如图 13-56 所示的 Fluid（流体域设置）对话框。

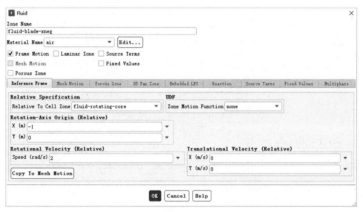

图 13-56　Fluid 对话框 2

选择 Frame Motion 复选框，激活 Reference Frame 选项卡，在 Rotation-Axis Origin 的 X、Y 中分别输入 -1、0，在 Rotational Velocity 的 Speed 中输入 2，在 Relative to Cell Zone 中选择 fluid-rotating-core，单击 OK 按钮确认。

（3）分别重复第二步，在 Zone Name 中输入 fluid-blade-xpos，在 Rotational-Axis Origin

的 X、Y 中分别输入 1、0，在 Rotational Velocity 的 Speed 中输入 2，在 Relative to Cell Zone 中选择 fluid-rotating-core，单击 OK 按钮确认。

在 Zone Name 中输入 fluid-blade-yneg，在 Rotational-Axis Origin 的 X、Y 中分别输入 0、-1，在 Rotational Velocity 的 Speed 中输入 2，在 Relative to Cell Zone 中选择 fluid-rotating-core，单击 OK 按钮确认。

在 Zone Name 中输入 fluid-blade-ypos，在 Rotational-Axis Origin 的 X、Y 中分别输入 0、1，在 Rotational Velocity 的 Speed 中输入 2，在 Relative to Cell Zone 中选择 fluid-rotating-core，单击 OK 按钮确认。

13.2.9　求解控制

（1）选择 Solution→Methods 命令，弹出如图 13-57 所示的 Solution Methods（求解方法设置）面板。

在 Momentum、Turbulent Kinetic Engery 和 Turbulent Dissipation Rate 中选择 Second Order Upwind。

（2）选择 Solution→Controls 命令，弹出如图 13-58 所示的 Solution Controls（求解过程控制）面板。保持默认设置不变。

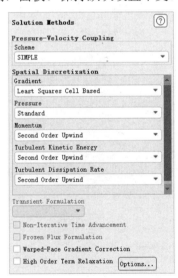

图 13-57　Solution Methods 面板

图 13-58　Solution Controls 面板

13.2.10　初始条件

选择 Solution→Initialization 命令，弹出如图 13-59 所示的 Solution Initialization（初始化设置）面板。

在 Initialization Methods 中选择 Standard Initialization，在 Compute from 中选择 vel-inlet-wind，单击 Initialize 按钮进行初始化。

图 13-59　Solution Initialization 面板

13.2.11　求解过程监视

单击 Monitors 按钮，弹出如图 13-60 所示的 Monitors（监视）面板，双击 Residual 选项，弹出如图 13-61 所示的 Residual Monitors（残差监视）对话框。

保持默认设置不变，单击 OK 按钮确认。

图 13-60　Monitors 面板　　　　图 13-61　Residual Monitors 对话框

13.2.12　计算结果输出设置

选择 File→Write→Autosave 命令，弹出如图 13-62 所示的 Autosave（自动保存）对话框，在 Save Data File Every 中输入 10，File Name 中输入 Valve（注：图中带文件夹名），单击 OK 按钮确认。

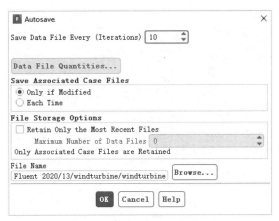

图 13-62 Autosave 对话框

13.2.13 计算求解

选择 Solution→Run Calculation 命令，弹出如图 13-63 所示的 Run Calculation（运行计算）面板。

在 Number of Iterations 中输入 500，单击 Calculate 按钮开始计算。

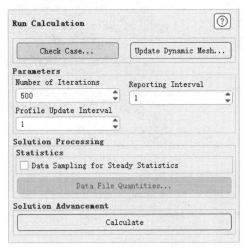

图 13-63 Run Calculation 面板

13.2.14 结果后处理

（1）选择 Results→Graphics 命令，弹出如图 13-64 所示的 Graphics and Animations （图形和动画）面板，在 Graphics 下双击 Contours 选项，弹出如图 13-65 所示的 Contours （等值线）对话框。

在 Contours of 中选择 Pressure，单击 Display 按钮，显示如图 13-66 所示的压力云图。

（2）在 Graphics 下双击 Vectors 选项，弹出如图 13-67 所示的 Vectors（矢量）对话框。在 Scale 的 Skip 中输入 5，单击 Display 按钮，显示如图 13-68 所示的速度矢量图。

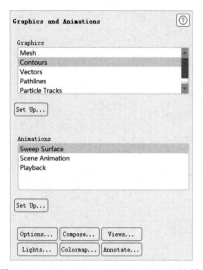

图 13-64　Graphics and Animations 对话框　　　图 13-65　Contours 对话框

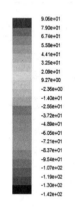
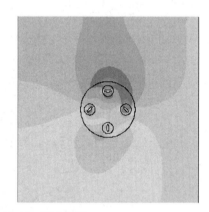

图 13-66　压力云图

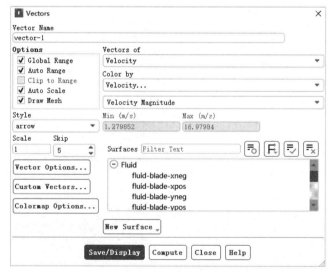

图 13-67　Vectors 对话框

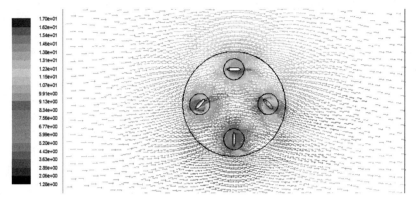

图 13-68　速度矢量图

13.3　本章小结

机械行业中的各类旋转移动、通风机、泵等设备以空气、水、各种化工气体或液体作为主要工质，在实际工程中对工质流动情况的研究十分广泛。

第14章

航空航天行业中的应用

航空航天行业涉及的科学技术领域十分广泛，包含了当今世界上最先进的科学与工程技术。CFD 工程仿真技术通过融合当今计算数学、力学、计算机图形学和计算机硬件发展的最新成果，成为了航空航天行业新一代强有力的工程仿真分析工具。CFD 可以很好地帮助解决航空航天行业中遇到的技术问题，减少实验次数，降低费用，提高设备安全性及可靠性。

学习 Fluent 在以下方面的应用

- (1) 防止结冰
- (2) 高压灭菌器
- (3) 制动系统
- (4) 燃烧室
- (5) 电子冷却
- (6) 环境控制系统
- (7) 外流空气动力学
- (8) 火焰探测
- (9) 火焰抑制
- (10) 燃料系统
- (11) 液体燃料晃动
- (12) 入口和喷管
- (13) 测试设备
- (14) 发射系统
- (15) 液体燃料燃烧
- (16) 羽流分析
- (17) 火箭燃料混合
- (18) 火箭燃料灌入
- (19) 推进器
- (20) 火箭发动机
- (21) 旋翼
- (22) 相互作用
- (23) 固体燃料发动机

14.1 火箭发射

14.1.1 案例介绍

如图 14-1 所示的火箭发射井，用 Fluent 分析火箭发射过程的外流场情况。

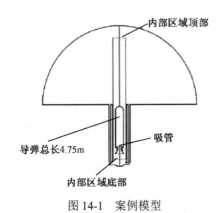

图 14-1 案例模型

14.1.2 启动 Fluent 并导入网格

（1）在 Windows 系统中启动 Fluent，进入 Fluent Launcher 界面。

（2）在 Fluent Launcher 界面的 Dimension 中选择 2D，在 Option 中选择 Double Precision，在 Display Options 中选择 Display Mesh After Reading 复选框，单击 Start 按钮，进入 Fluent 主界面。

（3）在 Fluent 主界面中，选择 File→Read→Mesh 命令，弹出如图 14-2 所示的 Select File 对话框，选择名为 Missile.msh 的网格文件，单击 OK 按钮便可导入网格。

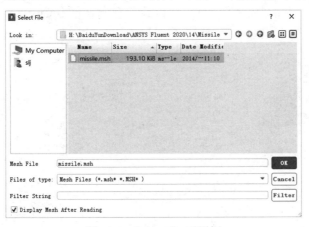

图 14-2 Select File 对话框

(4)导入网格后,在图形显示区将显示几何模型,如图 14-3 所示。

(5)选择 Mesh→Check 命令,检查网格质量,确保不存在负体积。

(6)选择 Mesh→Scale 命令,弹出如图 14-4 所示的 Scale Mesh(网格缩放)对话框。在 Scaling 中,选择 Convert Units,Mesh Was Created In 选择 in,单击 Scale 按钮完成网格缩放,在 View Length Unit In 中选择 in。

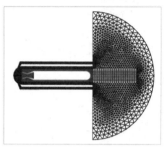

图 14-3　几何模型　　　　　　　图 14-4　Scale Mesh 对话框

(7)选择功能区的 View→Display→Views 命令,弹出如图 14-5 所示的 Views(视图)对话框,单击 Camera 按钮,弹出如图 14-6 所示的 Camera Parameters(相机属性)对话框。在 Camera 中选择 Up Vector,X(in)中输入 1,Y(in)和 Z(in)中分别输入 0,单击 Apply 按钮,显示如图 14-7 所示几何模型。

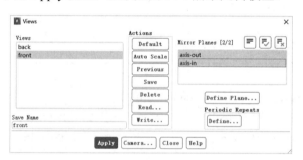
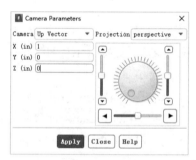

图 14-5　Views 对话框　　　　　图 14-6　Camera Parameters 对话框

(8)选择功能区 Results→Surface→Create→Zone 命令,弹出如图 14-8 所示的 Zone Surface(区域表面)对话框,在 Zone 中选择 fluid-inner,单击 Create 按钮,创建如图 14-9 所示的流动区域。

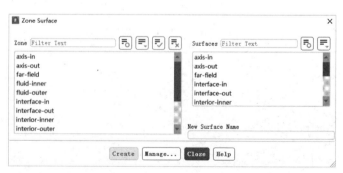

图 14-7　几何模型　　　　　　　图 14-8　Zone Surface 对话框

（9）重复第八步，创建如图 14-10 所示的 fluid-outer 流动区域。

图 14-9　fluid-inner 流动区域　　　　图 14-10　fluid-outer 流动区域

（10）选择 File→Write→Case 命令，弹出 Select File 对话框，在 Case File 中输入 missile，单击 OK 按钮保存项目。

14.1.3　设置分界面

（1）选择功能区的 Zones→Combine→Merge 命令，弹出如图 14-11 所示的 Merge Zones（合并区域）对话框。在 Multiple Types 中选择 interface，在 Zones of Type 中选择 interface-in 和 interface-out，单击 Merge 按钮合并计算域。

图 14-11　Merge Zones 对话框

（2）选择 Mesh Interfaces 命令，弹出如图 14-12 所示的 Mesh Interfaces（网格分界面）面板。

图 14-12　Mesh Interfaces 面板

（3）单击 Manual Createt 按钮，弹出如图 14-13 所示的 Create/Edit Mesh Interfaces（创建/编辑网格分界面）对话框。

在 Interface Zone Side 1 中选择 interface-in，在 Interface Zone Side 2 中选择 interface-out-1，在 Mesh Interface 中输入 sliding-interface，单击 Create 按钮完成创建。

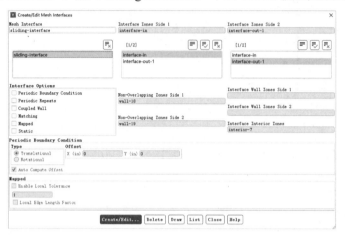

图 14-13　Create/Edit Mesh Interfaces 对话框

14.1.4　定义求解器

（1）选择 Setup→General 命令，弹出如图 14-14 所示的 General（总体模型设定）面板。在 Solver 中，Time 类型选择 Transient。

（2）选择功能区 Physics→Solver→Operating Conditions 命令，弹出如图 14-15 所示的 Operating Conditions（操作条件）对话框，选择 Gravity 复选框，在 X(m/s²)中输入-9.81，Operating Temperature 中输入 300，单击 OK 按钮。

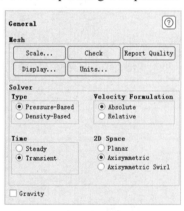

图 14-14　General 面板

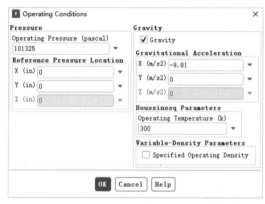

图 14-15　Operating Conditions 对话框

（3）选择 Solution→Controls 命令，弹出如图 14-16 所示的 Solution Controls（求解控制）面板，单击 Limits 按钮，弹出如图 14-17 所示的 Solution Limits（求解限制）对话框，Minimum Absolute Pressure 设置为 10000，Maximum Absolute Pressure 设置为 2500000，

Minimum Static Temperature 设置为 50,Maximum Static Temperature 设置为 2800,Maximum Turb. Viscosity Ratio 设置为 1e06(即 1000000),单击 OK 按钮。

图 14-16　Solution Controls 面板

图 14-17　Solution Limits 对话框

14.1.5　定义模型

(1)选择 Setup→Models 命令,弹出如图 14-18 所示的 Models(模型设定)面板。在模型设定面板中双击 Viscous 选项,弹出如图 14-19 所示的 Viscous Model(湍流模型)对话框。

在 Model 中选择 Spalart-Allmaras,单击 OK 按钮确认。

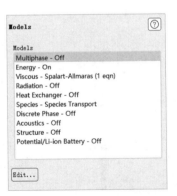

图 14-18　Models 面板

图 14-19　Viscous Model 对话框

(2)在 Model 面板双击 Energy 选项,弹出如图 14-20 所示的 Energy(能量模型)对话框,选择 Energy Equation 复选框激活能量方程,单击 OK 按钮确认。

(3)在 Model 面板双击 Species 选项,弹出如图 14-21 所示的 Species Model(组分模型)对话框,在 Model 中选择 Species Transport。

图 14-20 Energy 对话框

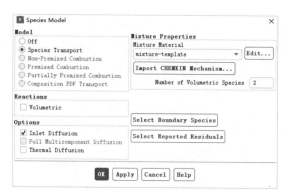

图 14-21 Species Model 对话框

14.1.6 设置材料

（1）选择 Setup→Materials 命令，弹出如图 14-22 所示的 Materials（材料）面板，双击 Fluid 选项，弹出如图 14-23 所示的 Create/Edit Materials（物性参数设定）对话框，在 Name 中输入 exhaust，在 Cp 中输入 4000，在 Molecular Weight 中输入 50，单击 Change/Create 按钮确认，单击 Close 按钮退出。

（2）在 Materials 面板中，双击 Mixture 选项，弹出如图 14-24 所示 Create/Edit Materials（物性参数设定）对话框，单击 Mixture Species 后面的 Edit 按钮，弹出图 14-25 所示的 Species（组分）对话框，并做如下操作。

在 Avaliable Materials 中选择 exhaust 和 air，单击 Add 按钮，在 Selected Species 中选择 co2、o2 和 h2o，单击 Remove 按钮去除，单击 OK 按钮确认。

图 14-22 Materials 面板

图 14-23 Create/Edit Materials 对话框

在 Create/Edit Materials 对话框的 Density 中选择 ideal-gas，单击 Change/Create 按钮确认，单击 Close 按钮退出。

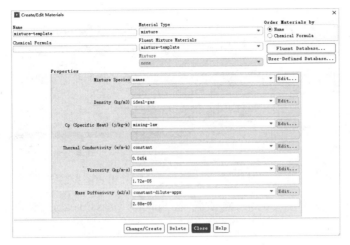

图 14-24　Create/Edit Materials 对话框

图 14-25　Species 对话框

14.1.7　边界条件

（1）选择 Setup→Boundary Conditions 命令，弹出如图 14-26 所示的 Boundary Conditions 面板。

（2）在 Boundary Conditions 面板中双击 nozzle-exit，弹出如图 14-27 所示的 Mass-Flow Inlet 对话框。

在 Mass Flow Rate 中输入 50，在 Supersonic/Initial Gauge Pressure 中输入 101325，在 Direction Specification Method 中选择 Normal to Boundary，在 Turbulence 的 Specification Method 中选择 Intensity and Length Scale，Turbulent Intensity 中输入 10，Turbulent Length Scale 中输入 8.4。

如图 14-28 所示，选择 Thermal 选项卡，在 Total Temperature 中输入 2700。

图 14-26　Boundary Conditions 面板

图 14-27 边界条件设置对话框

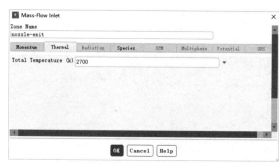

图 14-28 Thermal 选项卡

如图 14-29 所示，选择 Species 选项卡，在 Species Mass Fractions 的 exhaust 中输入 1。单击 OK 按钮确认。

图 14-29 Species 选项卡

（3）在 Boundary Conditions 面板中双击 far-field，弹出如图 14-30 所示的 Pressure Outlet 对话框。保持默认设置，单击 OK 按钮确认。

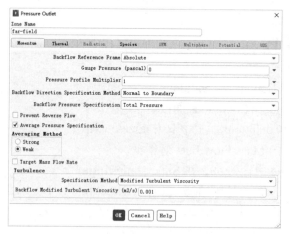

图 14-30 Pressure Outlet 对话框

14.1.8 动网格设置

（1）导入 UDF 文件，编写火箭运动的 UDF 文件如下。

```c
#include <stdio.h>
#include "udf.h"
#include "dynamesh_tools.h"

static int nozzle_tid = 10;
static real g_c = 9.81;
static real loc = 0.0;

static real initial_weight = 10.0;
static real burn_rate = 0.0;

static real current_time = -1.0;
static real thrust_prev = 0.0;
static real missile_velocity = 0.0;

static real
missile_weight (real time)
{
  return (initial_weight - burn_rate * time);
}


DEFINE_ON_DEMAND(reset_velocity)
{
  missile_velocity = 0.0;
  thrust_prev = 0.0;
  current_time= -1.0;
}

DEFINE_CG_MOTION(missile_1dof, dt, cg_vel, cg_omega, time, dtime)
{
#if 1
  FILE *fp;
#endif

  /* reset velocities */
  NV_S (cg_vel, =, 0.0);
  NV_S (cg_omega, =, 0.0);

  if (!Data_Valid_P ())
    return;

/* Give rocket time to establish thrust for specified time */
  if (time < 0.1)
```

```
      Message (" NO MOTION YET: TIME LESS THAN 0.1 SECONDS ");

   if (time < 0.1)
     return;

   /* update missile velocity only if we are at
      the next new time level */
   if ((time - 0.1*dtime) > current_time)
    {
      Domain *domain;
      Thread *t;
      face_t f;
      real force0, force1, force;
      real area, total, v_avg, dv;
      real w0, w1, mass_flow;

      /* update time stamp */
      current_time = time;

      /* get nozzle exit thread (from predefined thread id) */
      domain = THREAD_DOMAIN (DT_THREAD ((Dynamic_Thread *)dt));
      if (NULLP (t = Lookup_Thread (domain, nozzle_tid)))
    return;

      /* compute average exit velocity (weighted by area) */
      v_avg = 0.0;
      total = 0.0;
      begin_f_loop (f, t)
    {
      area = NV_MAG (F_AREA_CACHE (f, t));
#if RP_3D
      v_avg += area * ND_MAG (F_U (f, t), F_V (f, t), F_W (f, t));
#else
      v_avg += area * ND_MAG (F_U (f, t), F_V (f, t), 0.0);
#endif
      total += area;
    }

      end_f_loop (f, t)
      v_avg /= total;

/* subtract off missile_velocity to get relative velocity */
```

```
/*v_avg = v_avg - missile_velocity;              */

    /* compute thrust from mdot and v_e
    note: assume nozzle_exit is type mass-flow-exit */
    if (THREAD_VAR(t).mfi.flow_spec == MASS_FLOW_TYPE)
    mass_flow = THREAD_VAR(t).mfi.mass_flow;
    else
    {
      real mass_flow;

      /* if mass_flux given as profile, then sum up
         area * mass_flux over face thread, else, mass_flux
         is constant */
      if (IS_PROFILE (THREAD_VAR (t).mfi.mass_flux))
        {
         begin_f_loop (f, t)
        mass_flow = NV_MAG (F_AREA_CACHE (f, t)) *
                F_VAR (f, t, THREAD_VAR (t).mfi.mass_flux);
          end_f_loop (f, t)
        }
      else
        {
          mass_flow = THREAD_VAR(t).mfi.mass_flux.constant * total;
        }
#if RP_2D
      if (rp_axi)
        mass_flow *= 2.0 * M_PI;
#endif
    }
    force = v_avg * F_VAR (0, t, THREAD_VAR(t).mfi.mass_flux) / total;

    /* compute change in velocity (use trapezoidal rule) */
    w0 = missile_weight (time - dtime);
    force0 = (thrust_prev - w0 * g_c) / w0;
    w1 = missile_weight (time);
    force1 = (force - w1 * g_c) / w1;
    dv = MAX (0.0, 0.5 * dtime * (force0 + force1));

    missile_velocity += dv;

    loc += missile_velocity * dtime;
    thrust_prev = force;
```

```
    #if 1
     if( (fp=fopen("silo.dat","a")) !=NULL )
       {
         float check = F_FLUX(f,t)+F_GRID_FLUX(f,t);
         fprintf(fp,"%f   %f   %f   %f   %f   %f \n",
            time,missile_velocity,loc,v_avg,F_FLUX(f,t),F_GRID_FLUX(f,t));
         fclose(fp);
       }
    #endif

        Message ("time = %12.5e, x_vel = %12.5e, force = %12.5e, loc(m) = %1.5e\n",
             time, missile_velocity, 0.5*(force0 + force1), loc);
       }

       /* set missile velocity */
       cg_vel[0] = missile_velocity;
    }
```

选择功能区 User-Defined→Functions→Interpreted 命令，弹出如图 14-31 所示的 Interpreted UDFs 对话框（编辑 UDF）。

单击 Source File Name 后的 Browse 按钮，弹出如图 14-32 所示的 Select File 对话框，选择 missile.c 文件，单击 OK 按钮，完成 UDF 文件导入。

返回编辑 UDF 对话框，选择 Display Assembly Listing 和 Use Contributed CPP 复选框，单击 Interpret 按钮，编辑并加载 UDF 函数库。

图 14-31　Interpreted UDFs 对话框

图 14-32　Select File 对话框

（2）选择 Setup→Dynamic Mesh 命令，弹出如图 14-33 所示的 Dynamic Mesh（动网格设置）面板。选择 Dynamic Mesh 复选框，在 Mesh Methods 中选择 Layering 复选框。单击 Settings 按钮，弹出如图 14-34 所示的 Mesh Method Settings（网格方法设置）对话框。在 Layering 选项卡的 Split Factor 中输入 0.4，Collapse Factor 中输入 0.04，单击 OK 按钮确认。

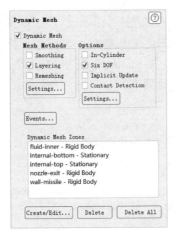
图14-33 Dynamic Mesh 面板

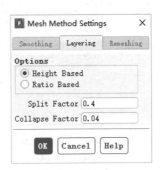
图14-34 Mesh Method Settings 对话框

在 Dynamic Mesh（动网格设置）面板的 Options 中选择 Six DOF 复选框。

（3）在 Dynamic Mesh Zones 中单击 Create/Edit 按钮，弹出如图 14-35 所示的 Dynamic Mesh Zones（动网格区域）对话框。

在 Zone Names 中选择 fluid-inner，在 Type 中选择 Rigid Body，在 Motion Attributes 选项卡的 Six DOF UDF/Properties 中选择 missile_1dof，在 Six DOF 中选择 Passive 复选框，单击 Create 按钮，创建动网格区域。

在 Zone Names 中选择 nozzle-exit，在 Type 中选择 Rigid Body，在 Motion Attributes 选项卡的 Six DOF UDF/Properties 中选择 missile_1dof，在 Six DOF 中选择 Passive 复选框，单击 Create 按钮，创建动网格区域。

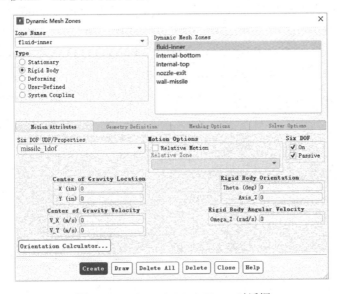
图14-35 Dynamic Mesh Zones 对话框

在 Zone Names 中选择 wall-missile，在 Type 中选择 Rigid Body，在 Motion Attributes 选项卡的 Six DOF UDF/Properties 中选择 missile_1dof，在 Six DOF 中取消选择 Passive 复选框，单击 Create 按钮，创建动网格区域。

在 Zone Names 中选择 internal-bottom，在 Type 中选择 Stationary，在如图 14-36 所示 Mesh Options 选项卡的 Cell Height 中输入 1，单击 Create 按钮，创建动网格区域。

在 Zone Names 中选择 internal-top，在 Type 中选择 Stationary，在 Mesh Options 选项卡的 Cell Height 中输入 1，单击 Create 按钮，创建动网格区域。

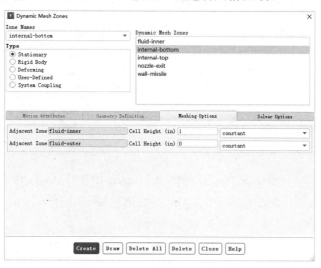

图 14-36　Mesh Options 选项卡

14.1.9　求解控制

（1）选择 Solution→Methods 命令，弹出如图 14-37 所示的 Solution Methods（求解方法设置）面板。在 Modified Turbulent Viscosity 中选择 First Order Upwind。

（2）选择 Solution→Controls 命令，弹出如图 14-38 所示的 Solution Controls（求解过程控制）面板，设置 Courant Number 为 1.5。

图 14-37　Solution Methods 面板

图 14-38　Solution Controls 面板

14.1.10 初始条件

选择 Solution→Initialization 命令，弹出如图 14-39 所示的 Solution Initialization（初始化设置）面板。

图 14-39　Solution Initialization 面板

在 Initialization Methods 中选择 Standard Initialization，在 Compute from 中选择 far-field，单击 Initialize 按钮进行初始化。

14.1.11　求解过程监视

（1）选择 Monitors 命令，弹出如图 14-40 所示的 Monitors（监视）面板，双击 Residual 选项，弹出如图 14-41 所示的 Residual Monitors（残差监视）对话框。保持默认设置不变，单击 OK 按钮确认。

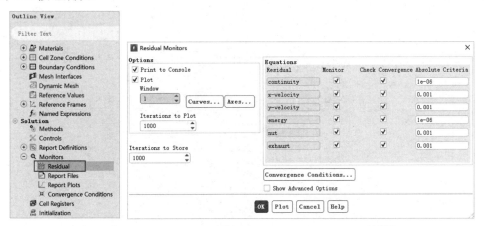

图 14-40　Monitors 面板　　　图 14-41　Residual Monitors 对话框

（2）选择 Solution→Calulation Activities 命令，弹出如图 14-42 所示的 Calculation Activities（计算活动）面板，单击 Execute Commands 下的 Create/Edit...按钮，弹出如

图 14-43 所示的 Execute Commands（执行命令）对话框。

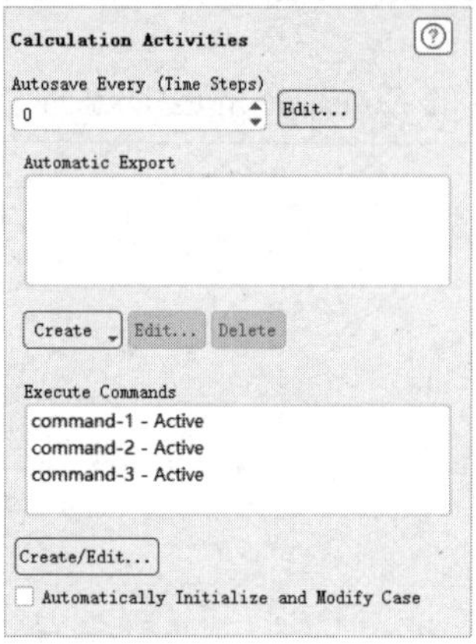

图 14-42　Calculation Activities 面板 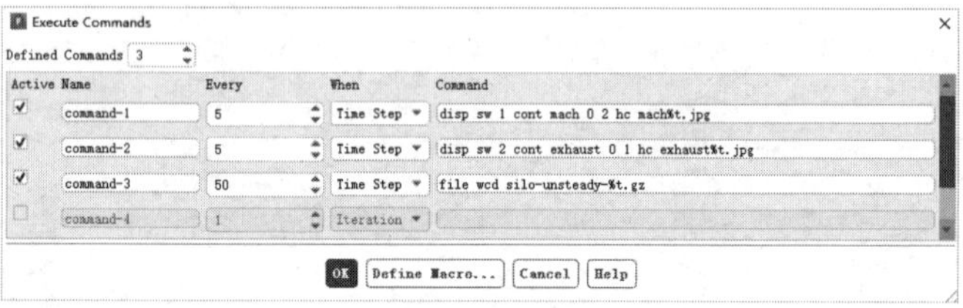　　　图 14-43　Execute Commands 对话框

在 Defind Commands 中选择 3，在 Command-1 中设置 Every 为 5，Command 中输入 disp sw 1 cont mach 0 2 hc mach%t.jpg。

在 Command-2 中设置 Every 为 5，Command 中输入 disp sw 2 cont exhaust 0 1 hc exhaust%t.jpg。

在 Command-3 中设置 Every 为 50，Command 中输入 file wcd silo-unsteady-%t.gz。

14.1.12　计算求解

选择 Solution→Run Calculation 命令，弹出如图 14-44 所示的 Run Calculation（运行计算）面板。

在 Time Step Size 中输入 0.0005，在 Number of Time Steps 中输入 200，单击 Calculate 按钮开始计算。

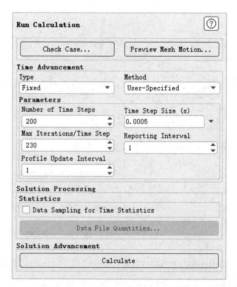

图 14-44　Run Calculation 面板

14.1.13 结果后处理

选择 Results→Graphics 命令，弹出如图 14-45 所示的 Graphics and Animations（图形和动画）面板，双击 Contours 选项，弹出如图 14-46 所示的 Contours（云图）对话框。

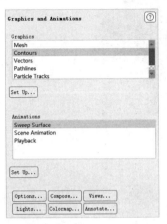

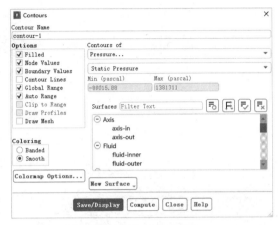

图 14-45　Graphics and Animations 对话框　　图 14-46　Contours 对话框

在 Contours of 中选择 Pressure，选择 Filled 复选框，单击 Display 按钮，显示如图 14-47 所示的压力云图。

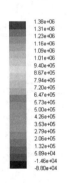 

图 14-47　压力云图

在 Contours of 中选择 Velocity，选择 Filled 复选框，单击 Display 按钮，显示如图 14-48 所示的速度云图。

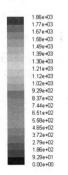 

图 14-48　速度云图

在 Contours of 中选择 Temperature，选择 Filled 复选框，单击 Display 按钮，显示如图 14-49 所示的温度云图。

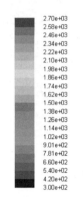

图 14-49 温度云图

14.2 机翼超音速流动

14.2.1 案例介绍

如图 14-50 所示的机翼，其中周围边界马赫数为 0.8，请用 Fluent 分析机翼的外流场情况。

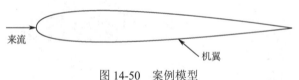

图 14-50 案例模型

14.2.2 启动 Fluent 并导入网格

（1）在 Windows 系统中启动 Fluent，进入 Fluent Launcher 界面。

（2）在 Fluent Launcher 界面的 Dimension 中选择 2D，在 Option 中选择 Double Precision，在 Display Options 中选择 Display Mesh After Reading 复选框，单击 Start 按钮进入 Fluent 主界面。

（3）在 Fluent 主界面中，选择 File→Read→Mesh 命令，弹出如图 14-51 所示的 Select File 对话框，选择名为 Airfoil.msh 的网格文件，单击 OK 按钮便可导入网格。

（4）导入网格后，在图形显示区将显示几何模型，如图 14-52 所示。

（5）选择 Mesh→Check 命令，检查网格质量，确保不存在负体积。

（6）在文本交互区输入 mesh→reorder→reorder-domain 命令，如图 14-53 所示显示文本信息，对网格矩阵进行重新排列，加快运算速度。

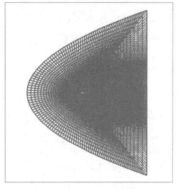

图 14-51　Select File 对话框　　　　　图 14-52　几何模型

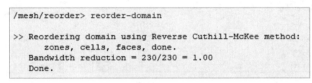

图 14-53　文本信息

（7）选择 File→Write→Case 命令，弹出 Select File 对话框，在 Case File 中输入 Airfoil，单击 OK 按钮保存项目。

14.2.3　定义求解器

（1）选择 Setup→General 命令，弹出如图 14-54 所示的 General（总体模型设定）面板。在 Solver 中，Time 类型选择 Steady。

（2）选择功能区 Physics→Solver→Operating Conditions 命令，弹出如图 14-55 所示的 Operating Conditions（操作条件）对话框。保持默认设置，单击 OK 按钮确认。

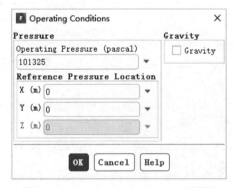

图 14-54　General 面板　　　　　图 14-55　Operating Conditions 对话框

14.2.4　定义模型

选择 Setup→Models 命令，弹出如图 14-56 所示的 Models（模型设定）面板，双击

Viscous 选项,弹出如图 14-57 所示的 Viscous Model(湍流模型)对话框。

在 Model 中选择 Spalart-Allmaras(1 eqn),单击 OK 按钮确认。

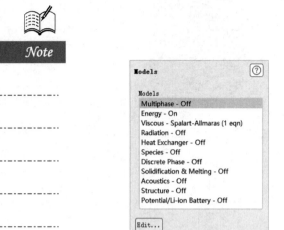

图 14-56　Models 面板

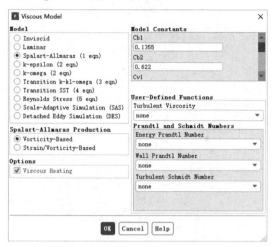

图 14-57　Viscous Model 对话框

14.2.5　设置材料

(1)选择 Setup→Materials 命令,弹出如图 14-58 所示的 Materials(材料)面板,双击 Air 选项,弹出如图 14-59 所示的 Create/Edit Materials(物性参数设定)对话框。

图 14-58　Materials 面板　　　　图 14-59　Create/Edit Materials 对话框

(2)在 Density 中选择 ideal-gas,Energy Equation(能量方程)将被激活。

在 Viscosity 中选择 sutherland,单击 Edit 按钮,弹出如图 14-60 所示的 Sutherland Law 对话框,保持默认设置,单击 OK 按钮确认。

(3)单击 Change/Create 按钮,再单击 Close 按钮关闭窗口。

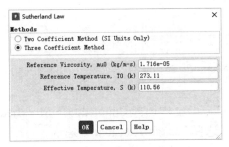

图 14-60 Sutherland Law 对话框

14.2.6 边界条件

（1）选择 Setup→Boundary Conditions 命令，弹出如图 14-61 所示的 Boundary Conditions 面板。

（2）双击 farfield 选项，弹出如图 14-62 所示的 Pressure Far-Field 对话框。

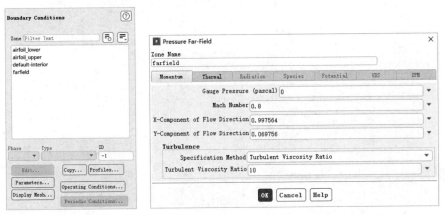

图 14-61 Boundary Conditions 面板　　图 14-62 Pressure Far-Field 对话框

在 Mach Number 中输入 0.8，在 X-Component of Flow Direction 和 Y-Component of Flow Direction 中分别输入 0.997564 和 0.069756。

如图 14-63 所示的 Thermal 选项卡，在 Temperature 中输入 300，单击 OK 按钮确认。

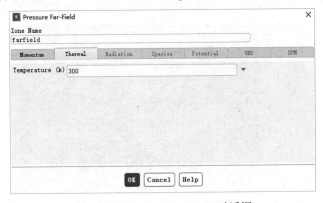

图 14-63 Pressure Far-Field 对话框

14.2.7 求解控制

（1）选择 Solution→Methods 命令，弹出如图 14-64 所示的 Solution Methods（求解方法设置）面板。

在 Pressure-Velocity Coupling 中选择 Coupled，在 Modified Turbulent Viscosity 中选择 Second Order Upwind，选择 Pseudo Transient 复选框。

（2）选择 Solution→Controls 命令，弹出如图 14-65 所示的 Solution Controls（求解过程控制）面板。

在 Pseudo Transient Explicit Relaxation Factors 的 Density 中输入 0.5，Modified Turbulent Viscosity 中输入 0.9。

图 14-64 Solution Methods 面板

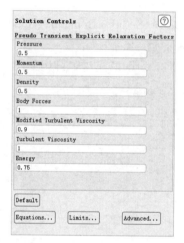

图 14-65 Solution Controls 面板

14.2.8 初始条件

选择 Solution→Initialization 命令，弹出如图 14-66 所示的 Solution Initialization（初始化设置）面板。

在 Initialization Methods 中选择 Hybrid Initialization，单击 Initialize 按钮进行初始化。

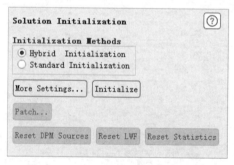

图 14-66 Solution Initialization 面板

14.2.9 求解过程监视

选择 Monitors 命令,弹出如图 14-67 所示的 Monitors(监视)面板,双击 Residual 选项,弹出如图 14-68 所示的 Residual Monitors(残差监视)对话框。

保持默认设置不变,单击 OK 按钮确认。

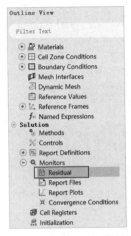

图 14-67 Monitors 面板　　图 14-68 Residual Monitors 对话框

14.2.10 计算求解

(1)选择 Solution→Run Calculation 命令,弹出如图 14-69 所示的 Run Calculation(运行计算)面板。

在 Number of Iterations 中输入 50,单击 Calculate 按钮开始计算。

(2)选择 Setup→Reference Values 命令,弹出如图 14-70 所示的 Reference Values(参考值)面板。在 Compute from 中选择 farfield。

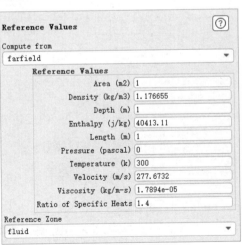

图 14-69 Run Calculation 面板　　图 14-70 Reference Values 面板

（3）选择 Solution→Report Definition→New→Force Report 命令，选择 Drag，弹出如图 14-71 所示对话框。

在 Force Vector 的 X、Y 中分别输入 0.9976 和 0.06976，在 Wall Zones 中选择 airfoil_lower 和 airfoil_upper，单击 OK 按钮确认。

（4）选择 Solving→Report→Definition→New→Force Report 命令，选择 Lift，弹出如图 14-72 所示对话框。

在 Force Vector 的 X、Y 中分别输入-0.0698 和 0.9976，在 Wall Zones 中选择 airfoil_lower 和 airfoil_upper，单击 OK 按钮确认。

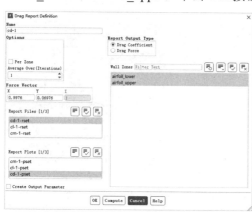
图 14-71　Drag Report Definition 对话框

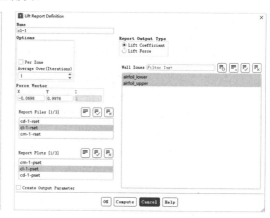
图 14-72　Lift Report Definition 对话框

（5）选择 Solution→Report Definition→New→Force Report 命令，选择 Moment，弹出如图 14-73 所示对话框。

在 Moment Center 的 X 中输入 0.25，在 Wall Zones 中选择 airfoil_lower 和 airfoil_upper，单击 OK 按钮确认。

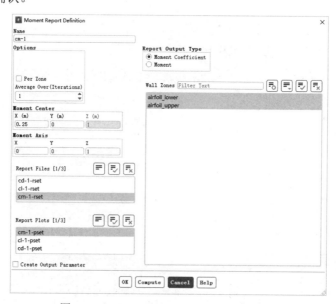
图 14-73　Moment Report Definition 对话框

(6)选择 Results→Surface→Create→Point 命令,弹出如图 14-74 所示的 Point Surface(点设置)对话框,在 Coordinates 的 X 和 Y 中分别输入 0.53 和 0.51,单击 Create 按钮,创建新的点。

(7)选择 Solve→Run Calculation 命令,弹出如图 14-75 所示的 Run Calculation(运行计算)面板。在 Number of Iterations 中输入 200,单击 Calculate 按钮开始计算。

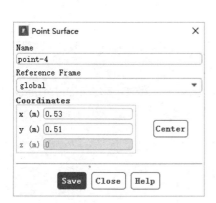

图 14-74　Point Surface 对话框

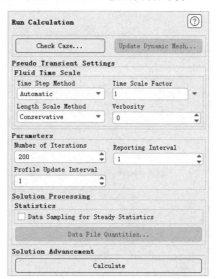

图 14-75　Run Calculation 面板

14.2.11　结果后处理

(1)选择 Results→Plots 命令,弹出如图 14-76 所示的 Plots(绘图)面板,双击 XY Plot 选项,弹出如图 14-77 所示的 Solution XY Plot(XY 图形)对话框。

图 14-76　Plots 面板

图 14-77　Solution XY Plot 对话框

取消选择 Node Value 复选框,在 Y Axis Function 中选择 Turbulence 和 Wall Yplus,在 Surface 中选择 airfoil_lower 和 airfoil_upper,单击 Plot 按钮,显示如图 14-78 所示的图形。

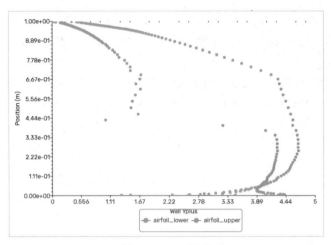

图 14-78 y+图形

（2）选择 Results→Graphics 命令，弹出如图 14-79 所示的 Graphics and Animations（图形和动画）面板，双击 Contours 选项，弹出如图 14-80 所示的 Contours（等值线）对话框。

图 14-79 Graphics and Animations 对话框　　图 14-80 Contours 对话框

在 Contours of 中选择 Velocity 和 Mach Number，单击 Display 按钮，显示如图 14-81 所示的马赫数云图。

图 14-81 马赫数云图

（3）选择 Results→Plots 命令，弹出 Plots（绘图）面板，双击 XY Plot 选项，弹出如图 14-82 所示的 Solution XY Plot（XY 图形）对话框。

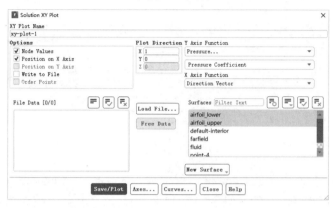

图 14-82　Solution XY Plot 对话框（一）

选择 Node Value 复选框，在 Y Axis Function 中选择 Pressure 和 Pressure Coefficient，在 Surface 中选择 airfoil_lower 和 airfoil_upper，单击 Plot 按钮，显示如图 14-83 所示的图形。

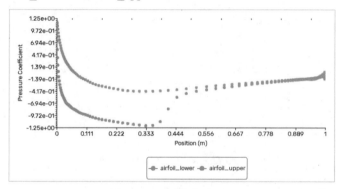

图 14-83　y+图形（一）

（4）在如图 14-84 所示的 Solution XY Plot（XY 图形）对话框中，取消选择 Node Values 复选框，在 Y Axis Function 中选择 Wall Fluxes 和 Wall Shear Stress，在 Surface 中选择 airfoil_lower 和 airfoil_upper，单击 Plot 按钮，显示如图 14-85 所示的图形。

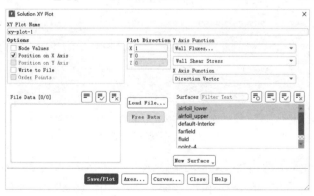

图 14-84　Solution XY Plot 对话框（二）

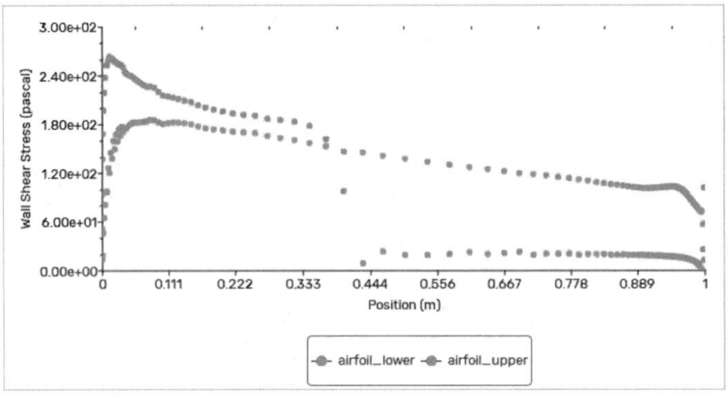

图 14-85 y+图形（二）

（5）在如图 14-86 所示的 Contours（等值线）对话框中，Contours of 选择 Velocity 和 X Velocity，单击 Display 按钮，显示如图 14-87 所示的马赫数云图 X 方向速度云图。

图 14-86 Contours 对话框

图 14-87 X 方向速度云图

（6）在 Graphics 下双击 Vectors 选项，弹出如图 14-88 所示的 Vectors（矢量）对话框。在 Scale 中输入 0.5，单击 Display 按钮，显示如图 14-89 所示的速度矢量图。

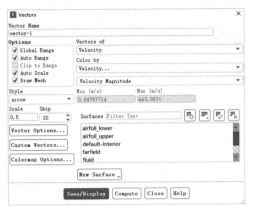

图 14-88　Vectors 对话框

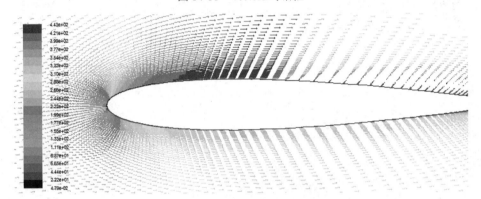

图 14-89　速度矢量图

14.3　本章小结

在航空航天领域，计算流体力学的研究方法最早被使用，应用也最为广泛，具有十分成熟的理论基础和分析方法。

第15章

水利海洋工程中的应用

在水利海洋工程中,计算流体力学的研究方法应用得十分广泛。Fluent 在水流流程中的应用不同于单纯的空气流场,水利海洋工程问题的边界更为复杂,水气混掺,存在多个自由水面,一般多采用两相流进行模拟分析。使用 Fluent 进行数值模拟与试验相比,具有成本低、方案变化快、无测量仪器干扰、无尺度比效应、数据信息完整等优势,可作为模型试验的有力补充。

学习 Fluent 在以下方面的应用

(1) 自由面流动　　　(2) 溃坝研究　　　　(3) 波浪分析
(4) 船型选取　　　　(5) 海洋平台桩腿绕流　(6) 防波堤优化
(7) 漏油扩散机

15.1 自由表面流动

15.1.1 案例介绍

如图 15-1 所示,用 Fluent 分析模拟溃坝过程中自由表面流动的情况。

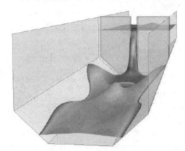

图 15-1 案例模型

15.1.2 启动 Fluent 并导入网格

(1) 在 Windows 系统中启动 Fluent,进入 Fluent Launcher 界面。

(2) 在 Fluent Launcher 界面的 Dimension 中选择 2D,在 Display Options 中选择 Display Mesh After Reading 复选框,单击 Start 按钮,进入 Fluent 主界面。

(3) 在 Fluent 主界面中,选择 File→Read→Mesh 命令,弹出如图 15-2 所示的 Select File 对话框,选择名为 dambreak.msh 的网格文件,单击 OK 按钮便可导入网格。

(4) 导入网格后,在图形显示区将显示几何模型,如图 15-3 所示。

(5) 选择 Mesh→Check 命令,检查网格质量,确保不存在负体积。

(6) 选择 File→Write→Case 命令,弹出 Select File 对话框,在 Case File 中输入 dambreak,单击 OK 按钮便可保存项目。

图 15-2 Select File 对话框

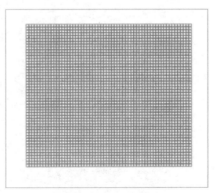

图 15-3 几何模型

15.1.3 定义求解器

（1）选择 Setup→General 命令，弹出如图 15-4 所示的 General（总体模型设定）面板。在 Solver 中，Time 类型选择 Transient。

（2）选择功能区 Physics→Solver→Operating Conditions 命令，弹出如图 15-5 所示的 Operating Conditions（操作条件）对话框。在 Reference Pressure Location 的 X 和 Y 中分别输入 6 和 5，选择 Gravity 复选框，在 Y(m/s²)中输入-9.81，选择 Specified Operating Density 复选框，单击 OK 按钮确认。

图 15-4 General 面板

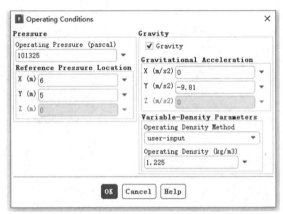

图 15-5 Operating Conditions 对话框

15.1.4 定义湍流模型

选择 Setup→Models 命令，弹出如图 15-6 所示的 Models（模型设定）面板，双击 Viscous 选项，弹出如图 15-7 所示的 Viscous Model（湍流模型）对话框。

在 Model 中选择 k-epsilon(2 eqn)，单击 OK 按钮确认。

图 15-6 Models 面板

图 15-7 Viscous Model 对话框

15.1.5 设置材料

选择 Setup→Materials 命令，弹出如图 15-8 所示的 Materials（材料）面板，单击 Create/Edit 按钮，弹出如图 15-9 所示的 Create/Edit Materials（物性参数设定）对话框。

图 15-8　Materials 面板　　　　图 15-9　Create/Edit Materials 对话框

单击 Fluent Database 按钮，弹出如图 15-10 所示的 Fluent Database Materials（材料数据库）对话框。在 Fluent Fluid Materials 中选择 Water-liquid，单击 Copy 按钮确认，单击 Close 按钮退出。

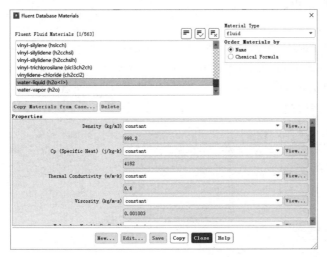

图 15-10　Fluent Database Materials 对话框

15.1.6 定义多相流模型

（1）选择 Setup→Models 命令，弹出 Models（模型设定）面板，双击 Multiphase 选项，弹出如图 15-11 所示的 Multiphase Model（多相流模型）对话框。

在 Multiphase Model 中选择 Volume of Fluid，选择 Implicit Body Force 复选框，单击 OK 按钮确认。

（2）选择 Setup→Models→Multiphase→Phases 命令，弹出如图 15-12 所示的 Phases（相设定）面板。双击 phase-1 选项，弹出如图 15-13 所示对话框，单击 OK 按钮确认。

图 15-11　Multiphase Model 对话框

图 15-12　Phases 面板

双击 phase-2 选项，弹出如图 15-14 所示对话框，单击 OK 按钮确认。

图 15-13　Primary Phase（主项）设置

图 15-14　Secondary Phase（次项）设置

15.1.7　求解控制

（1）选择 Solution→Methods 命令，弹出如图 15-15 所示的 Solution Methods（求解方法设置）面板。在 Scheme 中选择 PISO，在 Pressure 中选择 Body Force Weighted。

（2）选择 Solution→Controls 命令，弹出如图 15-16 所示的 Solution Controls（求解过程控制）面板。保持默认设置不变。

图 15-15　Solution Methods 面板

图 15-16　Solution Controls 面板

15.1.8 初始条件

(1) 选择 Solution→Initialization 命令,弹出如图 15-17 所示的 Solution Initialization(初始化设置)面板。

图 15-17　Solution Initialization 面板

在 Initialization Methods 中选择 Standard Initialization,保持默认设置,单击 Initialize 按钮进行初始化。

(2) 在初始化设置面板中,单击 Patch 按钮,弹出如图 15-18 所示的 Patch(修补)对话框。

在 Phase 中选择 phase-2,在 Variable 中选择 Volume Fraction,Zones to Patch 中选择 fluid-3:007,在 Value 中输入 1,单击 Patch 按钮。

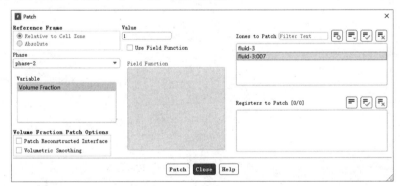

图 15-18　Patch 对话框

15.1.9 求解过程监视

选择 Monitors 命令,弹出如图 15-19 所示的 Monitors(监视)面板,双击 Residual 选项,弹出如图 15-20 所示的 Residual Monitors(残差监视)对话框。

保持默认设置不变,单击 OK 按钮确认。

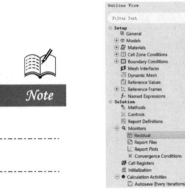

图 15-19 Monitors 面板

图 15-20 Residual Monitors 对话框

15.1.10 动画设置

(1) 选择 Solution→Calculation Activities 命令,弹出如图 15-21 所示的 Calculation Activities(计算活动)面板,此处可以进行计算结果自动保存。

选择功能区 Solution→Activities→Create→Solution Animations 命令,弹出如图 15-22 所示对话框。

图 15-21 Calculation Activities 面板

图 15-22 Animation Definition 对话框 1

在 Animation Definition 中输入 animation-1,Record after every 中输入 10,选择 time step,如图 15-23 所示的 Animation Definition(动画帧设置)对话框,在 Window Id 中选择 2,单击 New Object 按钮。

在 New Object 中选择 Contours,弹出如图 15-24(等值线)对话框,Contours of 选择 Phases 和 Volume friction,单击 Display 按钮,在窗口 2 显示如图 15-25 所示体积组分云图。

(2) 关闭 Contour 对话框,单击 OK 按钮确认关闭 Animation Definition 对话框,单击 OK 按钮确认关闭 Solution Animation 对话框。

图 15-23　Animation Definition 对话框 2

图 15-24　Contours 对话框

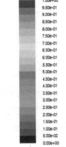
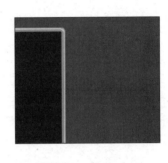

图 15-25　体积组分云图

15.1.11　计算求解

选择 Solution→Run Calculation 命令，弹出如图 15-26 所示的 Run Calculation（运行计算）面板。

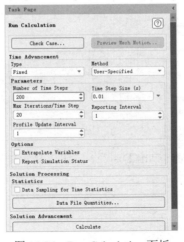

图 15-26　Run Calculation 面板

在 Time Step Size 中输入 0.01，Number of Time Steps 中输入 200，单击 Calculate 按钮开始计算。

15.1.12 结果后处理

（1）选择 Graphics 命令，弹出 Graphics and Animations（图形和动画）面板，双击 Solution Animation Playback 选项，弹出如图 15-27 所示的 Playback（回放）对话框，单击播放按钮便可回放动画。

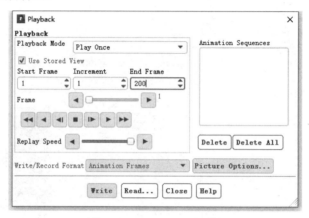

图 15-27　Playback 对话框

（2）选择 Graphics 命令，弹出如图 15-28 所示的 Graphics and Animations（图形和动画）面板，双击 Contours 选项，弹出如图 15-29 所示的 Contours（等值线）对话框。

图 15-28　Graphics and Animations 对话框

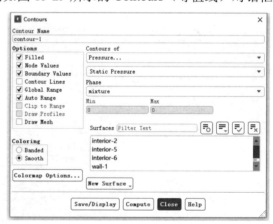

图 15-29　Contours 对话框

Contours of 选择 Pressure，单击 Display 按钮，显示如图 15-30 所示的压力云图。

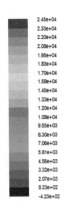
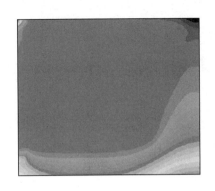

图 15-30　压力云图

15.2　凸台绕流

15.2.1　案例介绍

某凸台如图 15-31 所示，用 Fluent 分析波浪流经凸台时的流动情况。

图 15-31　案例模型

15.2.2　启动 Fluent 并导入网格

（1）在 Windows 系统中启动 Fluent，进入 Fluent Launcher 界面。

（2）在 Fluent Launcher 界面的 Dimension 中选择 3D，在 Display Options 中选择 Display Mesh After Reading 和 Double Precision 复选框，单击 Start 按钮，进入 Fluent 主界面。

（3）在 Fluent 主界面中，选择 File→Read→Mesh 命令，弹出如图 15-32 所示的 Select File 对话框，选择名为 surface.msh 的网格文件，单击 OK 按钮便可导入网格。

（4）导入网格后，在图形显示区将显示几何模型，如图 15-33 所示。

（5）选择 Mesh→Check 命令，检查网格质量，确保不存在负体积。

（6）选择 Mesh→Scale 命令，弹出如图 15-34 所示的 Scale Mesh（网格缩放）对话框，保持默认设置，单击 Close 按钮关闭。

图 15-32　Select File 对话框　　　　图 15-33　几何模型

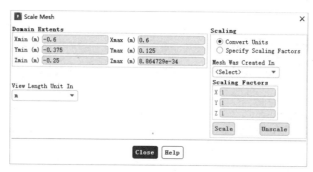

图 15-34　Scale Mesh 对话框

（7）选择功能区 View→Display→Views 命令，弹出如图 15-35 所示的 Views（视图）对话框，在 Mirror Planes 中选择 sys，单击 Apply 按钮，显示如图 15-36 所示几何模型。

（8）选择 File→Write→Case 命令，弹出 Select File 对话框，在 Case File 中输入 surface，单击 OK 按钮便可保存项目。

 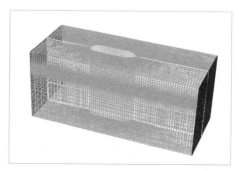

图 15-35　Views 对话框　　　　图 15-36　几何模型

15.2.3　定义求解器

（1）选择 Setup→General 命令，弹出如图 15-37 所示的 General（总体模型设定）面板。在 Solver 中，Time 类型选择 Transient。

（2）选择功能区 Physics→Solver→Operating Conditions 命令，弹出如图 15-38 所示的 Operating Conditions（操作条件）对话框。选择 Gravity 复选框，在 Y(m/s²)中输入-9.81，

在 Reference Pressure Location 的 X 中输入-0.5，Y 中输入 0.1，单击 OK 按钮确认。

图 15-37　General 面板

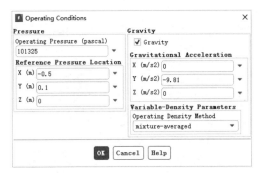

图 15-38　Operating Conditions 对话框

15.2.4　定义湍流模型

选择 Setup→Models 命令，弹出如图 15-39 所示的 Models（模型设定）面板，双击 Viscous 选项，弹出如图 15-40 所示的 Viscous Model（湍流模型）对话框。

在 Model 中选择 k-epsilon(2 eqn)，k-epsilon Model 中选择 Realizable，单击 OK 按钮确认。

图 15-39　Models 面板

图 15-40　Viscous Model 对话框

15.2.5　设置材料

选择 Setup→Materials 命令，弹出如图 15-41 所示的 Materials（材料）面板，单击 Create/Edit 按钮，弹出如图 15-42 所示的 Create/Edit Materials（物性参数设定）对话框。

单击 Fluent Database 按钮，弹出如图 15-43 所示的 Fluent Database Materials（材料数据库）对话框。在 Fluent Fluid Materials 中选择 Water-liquid，单击 Copy 按钮确认，单击 Close 按钮退出。

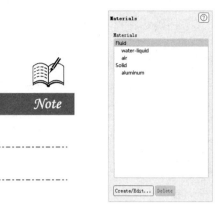

图 15-41　Materials 面板

图 15-42　Create/Edit Materials 对话框

图 15-43　Fluent Database Materials 对话框

15.2.6　定义多相流模型

（1）选择 Setup→Models 命令，弹出 Models（模型设定）面板，双击 Multiphase 选项，弹出如图 15-44 所示的 Multiphase Model（多相流模型）对话框。

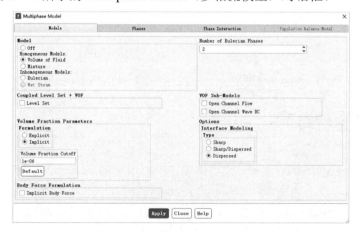

图 15-44　Multiphase Model 对话框

在 Model 中选择 Volume of Fluid，在 Formulation 中选择 Implict，单击 OK 按钮确认。

（2）选择 Setup→Models→Multiphase→Phases 命令，弹出如图 15-45 所示的 Phases（相设定）面板。双击 phase-1 选项，弹出如图 15-46 所示的 Primary Phase（主项）设置面板，在 Name 中输入 air，Phase Material 中选择 air，单击 OK 按钮确认。

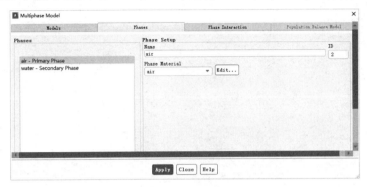

图 15-45　Phases 面板

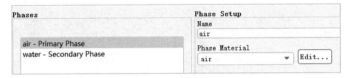

图 15-46　Primary Phase 设置面板

双击 phase-2 按钮，弹出如图 15-47 所示的 Secondary Phase（次项）设置面板，在 Name 中输入 water，Phase Material 中选择 water-liquid，单击 OK 按钮确认。

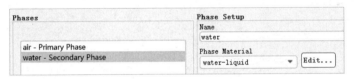

图 15-47　Secondary Phase 设置面板

15.2.7　边界条件

（1）导入 UDF 文件。边界入口需加载波浪造波源项，编写 UDF 文件内容如下。

```
#include "udf.h"

DEFINE_PROFILE(inlet_pressure, tf, nv)
{
    face_t f; cell_t c0;
    real x[ND_ND];
    Thread *t0 = THREAD_T0(tf);
    begin_f_loop (f, tf);
        {
            c0 = F_C0(f,tf);
```

```
            F_CENTROID(x,f,tf);
            F_PROFILE (f,tf, nv) = C_R(c0,t0)*1.27*1.27/2.0 -
            (C_R(c0,t0)-1.225)*9.81*x[1];
        }
        end_f_loop (f, tf)
    }

    DEFINE_PROFILE(outlet_pressure, tf, nv)
    {
        face_t f; cell_t c0;
        real x[ND_ND];
        Thread *t0 = THREAD_T0(tf);
        begin_f_loop (f, tf);
        {
            c0 = F_C0(f,tf);
            F_CENTROID(x,f,tf);
            F_PROFILE (f,tf, nv) = -(C_R(c0,t0)-1.225)*9.81*x[1];
        }
        end_f_loop (f, tf)
    }

    DEFINE_PROFILE(inlet_vof, tf, nv)
    {
        face_t f; cell_t c0;
        real x[ND_ND];
        Thread *t0 = THREAD_T0(tf);
        begin_f_loop (f, tf);
        {
            c0 = F_C0(f,tf);
            F_PROFILE (f,tf, nv) = C_VOF(c0,t0);
        }
        end_f_loop (f, thread)
    }
```

在 Fluent 软件中选择功能区 User-Defined→Functions→Interpreted 命令,弹出如图 15-48 所示的 Interpreted UDFs 对话框(编辑 UDF)。

单击 Source File Name 后面的 Browse 按钮,弹出如图 15-49 所示的 Select File 对话框,选择 udf.c 文件,单击 OK 按钮,完成 UDF 文件导入。

(2)选择 Setup→Boundary Conditions 命令,弹出如图 15-50 所示的 Boundary Conditions 面板。

(3)双击 inlet 选项,弹出如图 15-51 所示的 Pressure Inlet 对话框。

在 Gauge Total Pressure 中选择 udf inlet_pressure,在 Turbulence 的 Specification Method 中选择 K and Epsilon。

图 15-48 Interpreted UDFs 对话框

图 15-49 Select File 对话框

图 15-50 Boundary Conditions 面板

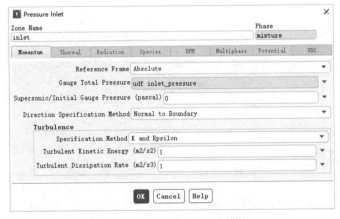

图 15-51 Pressure Inlet 对话框 1

在 Phase 中选择 water，单击 Edit 按钮，弹出图 15-52 所示的对话框，在 Multiphase 选项卡的 Volume Fraction 中选择 udf inlet_vof，单击 OK 按钮确认。

（4）在 Boundary Conditions 面板中，双击 outlet 选项，弹出如图 15-53 所示的 Pressure Outlet 对话框。

图 15-52　Pressure Inlet 对话框 2

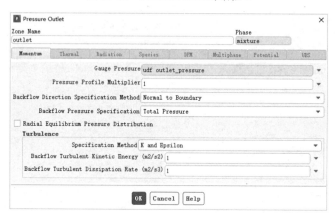

图 15-53　Pressure Outlet 对话框

在 Gauge Pressure 中选择 udf outlet_pressure，在 Turbulence 的 Specification Method 中选择 K and Epsilon。

在 Boundary Conditions 面板的 Phase 中选择 water，单击 Edit 按钮，弹出图 15-54 所示的对话框，在 Multiphase 选项卡的 Backflow Volume Fraction 中选择 udf inlet_vof，单击 OK 按钮确认。

图 15-54　Pressure Inlet 对话框 3

15.2.8　求解控制

（1）选择 Solution→Methods 命令，弹出如图 15-55 所示的 Solution Methods（求解方法设置）面板。

在 Scheme 中选择 PISO，在 Pressure 中选择 PRESTO!。

（2）选择 Solution→Controls 命令，弹出如图 15-56 所示的 Solution Controls（求解过程控制）面板。在 Pressure 中输入 0.5，Momentum 中输入 0.7，Volume Fraction 中输入 0.2，Turbulent Kinetic Energy 和 Turbulent Dissipation Rate 均输入 0.5。

图 15-55　Solution Methods 面板

图 15-56　Solution Controls 面板

15.2.9　初始条件

（1）选择 Solution→Initialization 命令，弹出如图 15-57 所示的 Solution Initialization（初始化设置）面板。

在 Initialization Methods 中选择 Standard Initialization，在 water Volume Fraction 中输入 0，单击 Initialize 按钮进行初始化。

（2）选择 Solution→Cell Registers→New→Region 命令，弹出如图 15-58 所示的 Region Register（区域适应）对话框。

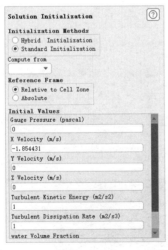

图 15-57　Solution Initialization 面板

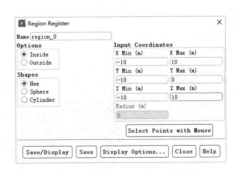

图 15-58　Region Register 对话框

在 X Min 中输入-10，在 X Max 中输入 10，在 Y Min 中输入-10，在 Y Max 中输入 0，在 Z Min 中输入-10，在 Z Max 中输入 10，单击 Save 按钮。

（3）在初始化设置面板中，单击 Patch 按钮，弹出如图 15-59 所示的 Patch（修补）对话框。

在 Phase 中选择 water，在 Variable 中选择 Volume Fraction，Registers to Patch 中选择 hexahedron-r0，在 Value 中输入 1，单击 Patch 按钮。

图 15-59 Patch 对话框

（4）选择 Results→Graphics 命令，弹出如图 15-60 所示的 Graphics and Animations（图形和动画）面板，在 Graphics 下双击 Contours 选项，弹出如图 15-61 所示的 Contours（等值线）对话框。

在 Contours of 中选择 Phases，在 Surface 中选择 sys 和 wall，单击 Display 按钮，显示如图 15-62 所示的云图。

图 15-60 Graphics and Animations 对话框

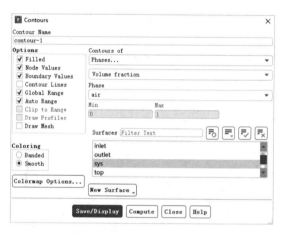

图 15-61 Contours 对话框

图 15-62 体积组分云图

15.2.10 计算结果输出设置

选择 File→Write→Autosave 命令，弹出如图 15-63 所示的 Autosave（自动保存）对话框，在 Save Data File Every（Time Steps）中输入 50，File Name 中输入 surface，单击 OK 按钮确认。

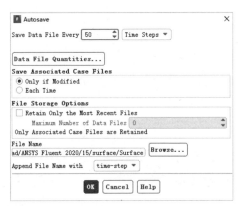

图 15-63 Autosave 对话框

15.2.11 求解过程监视

选择 Monitors 命令，弹出如图 15-64 所示的 Monitors（监视）面板，双击 Residual 选项，弹出如图 15-65 所示的 Residual Monitors（残差监视）对话框。

保持默认设置不变，单击 OK 按钮确认。

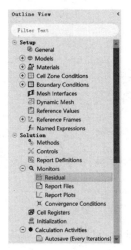

图 15-64 Monitors 面板

图 15-65 Residual Monitors 对话框

15.2.12 动画设置

（1）选择 Solution→Calculation Activities 命令，弹出如图 15-66 所示面板。

选择功能区 Solution→Activities→Create→Solution Animations 命令，弹出如图 15-67 所示对话框。

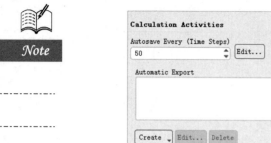

图 15-66　Calculation Activities 面板

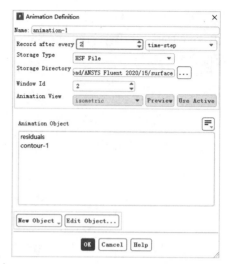

图 15-67　动画设置对话框

在 Record after every 中输入 2，选择 time-step。

在 Window Id 中选择 2，如图 15-68 所示。

在 New object 中选择 Contours，弹出如图 15-69 所示的对话框，Contours of 选择 Phases 和 Volume Fraction，单击 Display 按钮，在窗口 2 显示如图 15-70 所示的体积组分云图。

图 15-68　Animation 的 Sequence 设置

图 15-69　Contours 对话框

（2）关闭 Contours 对话框，单击 OK 按钮确认关闭 Animation Sequence 对话框，单击 OK 按钮确认关闭 Solution Animation 对话框。

图 15-70　体积组分云图

15.2.13　计算求解

选择 Solution→Run Calculation 命令,弹出如图 15-71 所示的 Run Calculation(运行计算)面板。

在 Time Step Size 中输入 0.001,Number of Time Steps 中输入 1000,单击 Calculate 按钮开始计算。

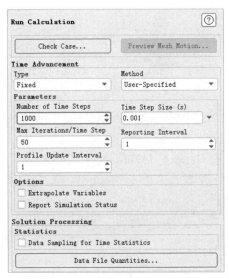

图 15-71　Run Calculation 面板

15.2.14　结果后处理

(1)选择 Results→Graphics 命令,弹出 Graphics and Animations(图形和动画)面板,在 Animations 下双击 Solution Animation Playback 选项,弹出如图 15-72 所示的 Playback(回放)对话框,单击播放按钮便可回放动画。

(2)选择 Results→Surface→New→Iso-Surface 命令,弹出如图 15-73 所示 Iso-Surface(等值面)对话框。

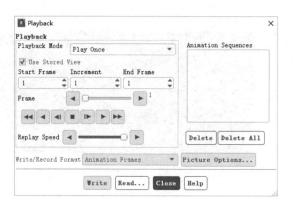

图 15-72　Playback 对话框

图 15-73　Iso-Surface 对话框（一）

在 Surface of Contant 中选择 Mesh 和 Z-Coordinate，在 Iso-Values 中输入 0，在 Name 中输入 z=0，单击 Create 按钮。

（3）如图 15-74 所示，在 Surface of Constant 中选择 Phases…和 Volume fraction，phase 中选择 water，在 Iso-Values 中输入 0.9，在 Name 中输入 volume-0.9，单击 Create 按钮。

图 15-74　Iso-Surface 对话框（二）

（4）选择 Results→Graphics 命令，弹出如图 15-75 所示的 Graphics and Animations（图形和动画）面板，在 Graphics 下双击 Contours 选项，弹出如图 15-76 所示的 Contours（等值线）对话框。

图 15-75 Graphics and Animations 面板

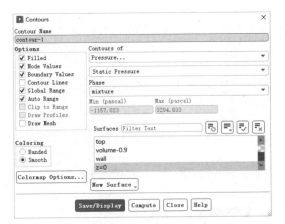

图 15-76 Contours 对话框

在 Contours of 中选择 Pressure，在 Surfaces 中选择 Z=0，单击 Display 按钮，显示如图 15-77 所示的压力云图。

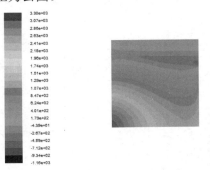

图 15-77 压力云图

（5）在 Contours of 中选择 Velocity，单击 Display 按钮，显示如图 15-78 所示的速度云图。

图 15-78 速度云图

（6）在 Graphics 下双击 Vectors 选项，弹出如图 15-79 所示的 Vectors（矢量）对话框。选择 Draw Mesh 复选框，弹出如图 15-80 所示的 Mesh Display（网格显示）对话框，在 Edge Type 中选择 Feature，在 Surfaces 中选择 wall，单击 Display 按钮，显示如图 15-81 所示的几何框图。

图 15-79　Vectors 对话框

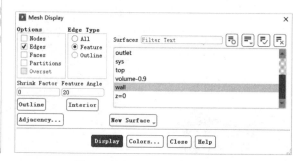

图 15-80　Mesh Display 对话框

在 Vectors（矢量）对话框的 Scale 中输入 5，Skip 中输入 5，Surfaces 中选择 z=0，单击 Display 按钮，显示如图 15-82 所示的速度矢量图。

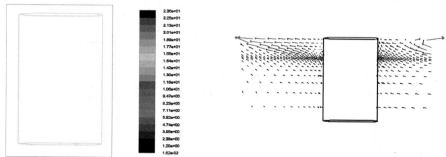

图 15-81　几何框图　　　　　　　图 15-82　速度矢量图

（7）在 Graphics 下双击 Contours 选项，弹出如图 15-83 所示的 Contours（等值线）对话框，在 Contours of 中选择 Phases，Phase 中选择 water，在 Surfaces 中选择 z=0，单击 Display 按钮，显示如图 15-84 所示的多项流云图。

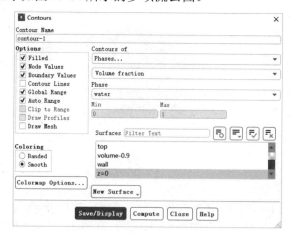

图 15-83　Contours 对话框

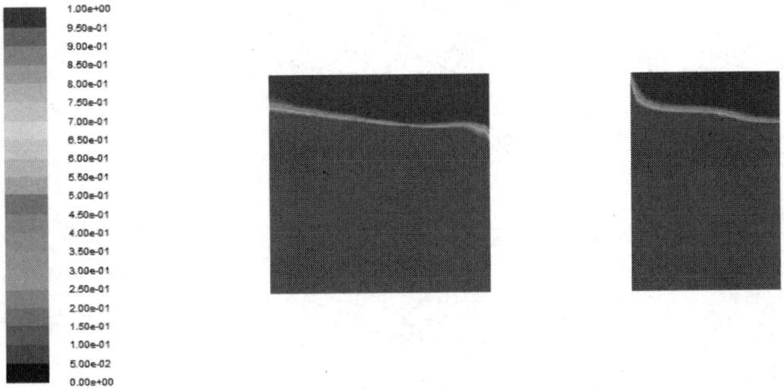

图 15-84　多项流云图

（8）在 Graphics and Animations（图形和动画）面板中，单击 Options 按钮，弹出如图 15-85 所示的 Display Options（显示选项）对话框。

图 15-85　Display Options 对话框

取消选择 Double Buffering 复选框，选择 Lights On 复选框，在 Lighting 中选择 Gouraud，单击 Apply 按钮。

（9）在 Contours 对话框的 Contours of 中选择 Velocity，选择 Draw Mesh 复选框，弹出如图 15-86 所示的 Mesh Display（网格显示）对话框，在 Options 中选择 Faces，在 Surfaces 中选择 wall，单击 Display 按钮，显示如图 15-87 所示的几何框图。如图 15-88 所示，在 Surfaces 中选择 volume-0.9，单击 Display 按钮，显示如图 15-89 所示的速度流云图。

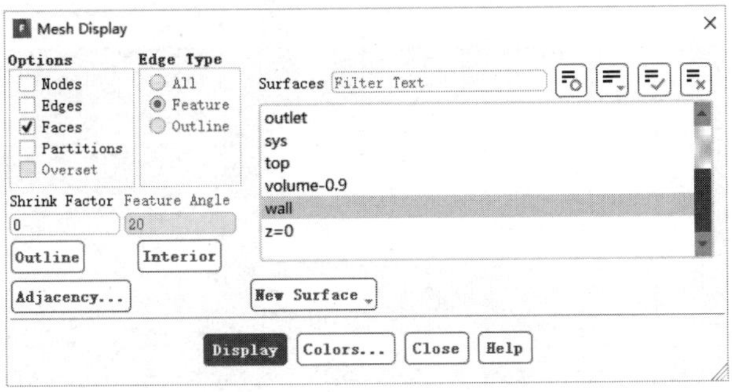

图 15-86　Mesh Display 对话框

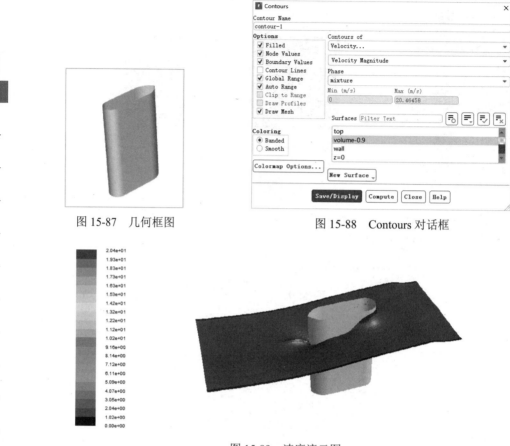

图 15-87　几何框图　　　　　　图 15-88　Contours 对话框

图 15-89　速度流云图

15.3　本章小结

水利海洋工程的水坝、港口工程、海洋石油平台等项目中对水动力的研究十分广泛。

第16章

汽车行业中的应用

在当今的汽车工业中,能否迅速而且可靠地分析新设计是成功的关键。对于包含液体流动的设计问题,Fluent 软件颇具独到之处。计算流体软件能使 CFD 所要求的快捷与方便充分体现在设计过程之中,Fluent 是通过第一流的非结构化网格技术和丰富的物理模型确立了在行业中的领先地位,其完全非结构化的方法极大地减少了建立计算模型所需的时间和精力,高效率的串行和并行解算器减少了解算的时间,同时,集成的后置处理器简化了对结果的考察。

学习 Fluent 在以下方面的应用

(1) 外部空气动力学　　(2) 进气阀门　　(3) 泵
(4) 发动机冷却　　　　(5) 车辆内部　　(6) 空气控制系统
(7) 汽车罩内流动模拟　 (8) 排气管道

16.1 催化转换器内多孔介质流动

16.1.1 案例介绍

如图16-1所示，入口废气流速为22.6m/s，出口压力为0，请用Fluent分析催化转换器内的流动情况。

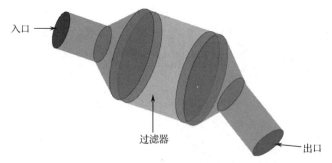

图16-1 案例模型

16.1.2 启动Fluent并导入网格

（1）在Windows系统中启动Fluent，进入Fluent Launcher界面。

（2）在Fluent Launcher界面的Dimension中选择3D，在Display Options中选择Display Mesh After Reading和Double-Precision复选框，单击OK按钮，进入Fluent主界面。

（3）在Fluent主界面中，选择File→Read→Mesh命令，弹出如图16-2所示的Select File对话框，选择名为catalytic.msh的网格文件，单击OK按钮，便可导入网格。

（4）导入网格后，在图形显示区将显示几何模型，如图16-3所示。

图16-2 Select File对话框

图16-3 几何模型

（5）选择Mesh→Check命令，检查网格质量，确保不存在负体积。

(6) 选择 Mesh→Scale 命令，弹出如图 16-4 所示的 Scale Mesh（网格缩放）对话框。在 Scaling 中选择 Convert Units，在 Mesh Was Created In 中选择 mm，单击 Scale 按钮完成网格缩放，在 View Length Unit In 中选择 mm。

图 16-4　Scale Mesh 对话框

(7) 选择 File→Write→Case 命令，弹出 Select File 对话框，在 Case File 中输入 catalytic，单击 OK 按钮，便可保存项目。

16.1.3　定义求解器

(1) 选择 Setup→General 命令，弹出如图 16-5 所示的 General（总体模型设定）面板。在 Solver 中，Time 类型选择 Steady。

(2) 选择功能区 Physics→Solver→Operating Conditions 命令，弹出如图 16-6 所示的 Operating Conditions（操作条件）对话框。保持默认设置，单击 OK 按钮确认。

 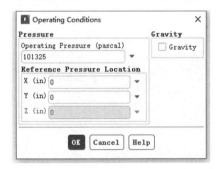

图 16-5　General 面板　　　　图 16-6　Operating Conditions 对话框

16.1.4　定义湍流模型

选择 Setup→Models 命令，弹出如图 16-7 所示的 Models（模型设定）面板，双击 Viscous 选项，弹出如图 16-8 所示的 Viscous Model（湍流模型）对话框。

在 Model 中选择 k-epsilon(2 eqn)，单击 OK 按钮确认。

图 16-7 Models 面板

图 16-8 Viscous Model 对话框

16.1.5 设置材料

选择 Setup→Materials 命令，弹出如图 16-9 所示的 Materials（材料）面板，单击 Create/Edit 按钮，弹出如图 16-10 所示的 Create/Edit Materials（物性参数设定）对话框。

图 16-9 Materials 面板

图 16-10 Create/Edit Materials 对话框

单击 Fluent Database 按钮，弹出如图 16-11 所示的 Fluent Database Materials（材料数据库）对话框。在 Material Type 中选择 Fluid，在 Fluent Fluid Materials 中选择 nitrogen (n2)，单击 Copy 按钮确认，单击 Close 按钮退出。

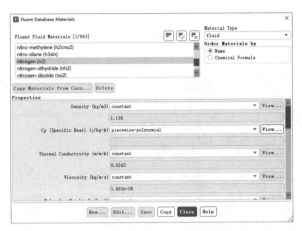

图 16-11　Fluent Database Materials 对话框

16.1.6　设置计算域

（1）选择 Setup→Cell Zone Conditions 命令，启动如图 16-12 所示的 Cell Zone Conditions（区域条件）面板。

双击 fluid 选项，弹出如图 16-13 所示的 Fluid（流体域设置）对话框。

在 Material Name 中选择 nitrogen，单击 OK 按钮确认。

图 16-12　Cell Zone Conditions 面板

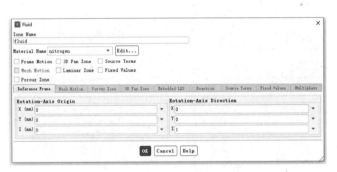

图 16-13　Fluid 对话框（一）

（2）在 Cell Zone Condition（区域条件）面板中，双击 substrate 选项，弹出如图 16-14 所示的 Fluid（流体域设置）对话框。

在 Material Name 中选择 nitrogen，选择 Porous Zone 和 Laminar Zone 复选框。

选择 Porous Zone 选项卡，在 Direction-1 Vector 中输入（1，0，0），Direction-2 Vector 中输入（0，1，0）。

在 Viscous Resistance 中，Direction-1、Direction-2 和 Direction-3 分别输入 3.846e+07、3.846e+10 和 3.846e+10。

在 Inertial Resistance 中，Direction-1、Direction-2 和 Direction-3 分别输入 20.414、20414 和 20414。

单击 OK 按钮确认。

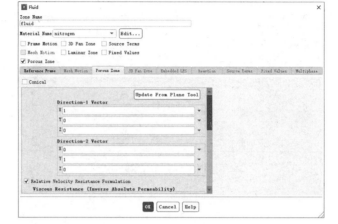

图 16-14　Fluid 对话框（二）

16.1.7　边界条件

（1）选择 Setup→Boundary Conditions 命令，启动如图 16-15 所示的 Boundary Conditions 面板。

（2）双击 inlet 选项，弹出如图 16-16 所示的 Velocity Inlet 对话框。

 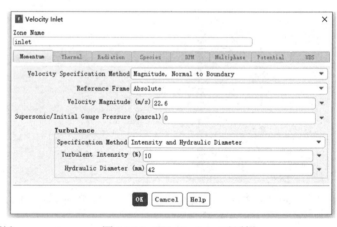

图 16-15　Boundary Conditions 面板　　　　图 16-16　Velocity Inlet 对话框

在 Velocity Magnitude 中输入 22.6，在 Turbulence 的 Specification Method 中选择 Intensity and Hydraulic Diameter，Turbulent Intensity 中输入 10，Hydraulic Diameter 中输入 42，单击 OK 按钮确认。

（3）在 Boundary Conditions 面板中双击 outlet 选项，弹出如图 16-17 所示的 Pressure Outlet 对话框。

在 Turbulence 的 Specification Method 中选择 Intensity and Hydraulic Diameter，Backflow Turbulent Intensity 中输入 5，Backflow Hydraulic Diameter 中输入 42。单击 OK 按钮确认。

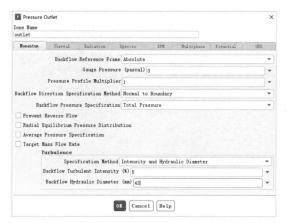

图 16-17 Pressure Outlet 对话框

16.1.8 求解控制

（1）选择 Solution→Methods 命令，弹出如图 16-18 所示的 Solution Methods（求解方法）设置面板。

在 Scheme 中选择 Coupled，选择 Pseudo Transient 复选框。

（2）选择 Solution→Controls 命令，弹出如图 16-19 所示的 Solution Controls（求解过程控制）面板。保持默认设置不变。

图 16-18　Solution Methods 面板　　　图 16-19　Solution Controls 面板

16.1.9 初始条件

选择 Solution→Initialization 命令，弹出如图 16-20 所示的 Solution Initialization（初始化设置）面板。

在 Initialization Methods 中选择 Hybrid Initialization，单击 Initialize 按钮进行初始化。

单击 More Settings 按钮，弹出如图 16-21 所示的 Hybrid Initialization 对话框，在 Number of Iterations 中输入 15，单击 OK 按钮确认。

图 16-20　Solution Initialization 面板　　　图 16-21　Hybrid Initialization 对话框

16.1.10　求解过程监视

（1）选择 Monitors 命令，弹出如图 16-22 所示的 Monitors（监视）面板，双击 Residual 选项，弹出如图 16-23 所示的 Residual Monitors（残差监视）对话框。

保持默认设置不变，单击 OK 按钮确认。

图 16-22　Monitors 面板　　　图 16-23　Residual Monitors 对话框

（2）在 Solution-Reports-Definition-New-Surface Monitors 选择 Mass Flow Rate，弹出如图 16-24 所示的对话框。在 Surfaces 中选择 outlet，单击 OK 按钮确认。

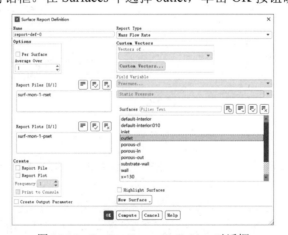

图 16-24　Surface Report Definition 对话框

16.1.11 计算求解

选择 Solution→Run Calculation 命令，弹出如图 16-25 所示的 Run Calculation（运行计算）面板。

在 Number of Iterations 中输入 100，单击 Calculate 按钮开始计算。

图 16-25　Run Calculation 面板

16.1.12 结果后处理

（1）选择 Results→Surface→New→Iso-Surface 命令，弹出如图 16-26 所示的 Iso-Surface（等值面）对话框。

在 Surface of Contant 中选择 Mesh 和 Y-Coordinate，在 Iso-Values 中输入 0，在 New Surface Name 中输入 y=0，单击 Create 按钮。

图 16-26　Iso-Surface 对话框（一）

（2）在如图 16-27 所示的 Iso-Surface（等值面）对话框中，Surface of Contant 下面选择 Mesh 和 X-Coordinate，在 Iso-Values 中输入 95，在 Name 中输入 x=95，单击 Create 按钮。

重复以上步骤，创建 x=130 平面和 x=165 平面。

（3）选择 Results→Surface→New→Line/Rake 命令，弹出如图 16-28 所示的 Line/Rake Surface 对话框。

x0 栏输入 95，x1 栏输入 165，在 Name 栏输入 porous-cl，单击 Create 按钮。

图 16-27　Iso-Surface 对话框（二）　　　　图 16-28　Line/Rake Surface 对话框

（4）选择 Results→Plots 命令，弹出如图 16-29 所示的 Plots（图形）面板，双击 XY Plots 选项，弹出如图 16-30 所示的 Solution XY Plots（XY 曲线）对话框。

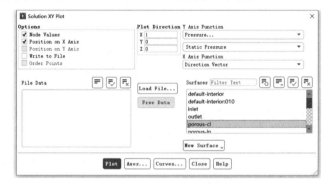

图 16-29　Plots 面板　　　　图 16-30　Solution XY Plot 对话框

在 Plot Direction 中输入（1，0，0），在 Y Axis Function 中选择 Pressure 和 Static Pressure，在 Surfaces 中选择 porous-cl，单击 Plot 按钮，显示如图 16-31 所示压力图。

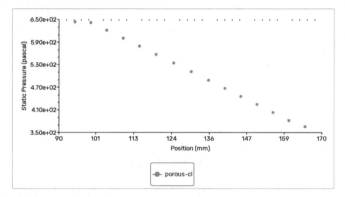

图 16-31　压力图

（5）选择 Results→Graphics 命令，弹出如图 16-32 所示的 Graphics and Animations

（图形和动画）面板，双击 Mesh 选项，弹出如图 16-33 所示的 Mesh Display（网格显示）对话框。

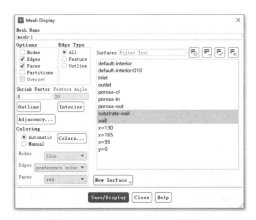

图 16-32　Graphics and Animations 面板　　　图 16-33　Mesh Display 对话框

取消选择 Edges 复选框，选择 Faces 复选框，在 Surfaces 中选择 substrate-wall 和 wall，单击 Display 按钮，显示如图 16-34 所示的网格。

（6）在 Graphics and Animations（图形和动画）面板中单击 Options 按钮，弹出如图 16-35 所示的 Display Options（显示选项）对话框。

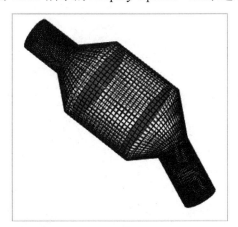

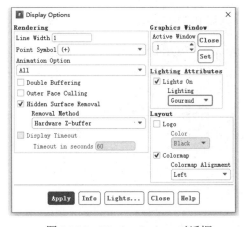

图 16-34　网格图　　　图 16-35　Display Options 对话框

取消选择 Double Buffering 复选框，选择 Lights On 复选框，在 Lighting 中选择 Gouraud，单击 Apply 按钮。

（7）在 Graphics and Animations（图形和动画）面板中单击 Compose 按钮，弹出如图 16-36 所示的 Scene Description（场景描绘）对话框。

在 Names 中选择 substrate-wall 和 wall，单击 Display 按钮，弹出如图 16-37 所示的 Display Properties（显示属性）对话框。

将 Transparency 的值调整至 70，单击 Apply 按钮，调整后模型显示如图 16-38 所示。

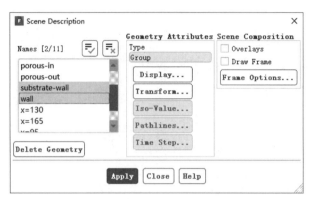

图 16-36　Scene Description 对话框

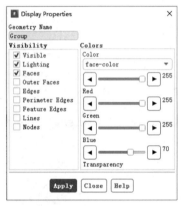

图 16-37　Display Properties 对话框

图 16-38　模型图

（8）在 Graphics and Animations（图形和动画）面板中双击 Vectors 选项，弹出如图 16-39 所示的 Vectors（矢量）对话框。

在 Options 中选择 Draw Mesh 复选框，弹出如图 16-40 所示的 Mesh Display（网格显示）对话框，单击 Display 按钮。

图 16-39　Vectors 对话框

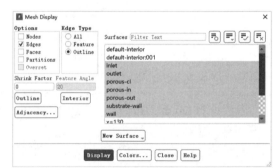

图 16-40　Mesh Display 对话框

在 Vectors（矢量）对话框的 Scale 中输入 5，Skip 中输入 1，在 Surfaces 中选择 y=0，单击 Display 按钮，显示如图 16-41 所示的速度矢量图。

图 16-41　速度矢量图

（9）在 Graphics and Animations（图形和动画）面板中双击 Contours 选项，弹出如图 16-42 所示的 Contours（等值线）对话框。

在 Contours of 中选择 Pressure 和 Static Pressure，在 Options 中选择 Filled 复选框，在 Surfaces 中选择 y=0，单击 Display 按钮，显示如图 16-43 所示的云图。

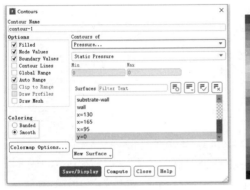 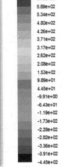 

图 16-42　Contours 对话框　　　　　图 16-43　压力云图

（10）在 Contours of 中选择 Velocity 和 X Velocity，在 Options 中选择 Filled 选项，在 Surfaces 中选择 x=130、x=165 和 x=95，单击 Display 按钮，显示如图 16-44 所示的云图。

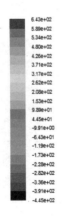 

图 16-44　速度云图

16.2 车灯传热分析

16.2.1 案例介绍

如图 16-45 所示的车灯，请用 Fluent 分析车灯内的流场情况。

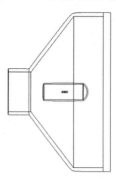

图 16-45 案例模型

16.2.2 启动 Fluent 并导入网格

（1）在 Windows 系统中启动 Fluent，进入 Fluent Launcher 界面。

（2）在 Fluent Launcher 界面的 Dimension 中选择 3D，在 Display Options 中选择 Display Mesh After Reading 复选框，单击 Start 按钮，进入 Fluent 主界面。

（3）在 Fluent 主界面中，选择 File→Read→Mesh 按钮，弹出如图 16-46 所示的 Select File（导入网格）对话框，选择名为 headlamp.msh 的网格文件，单击 OK 按钮，便可导入网格。

（4）导入网格后，在图形显示区将显示几何模型，如图 16-47 所示。

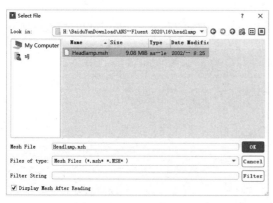

图 16-46 Select File 对话框

图 16-47 几何模型

（5）选择 Mesh→Check 命令，检查网格质量，确保不存在负体积。

（6）选择 Mesh→Scale 命令，弹出如图 16-48 所示的 Scale Mesh（网格缩放）对话框。在 Scaling 中选择 Convert Units，Mesh Was Created In 选择 mm，单击 Scale 按钮完成网格缩放，在 View Length Unit In 中选择 mm。

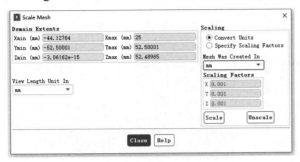

图 16-48　Scale Mesh 对话框

（7）选择 File→Write→Case 命令，弹出 Select File（保存项目）对话框，在 Case File 中输入 headlamp，单击 OK 按钮，便可保存项目。

16.2.3　定义求解器

（1）选择 Setup→General 命令，弹出如图 16-49 所示的 General（总体模型设定）面板。在 Solver 中，Time 类型选择 Steady。

（2）选择功能区 Physics→Solver→Operating Conditions 命令，弹出如图 16-50 所示的 Operating Conditions（操作条件）对话框。选择 Gravity 复选框，在 Y 中输入-9.81，单击 OK 按钮确认。

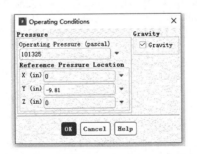

图 16-49　General 面板　　　图 16-50　Operating Conditions 对话框

16.2.4　定义模型

选择 Setup→Models 命令，弹出如图 16-51 所示的 Models（模型设定）面板，双击 Radiation 选项，弹出如图 16-52 所示的 Radiation Model（辐射模型）对话框。

在 Model 中选择默认的 Discrete Ordinates (DO)，在 Energy Iterations per Radiation Iteration 中输入 1，在 Theta Pixels 和 Phi Pixels 中分别输入 6，单击 OK 按钮确认。

图 16-51　Models 面板　　　　　图 16-52　Radiation Model 对话框

16.2.5　设置材料

（1）选择 Setup→Materials 命令，弹出如图 16-53 所示的 Materials（材料）面板，单击 Create/Edit 按钮，弹出如图 16-54 所示的 Create/Edit Materials（物性参数设定）对话框。

（2）在 Material Type 中选择 solid，在 Name 中输入 glass，在 Density 中输入 2220，在 Cp 中输入 745，在 Thermal Conductivity 中输入 1.38，在 Absorption Coefficient 中输入 831，在 Refractive Index 中输入 1.5，单击 Change/Create 按钮创建新物质，在弹出如图 16-55 所示的 Question（疑问）对话框中，单击 No 按钮不替换原来的物质。

图 16-53　Materials 面板

图 16-54　Create/Edit Materials 对话框

图 16-55 Question 对话框

(3) 重复第二步，创建表 16-1 中的新物质。

表 16-1 创建物质参数表

参数	数值		
	polycarbonate	coating	socket
Density	1200	2000	2719
Cp	1250	400	871
Thermal Conductivity	0.3	0.5	0.7
Absorption Coefficient	930	0	0
Scattering Coefficient	0	0	0
Refractive Index	1.57	1	1

(4) 在 Materials 面板中，双击 Air 选项，弹出 Create/Edit Materials（物性参数设定）对话框，在 Density 中选择 incompressible-ideal-gas，在 Thermal Conductivity 中选择 polynomial，弹出如图 16-56 所示的 Polynomial Profile 对话框。

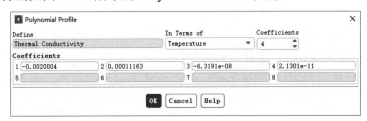

图 16-56 Polynomial Profile 对话框

在 Coefficients 中输入 4，在下面的 Coefficients 中分别输入-0.0020004、0.00011163、-6.3191e-08 和 2.1301e-11。单击 OK 按钮确认。

(5) 在 Materials 面板中，单击 Change/Create 按钮，单击 Close 按钮，关闭窗口。

16.2.6 设置区域条件

(1) 选择 Setup→Cell Zone Conditions 命令，启动如图 16-57 所示的 Cell Zone Conditions（区域条件）面板。

(2) 双击 celll-reflector 选项，弹出如图 16-58 所示的 Solid（固体域设置）对话框，在 Material Name 中选择 polycarbonate，选择 Participates In Radiation 复选框，单击 OK 按钮确认。

(3) 双击 cells-bulb 选项，弹出如图 16-59 所示的 Solid（固体域设置）对话框，在 Material Name 中选择 glass，选择 Participates In Radiation 复选框，单击 OK 按钮确认。

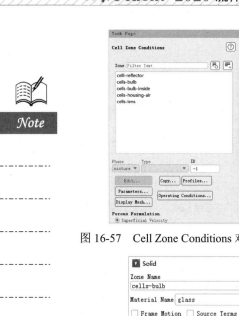

图 16-57　Cell Zone Conditions 对话框

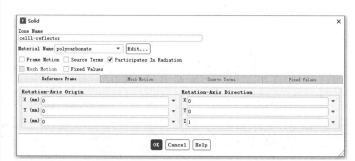

图 16-58　Solid 对话框（一）

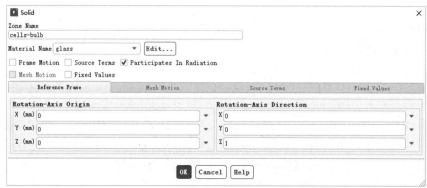

图 16-59　Solid 对话框（二）

（4）双击 cells-housing-air 选项，弹出如图 16-60 所示的 Fluid（流体域设置）对话框，在 Material Name 中选择 Air，选择 Participates In Radiation 复选框，单击 OK 按钮确认。

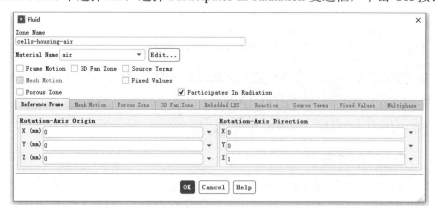

图 16-60　Fluid 对话框

（5）双击 cells-lens 选项，弹出如图 16-61 所示的 Solid（固体域设置）对话框，在 Material Name 中选择 polycarbonate，选择 Participates In Radiation 复选框，单击 OK 按钮确认。

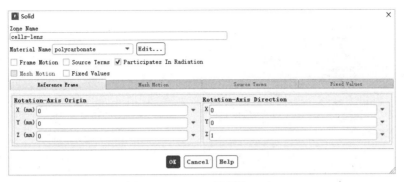

图 16-61　Solid 对话框（三）

16.2.7　边界条件

（1）选择 Setup→Boundary Conditions 命令，启动如图 16-62 所示的 Boundary Conditions 面板。

（2）双击 lens-inner 选项，弹出如图 16-63 所示的 Wall 对话框。

图 16-62　Boundary Conditions 面板

图 16-63　Wall 对话框（一）

选择 Radiation 选项卡，在 BC Type 中选择 semi-transparent，在 Diffuse Fraction 中输入 0.5，单击 OK 按钮，确认并退出。

（3）在 Boundary Conditions 面板中，双击 lens-inner-shadow 选项，弹出如图 16-64 所示的 Wall 对话框。

选择 Radiation 选项卡，在 BC Type 中选择 semi-transparent，在 Diffuse Fraction 中输入 0.5，单击 OK 按钮确认退出。

（4）在 Boundary Conditions 面板中，双击 lens-outer 选项，弹出如图 16-65 所示的 Wall 对话框。选择 Thermal 选项卡，在 Thermal Conditions 中选择 Mixed，Heat Transfer Coefficient 中输入 8。

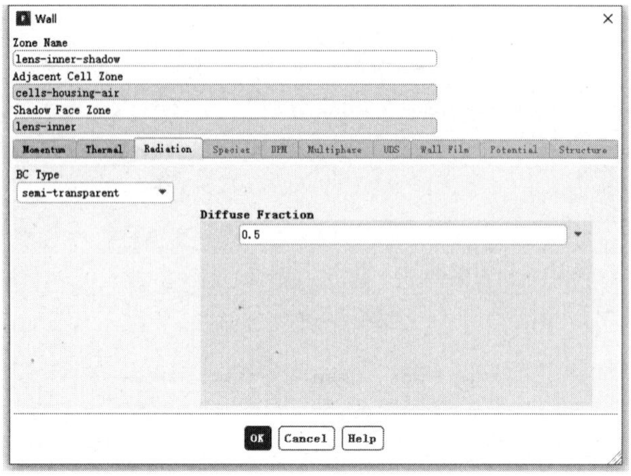

图 16-64　Wall 对话框（二）

图 16-65　Wall 对话框（三）

在如图 16-66 所示的 Radiation 选项卡中，在 BC Type 中选择 semi-transparent，在 Diffuse Fraction 中输入 0.5。单击 OK 按钮，确认并退出。

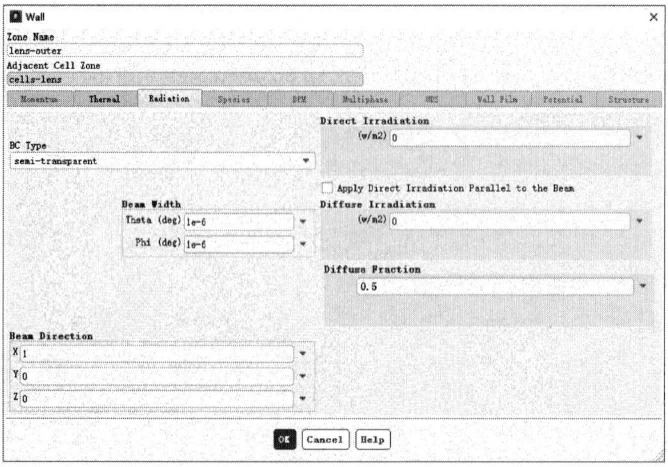

图 16-66　Wall 对话框（四）

（5）重复第二步，在 bulb-outer、bulb-outer-shawdow、bulb-inner 和 bulb-inner-shawdow 中的 Radiation 选项卡，在 BC Type 中选择 semi-transparent，在 Diffuse Fraction 中输入 0.5，单击 OK 按钮，确认并退出。

（6）在 Boundary Conditions 面板中双击 bulb-coatings 选项，弹出如图 16-67 所示的 Wall 对话框。

选择 Thermal 选项卡，在 Material Name 中选择 coating，在 Wall Thickness 中输入 0.1，选择 Shell Conduction 复选框，单击 OK 按钮，确认并退出。

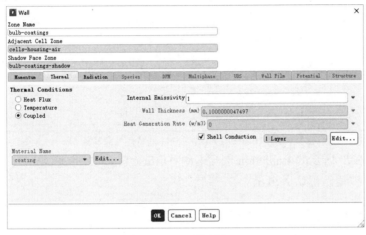

图 16-67　Wall 对话框（五）

（7）在 Boundary Conditions 面板中双击 reflector-outer 选项，弹出如图 16-68 所示的 Wall 对话框。

选择 Thermal 选项卡，在 Thermal Conditions 中选择 Mixed，Heat Transfer Coefficient 中输入 7，在 External Emissivity 中输入 0.95。

单击 OK 按钮，确认并退出。

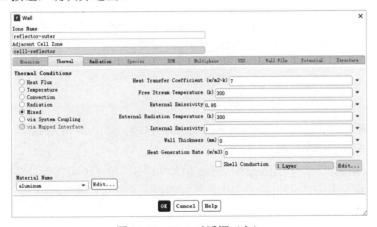

图 16-68　Wall 对话框（六）

（8）在 Boundary Conditions 面板中，双击 reflector-inner 选项，弹出如图 16-69 所示的 Wall 对话框。

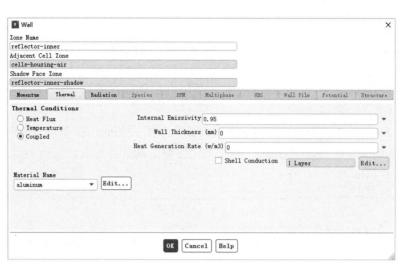

图 16-69　Wall 对话框（七）

选择 Thermal 选项卡，在 Internal Emissivity 中输入 0.95。

在如图 16-70 所示的 Radiation 选项卡的 Diffuse Fraction 中输入 0.3。

单击 OK 按钮，确认并退出。

图 16-70　Radiation 选项卡

（9）重复第八步，双击 reflector-inner-shadow 选项，弹出 Wall 对话框。在 Thermal 选项卡的 Internal Emissivity 中输入 0.2。

在 Radiation 选项卡的 Diffuse Fraction 中输入 0.3。单击 OK 按钮，确认并退出。

（10）在 Boundary Conditions 面板中双击 filament 选项，弹出如图 16-71 所示的 Wall 对话框。

在 Thermal 选项卡的 Heat Flux 中输入 5760000，单击 OK 按钮，确认并退出。

图 16-71　Wall 对话框（八）

16.2.8　求解控制

（1）选择 Solution→Methods 命令，弹出如图 16-72 所示的 Solution Methods（求解方法设置）面板。

在 Pressure 中选择 Body Force Weighted。

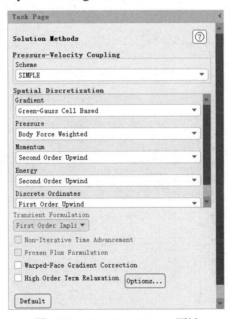

图 16-72　Solution Methods 面板

（2）选择 Solution→Controls 命令，弹出如图 16-73 所示的 Solution Controls（求解过程控制）面板。

在 Pressure 中输入 0.3，在 Momentum 中输入 0.6，其他参数均输入 0.8。

（3）单击 Equations 按钮，弹出如图 16-74 所示的 Equations（方程）对话框，取消选择 Flow 选项，单击 OK 按钮确认。

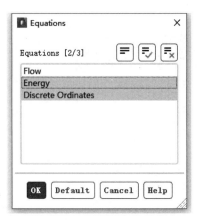

图 16-73　Solution Controls 面板　　　　　图 16-74　Equations 对话框

16.2.9　初始条件

（1）选择 Solution→Initialization 命令，弹出如图 16-75 所示的 Solution Initialization（初始化设置）面板。

在 Initialization Methods 中选择 Standard Initialization，单击 Initialize 按钮进行初始化。

（2）在初始化设置面板中，单击 Patch 按钮，弹出如图 16-76 所示 Patch（修补）对话框。

在 Variable 中选择 Temperature，Zones to Patch 中选择 cells-bulb-inside，在 Value 中输入 500，单击 Patch 按钮。

图 16-75　Solution Initialization 面板　　　　图 16-76　Patch 对话框

16.2.10　求解过程监视

（1）选择 Results→Graphics 命令，弹出如图 16-77 所示的 Graphics and Animations（图形和动画）面板，双击 Mesh 选项，弹出如图 16-78 所示的 Mesh Display（网格显示）对话框。

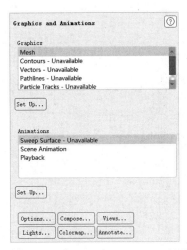

图 16-77　Graphics and Animations 对话框

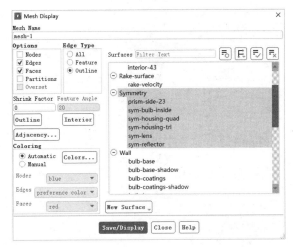

图 16-78　Mesh Display 对话框

在 Surfaces 中取消选择全部表面，在 Edge Type 中选择 Outline，在 Surface 中选择 symmetry，单击 Display 按钮，显示如图 16-79 所示的网格。

（2）选择 Surface→New→Line/Rake 命令，弹出如图 16-80 所示的 Line/Rake Surface 对话框。

在 Type 中选择 Rake，在 Number of Points 中输入 20，单击 Select Points with Mouse 按钮，在如图 16-81 所示的图形框中右击选择两个点。

随后，在 Name 中输入 rake-velocity，单击 Create 和 Close 按钮关闭对话框。

图 16-79　网格图

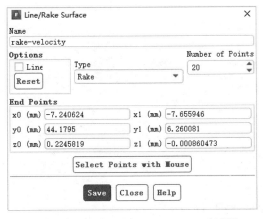

图 16-80　Line/Rake Surface 对话框

图 16-81　选择点位置

（3）选择 Monitors 命令，弹出如图 16-82 所示的 Monitors（监视）面板，双击 Residual 选项，弹出如图 16-83 所示的 Residual Monitors（残差监视）对话框。

保持默认设置，单击 OK 按钮确认。

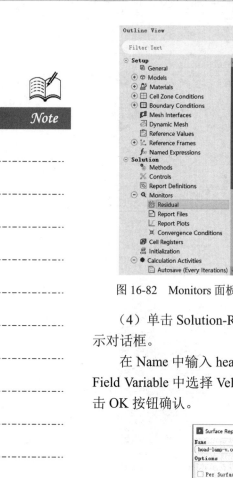

图 16-82　Monitors 面板

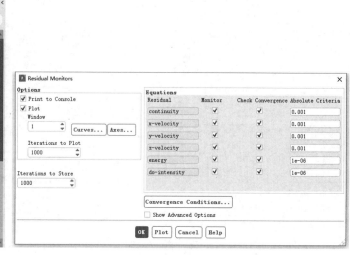

图 16-83　Residual Monitors 对话框

（4）单击 Solution-Reports-Definition-New-Surface Monitors 命令，弹出如图 16-84 所示对话框。

在 Name 中输入 head-lamp-v.out，在 Report Type 中选择 Area-Weighted Average，在 Field Variable 中选择 Velocity 和 Velocity Magnitude，在 Surface 中选择 rake-velocity，单击 OK 按钮确认。

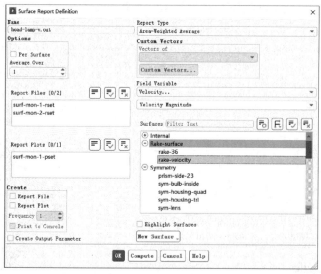

图 16-84　Surface Report Definition 对话框（一）

（5）单击 Solving-Reports-Definition-New-Surface Monitors 命令，弹出如图 16-85 所示对话框。

在 Name 中输入 head-lamp-t.out，在 Report Type 中选择 Facet Maximum，在 Field Variable 中选择 Temperature 和 Static Temperature，在 Surface 中选择 veflector-inner，单击 OK 按钮确认。

图 16-85　Surface Report Definition 对话框（二）

16.2.11　计算求解

（1）选择 Solution→Run Calculation 命令，弹出如图 16-86 所示的 Run Calculation（运行计算）面板。

在 Number of Iterations 中输入 20，单击 Calculate 按钮开始计算。

（2）选择 Solve→Controls 命令，弹出如图 16-87 所示的 Solution Controls（求解过程控制）面板，在 Energy 和 Discrete Ordinates 中输入 1。

图 16-86　Run Calculation 面板　　　　图 16-87　Solution Controls 面板

（3）在 Run Calculation（运行计算）面板的 Number of Iterations 中输入 500，单击 Calculate 按钮开始计算。

（4）在 Solution Controls（求解过程控制）面板中单击 Equations 按钮，弹出 Equations（方程）对话框，取消选择 Discrete Ordinates 选项，选择 Flow 和 Energy，单击 OK 按钮确认。

（5）在 Run Calculation（运行计算）面板的 Number of Iterations 中输入 1000，单击 Calculate 开始计算。

（6）在 Solution Controls（求解过程控制）面板中单击 Equations 按钮，弹出 Equations（方程）对话框，选择 Flow、Energy 和 Discrete Ordinates 选项，单击 OK 按钮确认。

（7）在 Run Calculation（运行计算）面板的 Number of Iterations 中输入 500，单击 Calculate 按钮开始计算。

16.2.12　结果后处理

（1）选择 Results→Graphics 命令，弹出如图 16-88 所示的 Graphics and Animations（图形和动画）面板，双击 Contours 选项，弹出如图 16-89 所示的 Contours（等值线）对话框。

图 16-88　Graphics and Animations 对话框

图 16-89　Contours 对话框（一）

在 Contours of 选择 Temperature 和 Static Temperature，在 Options 中选择 Filled 复选框，在 Surface 中选择 housing-inner、lens-inner 和 socket-inner，单击 Display 按钮，显示如图 16-90 所示的温度云图。

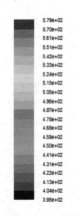 

图 16-90　温度云图

（2）在如图 16-91 所示的 Contours（等值线）对话框的 Contours of 中选择 Wall Fluxes 和 Surface Incident Radiation，在 Options 中选择 Filled 复选框，在 Surface 中选择 housing-inner、lens-inner 和 socket-inner，单击 Display 按钮，显示如图 16-92 所示的辐射强度云图。

图 16-91　Contours 对话框（二）　　　　图 16-92　辐射强度云图

（3）在 Graphics 下双击 Vectors 选项，弹出如图 16-93 所示的 Vectors（矢量）对话框。在 Surface 中选择 symmetry，单击 Display 按钮，显示如图 16-94 所示的速度矢量图。

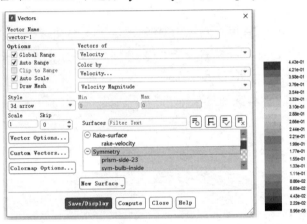

图 16-93　Vectors 对话框　　　　图 16-94　速度矢量图

16.3　本章小结

汽车中的车身、发动机、散热设备均以空气、水等液体作为主要物质，在实际工程中流体流动情况的研究应用十分广泛。

通过本章的学习，读者可以掌握 Fluent 模拟分析的基本操作和在汽车行业中的主要分析方法。

第17章

能源化工行业中的应用

在能源化工行业中,先进的工艺技术是能源开采、生产和提炼等各方面取得成功的关键,液体流动的组件及系统的性能和优化设计会直接影响产品的市场份额和利润率。设备处理工艺的优化可以通过 CFD 仿真设计获得最高的效率、最低的成本,并符合环保的要求,计算机模拟能够以极低的成本迅速可视化,并测试种种设想,缩短从概念到最终实现的时间。

学习 Fluent 在以下方面的应用

(1) 燃烧　　(2) 蒸馏　　(3) 干燥　　(4) 喷射控制
(5) 过滤　　(6) 成型　　(7) 传热和传质　(8) 焚化
(9) 材料处理　(10) 测量/控制　(11) 混合　　(12) 聚合
(13) 反应　　(14) 沉淀　　(15) 分离　　(16) 通风

第 17 章 能源化工行业中的应用

17.1 反应器内粒子流动

17.1.1 案例介绍

如图 17-1 所示,请用 Fluent 分析模拟反应器内粒子的流动情况。

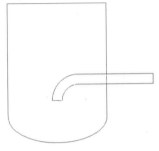

图 17-1 案例模型

17.1.2 启动 Fluent 并导入网格

(1) 在 Windows 系统中启动 Fluent,进入 Fluent Launcher 界面。

(2) 在 Fluent Launcher 界面的 Dimension 中选择 3D,在 Display Options 中选择 Display Mesh After Reading 复选框,单击 Start 按钮,进入 Fluent 主界面。

(3) 在 Fluent 主界面中,选择 File→Read→Mesh 命令,弹出如图 17-2 所示的 Select File 对话框,选择名为 reactor.msh 的网格文件,单击 OK 按钮,便可导入网格。

(4) 导入网格后,在图形显示区将显示几何模型,如图 17-3 所示。

图 17-2 Select File 对话框

图 17-3 几何模型

(5) 选择 Mesh→Check 命令,检查网格质量,确保不存在负体积。

(6) 选择 Mesh→Polyhedra→Convert Domain 命令,网格数量将大大减少,重新显示网格,如图 17-4 所示。

图 17-4 网格显示

(7) 选择 File→Write→Case 命令,弹出 Select File 对话框,在 Case File 中输入 dambreak,单击 OK 按钮,便可保存项目。

17.1.3 定义求解器

(1) 选择 Setup→General 命令,弹出如图 17-5 所示的 General(总体模型设定)面板。在 Solver 中,Time 类型选择 Transient。

(2) 选择功能区 Physics→Solver→Operating Conditions 命令,弹出如图 17-6 所示的 Operating Conditions(操作条件)对话框。选择 Gravity 复选框,在 Y(m/s²) 中输入 -9.81,选择 Specified Operating Density 复选框,单击 OK 按钮确认。

图 17-5 General 面板

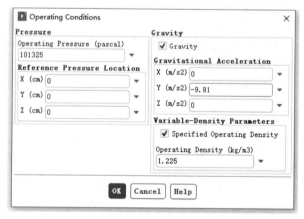

图 17-6 Operating Conditions 对话框

17.1.4 定义湍流模型

选择 Setup→Models 命令,弹出如图 17-7 所示的 Models(模型设定)面板,双击 Viscous 选项,弹出如图 17-8 所示的 Viscous Model(湍流模型)对话框。

图 17-7 Models 面板

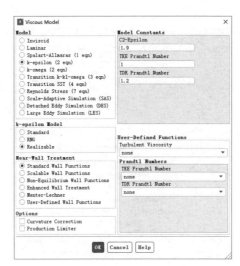

图 17-8 Viscous Model 对话框

在 Model 中选择 k-epsilon(2 eqn)，k-epsilon Model 中选择 Realizable，单击 OK 按钮确认。

17.1.5 边界条件

（1）选择 Setup→Boundary Conditions 命令，打开如图 17-9 所示的 Boundary Conditions 面板。

（2）在 Boundary Conditions 面板中，双击 inlelt 选项，弹出如图 17-10 所示的 Velocity Inlet 对话框。

在 Velocity Magnitude 中输入 15，在 Turbulence 的 Specification Method 中选择 Intensity and Hydraulic Diameter，Turbulent Intensity 中输入 3，Hydraulic Diameter 中输入 0.4，单击 OK 按钮确认并退出。

图 17-9 Boundary Conditions 面板

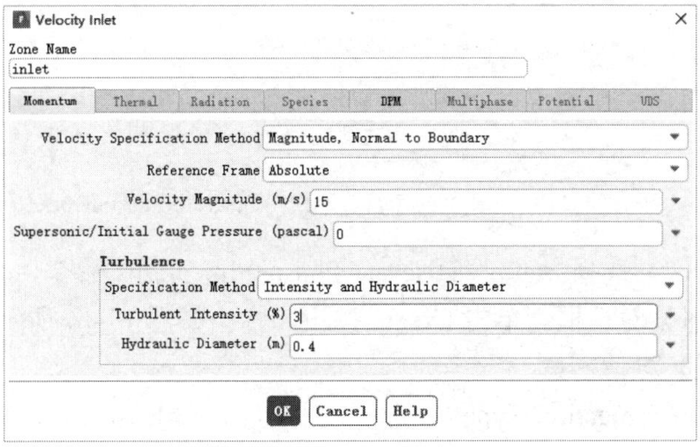

图 17-10 Velocity Inlet 对话框

（3）在 Boundary Conditions 面板中双击 outlet 选项，弹出如图 17-11 所示的 Pressure Outlet 对话框。

在 Gauge Pressure 中输入 0，Backflow Turbulent Intensity 中输入 3，Backflow Turbulent Viscosity Ratio 中输入 10，单击 OK 按钮确认。

图 17-11 Pressure Outlet 对话框

17.1.6 定义离散相模型

（1）选择 Setup→Models 命令，弹出 Models（模型设定）面板，双击 Discrete Phase 选项，弹出如图 17-12 所示的 Discrete Phase Model（离散相模型）对话框。

选择 Tracking 选项卡，在 Max.Number of Steps 中输入 50000，Step Length Factor 中输入 5，单击 OK 按钮确认。

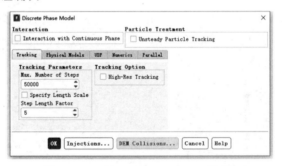

图 17-12 Discrete Phase Model 对话框

（2）选择 Setup→Discrete Phase→Injections 命令，弹出如图 17-13 所示的 Injections（喷射）对话框。单击 Create 按钮，弹出如图 17-14 所示的 Set Injection Properties（喷嘴设置）对话框。

在 Injection Type 中选择 Surface，Release from Surfaces 中选择 Inlet，Diameter Distribution 中选择 rosin-rammler，选择 Inject Using Face Normal Direction 复选框，在 Point Properties 选项卡中输入表 17-1 所示的数据后，单击 OK 按钮确认。

第 17 章　能源化工行业中的应用

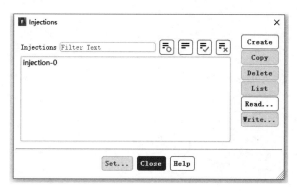

图 17-13　Injections 对话框

图 17-14　Set Injection Properties 对话框

表 17-1　输入数据

项　目	数　值
Velocity (normal to inlet)	15 m/s
Mass Flow	0.05 kg/s
Min. Diameter	5e-6 m
Max Diameter	0.0001
Mean Diameter	5e-5 m
Spread Factor	3.5
Number of Diameters	20

（3）在如图 17-15 所示的 Turbulent Dispersion 选项卡中，选择 Discrete Random Walk Model 复选框，在 Number of Tries 中输入 10，单击 OK 按钮确认。

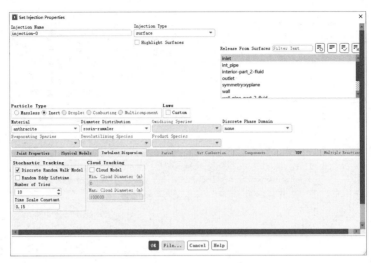

图 17-15　Turbulent Dispersion 选项卡

17.1.7　修改边界条件

（1）选择 Setup→Boundary Conditions 命令，打开 Boundary Conditions 面板，双击 inlel 选项，弹出如图 17-16 所示的 Velocity Inlet 对话框，选择 DPM 选项卡，在 Discrete Phase BC Type 中选择 escape，单击 OK 按钮确认。

图 17-16　Velocity Inlet 对话框

（2）重复上一步，将边界条件 outlet 的 Discrete Phase BC Type 设置为 escape，wall 设置为 trap，wall_pipe-[*]设置为 reflect。

17.1.8　设置材料

选择 Setup→Materials 命令，弹出如图 17-17 所示的 Materials（材料）面板，双击 anthracite 选项，弹出如图 17-18 所示的 Create/Edit Materials 对话框，在 Density 中输入 700，单击 Change/Create 按钮确认，单击 Close 按钮退出。

图 17-17 Materials 面板

图 17-18 Create/Edit Materials 对话框

17.1.9 求解控制

（1）选择 Solution→Methods 命令，弹出如图 17-19 所示的 Solution Methods（求解方法设置）面板。

在 Scheme 中选择 Coupled，Gradient 中选择 Green-Gauss Cell Based，Momentum 中选择 Second Order Upwind。

（2）选择 Solution→Controls 命令，弹出如图 17-20 所示的 Solution Controls（求解过程控制）面板，在 Flow Courant Number 中输入 50。

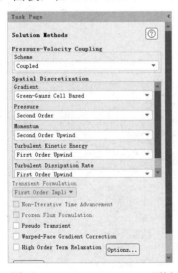

图 17-19 Solution Methods 面板

图 17-20 Solution Controls 面板

17.1.10 初始条件

选择 Solution→Initialization 命令，弹出如图 17-21 所示的 Solution Initialization（初始化设置）面板。

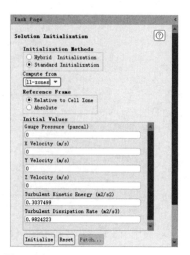

图 17-21 Solution Initialization 面板

在 Initialization Methods 中选择 Standard Initialization，Compute from 中选择 all-zones，单击 Initialize 按钮进行初始化。

17.1.11 求解过程监视

选择 Monitors 命令，弹出如图 17-22 所示的 Monitors（监视）面板，双击 Residual 选项，弹出如图 17-23 所示的 Residual Monitors（残差监视）对话框。

保持默认设置不变，单击 OK 按钮确认。

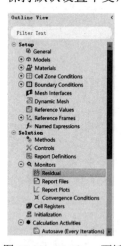

图 17-22 Monitors 面板

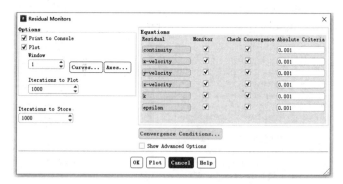

图 17-23 Residual Monitors 对话框

17.1.12 计算求解

选择 Solution→Run Calculation 命令，弹出如图 17-24 所示的 Run Calculation（运行计算）面板。

在 Number of Iterations 中输入 100，单击 Calculate 按钮开始计算。

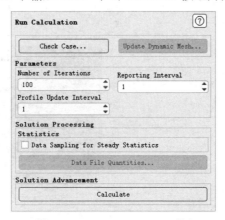

图 17-24　Run Calculation 面板

17.1.13　结果后处理

（1）选择 Results→Graphics 命令，弹出如图 17-25 所示的 Graphics and Animations（图形和动画）面板，双击 Contours 选项，弹出如图 17-26 所示的 Contours（等值线）对话框。

图 17-25　Graphics and Animations 面板

图 17-26　Contours 对话框

选择 Filled 复选框，在 Contours of 中选择 Velocity，在 Surface 中选择 symmetry: xyplane，单击 Display 按钮，显示如图 17-27 所示的速度云图。

（2）在 Graphics and Animations（图形和动画）面板中双击 Particle Tracks 选项，弹出如图 17-28 所示的 Particle Tracks（粒子径迹）对话框。

选择 Draw Mesh 复选框，弹出如图 17-29 所示的 Mesh Display（网格显示）对话框。在 Edge Type 中选择 Outline，Surfaces 中选择 Symmetry:xyplane。

在 Particle Tracks（粒子径迹）对话框的 Color by 中选择 Particle Diameter，Release from Injections 中选择 injection-0，Skip 中输入 5，Coarsen 中输入 10，单击 Display 按钮，

显示如图 17-30 所示的粒子径迹。

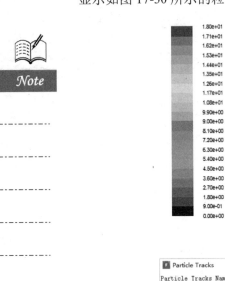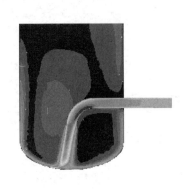

图 17-27　速度云图

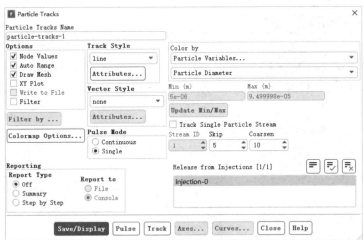

图 17-28　Particle Tracks 对话框

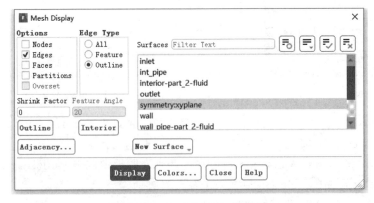

图 17-29　Mesh Display 对话框

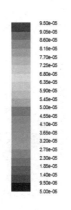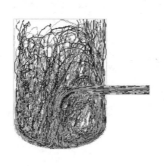

图 17-30　粒子径迹

17.2　表面化学反应模拟

17.2.1　案例介绍

如图 17-31 所示的反应器，其中混合气体从入口流入，经过旋转盘时发生化学反应，请用 Fluent 模拟分析表面的化学反应过程。

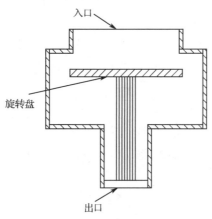

图 17-31　案例模型

17.2.2　启动 Fluent 并导入网格

（1）在 Windows 系统中启动 Fluent，进入 Fluent Launcher 界面。

（2）在 Fluent Launcher 界面的 Dimension 中选择 3D，在 Display Options 中选择 Display Mesh After Reading 和 Double Precision 复选框，单击 Start 按钮，进入 Fluent 主界面。

（3）在 Fluent 主界面中，选择 File→Read→Mesh 命令，弹出如图 17-32 所示的 Select File（导入网格）对话框，选择名为 surface.msh 的网格文件，单击 OK 按钮便可导入网格。

（4）导入网格后，在图形显示区将显示几何模型，如图17-33所示。

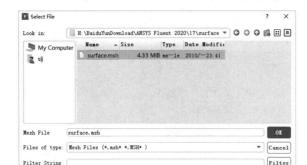
图17-32 Select File 对话框

图17-33 几何模型

（5）选择 Mesh→Check 命令，检查网格质量，确保不存在负体积。

（6）选择 Mesh→Scale 命令，弹出如图17-34所示的 Scale Mesh（网格缩放）对话框。在 Scaling 中选择 Convert Units，Mesh Was Created In 中选择 cm，单击 Scale 按钮完成网格缩放，在 View Length Unit In 中选择 cm。

图17-34 Scale Mesh 对话框

（7）选择 File→Write→Case 命令，弹出 Select File 对话框，在 Case File 中输入 surface，单击 OK 按钮，便可保存项目。

17.2.3 定义求解器

（1）选择 Setup→General 命令，弹出如图17-35所示的 General（总体模型设定）面板。在 Solver 中，Time 类型选择 Steady。

（2）选择功能区 Physics→Solver→Operating Conditions 命令，弹出如图17-36所示的 Operating Conditions（操作条件）对话框。在 Operating Pressure 中输入10000，选择 Gravity 复选框，在 Z(m/s^2)中输入-9.81，Operating Temperature 中输入303，单击 OK 按钮确认。

图 17-35 General 面板

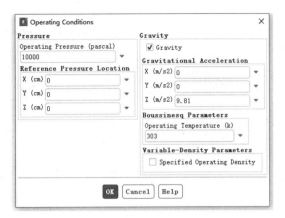
图 17-36 Operating Conditions 对话框

17.2.4 定义能量模型

选择 Setup→Models 命令，弹出如图 17-37 所示的 Models（模型设定）面板，双击 Energy-On 选项，弹出如图 17-38 所示的 Energy（能量）对话框。

选择 Energy Equation 复选框，单击 OK 按钮确认。

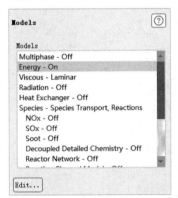
图 17-37 Models 面板

图 17-38 Energy 对话框

17.2.5 定义多组分模型

选择 Setup→Models 命令，弹出 Models（模型设定）面板，双击 Species 选项，弹出如图 17-39 所示的 Species Model（多组分模型）对话框。

在 Model 中选择 Species Transport，在 Reactions 中选择 Volumetric 和 Wall Surface 复选框，在 Wall Surface Reaction Options 中选择 Mass Deposition Source 复选框，在 Options 中选择 Inlet Diffusion、Full Multicomponent Diffusion 和 Thermal Diffusion 复选框，单击 OK 按钮确认。

图 17-39　Species Models 对话框

17.2.6　设置材料

（1）选择 Setup→Materials 命令，弹出如图 17-40 所示的 Materials（材料）面板，单击 Create/Edit 按钮，弹出如图 17-41 所示的 Create/Edit Materials（物性参数设定）对话框。

在 Material Type 中选择 fluid，在 Name 中输入 arsine，在 Chemical Formula 中输入 ash3，Cp 中选择 kinetic-theory，Thermal Conductivity 中选择 kinetic-theory，Viscosity 中选择 kinetic-theory，Molecular Weight 中输入 77.95，Standard State Enthalpy 中输入 0，Standard State Entropy 中输入 130579.1，Reference Temperature 中输入 298.15，单击 Change/Create 按钮创建新物质，在弹出如图 17-42 所示的 Question（疑问）对话框中，单击 No 按钮，不替换原来的物质。

图 17-40　Materials 面板

图 17-41　Create/Edit Materials 对话框

图 17-42　Question 对话框

在 Create/Edit Materials（物性参数设定）对话框的 Fluent Fluid Materials 中选择 arsine (ash3)，L-J Characteristic Length 中输入 4.145，L-J Energy Parameter 中输入 259.8，单击 Change/Create 按钮。

（2）重复第一步，创建其他组分物质，如表 17-2 所示。

表 17-2 组分物性

参数	Ga(CH_3)_	3CH_3	H_2	Ga_s	As_s	Ga	As
Name	tmg	ch3g	hydro-gen	ga_s	as_s	ga	as
Chemical Formula	gach33	ch3	h2	ga_s	as_s	ga	as
Cp (Specific Heat)	kinetic-theory	kinetic-theory	kinetic-theory	520.64	520.64	1006.43	1006.43
Thermal Conductivity	kinetic-theory	kinetic-theory	kinetic-theory	0.0158	0.0158	kinetic-theory	kinetic-theory
Viscosity	kinetic-theory	kinetic-theory	kinetic-theory	2.125e-05	2.125e-05	Kinetic-theory	kinetic-theory
Molecular Weight	114.83	15	2.02	69.72	74.92	69.72	74.92
Standard State Enthalpy	0	2.044e+07	0	3117.71	3117.71	0	0
Standard State Entropy	130579.1	257367.6	130579.1	154719.3	154719.3	0	0
Reference Temperature	298.15	298.15	298.15	298.15	298.15	298.15	298.15
L-J Characteristic Length	5.68	3.758	2.827	-	-	0	0
L-J Energy Parameter	398	148.6	59.7	-	-	0	0
Degrees of Freedom	0	0	5	-	-	-	-

（3）如图 17-43 所示的 Create/Edit Materials（物性参数设定）对话框，在 Material Type 中选择 mixture，在 Fluent Mixture Materials 中选择 gass_deposition，在 Name 中输入 gaas_deposition，单击 Change/Create 按钮，在弹出的 Question（疑问）对话框中，单击 Yes 按钮。

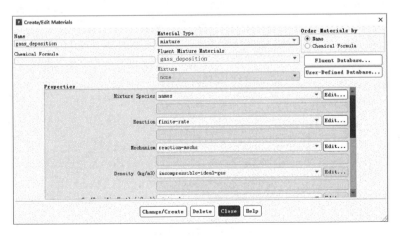

图 17-43　mixture-template

单击 Mixture Species 后的 Edit 按钮，弹出如图 17-44 所示的 Species（组分）对话框。

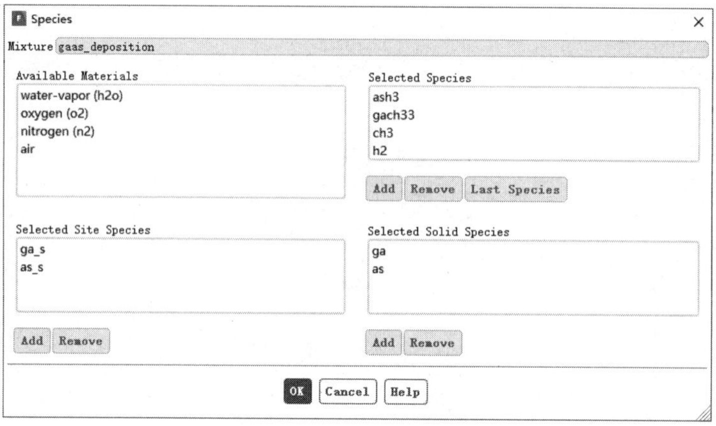

图 17-44　Species 对话框

对 Selected Species、Selected Site Species 和 Selected Solid Species 进行设置，数据如表 17-3 所示。

单击 OK 按钮确认。

表 17-3　组分设置

Selected Species	Selected Site Species	Selected Solid Species
ash3	ga_s	ga
gach33	as_s	as
ch3	-	-
h2	-	-

单击 Reaction 后的 Edit 按钮，弹出如图 17-45 所示的 Reactions（反应）对话框，在 Number of Reactants 中输入 2，对应化学反应的输入数据如表 17-4 所示。

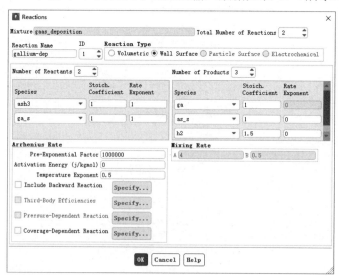

图 17-45　Reactions 对话框

表 17-4 输入数据

参　数	反　应　一	反　应　二
Reaction Name	gallium-dep	arsenic-dep
Reaction ID	1	2
Reaction Type	Wall Surface	Wall Surface
Number of Reactants	2	2
Species	ash3, ga_s	gach33, as_s
Stoich. Coefficient	ash3= 1, ga_s= 1	gach33= 1, as_s= 1
Rate Exponent	ash3= 1, ga_s= 1	gach33= 1, as_s= 1
Arrhenius Rate	PEF= 1e+06, AE= 0, TE= 0.5	PEF= 1e+12, AE= 0, TE= 0.5
Number of Products	3	3
Species	ga, as_s, h2	as, ga_s, ch3
Stoich. Coefficient	ga= 1, as_s= 1, h2= 1.5	as= 1, ga_s= 1, ch3= 3
Rate Exponent	as_s= 0, h2= 0	ga_s= 0, ch3= 0

这里，PEF=Pre-Exponential Factor, AE=Activation Energy, TE=Temperature Exponent。

单击 Mechanism 后的 Edit 按钮，弹出如图 17-46 所示的 Reaction Mechanisms（反应动力学）对话框。在 Number of Mechanisms 中输入 1，Name 中输入 gaas-ald，Reaction Type 中选择 Wall Surface，Reactions 中选择 gallium-dep 和 arsenic-dep，Number of Sites 中输入 1，Site Density 中输入 1e-08。单击 Define 按钮，弹出如图 17-47 所示 Site Parameters 对话框，在 Total Number of Site Species 中输入 2，Initial Site Coverage 的 ga_s 中输入 0.7，as_s 中输入 0.3，单击 Apply 按钮确认。

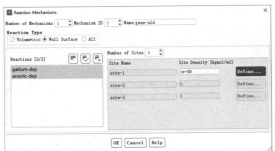

图 17-46　Reaction Mechanisms 对话框

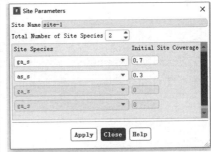

图 17-47　Site Parameters 对话框

在 Create/Edit Materials（物性参数设定）对话框的 Thermal Conductivity 中选择 mass-weighted-mixing-law，Viscosity 中选择 mass-weighted-mixing-law，单击 Change/Create 按钮。

17.2.7　边界条件

（1）选择 Setup→Boundary Conditions 命令，打开如图 17-48 所示的 Boundary Conditions（边界条件）面板。

图 17-48 Boundary Conditions 面板

（2）双击 velocity-inlet 选项，弹出如图 17-49 所示的 Velocity Inlet（边界条件设置）对话框。

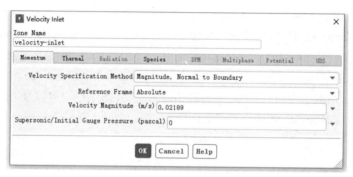

图 17-49 Velocity Inlet 对话框

在 Velocity Magnitude 中输入 0.02189。

选择 Thermal 选项卡，在 Temperature 中输入 293，如图 17-50 所示。

图 17-50 Thermal 选项卡

选择 Species 选项卡，在 ash3 中输入 0.4，gach33 中输入 0.15，ch3 中输入 0，单击 OK 按钮确认，如图 17-51 所示。

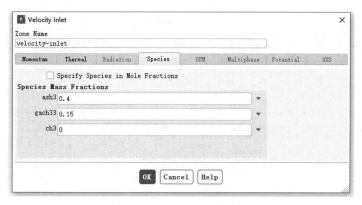

图 17-51　Species 选项卡

（3）在 Boundary Conditions 面板中双击 outlet，弹出如图 17-52 所示的 Pressure Outlet 对话框。

保持默认设置，单击 OK 按钮确认。

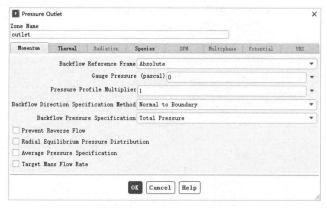

图 17-52　Pressure Outlet 对话框

（4）在 Boundary Conditions 面板中双击 wall-1，弹出如图 17-53 所示的 Wall 对话框。

在 Thermal 选项卡的 Thermal Conditions 中选择 Temperature，Temperature 中输入 473，单击 OK 按钮确认。

图 17-53　Wall 对话框（一）

(5) 在 Boundary Conditions 面板中双击 wall-2, 弹出如图 17-54 所示的 Wall 对话框。

在 Thermal 选项卡的 Thermal Conditions 中选择 Temperature, Temperature 中输入 343, 单击 OK 按钮确认。

图 17-54 Wall 对话框（二）

(6) 在 Boundary Conditions 面板中双击 wall-4, 弹出如图 17-55 所示的 Wall 对话框。

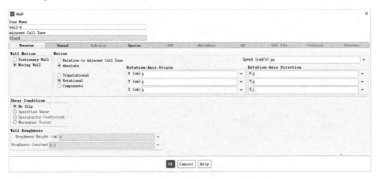

图 17-55 Wall 对话框（三）

在 Wall Motion 中选择 Moving Wall, Motion 中选择 Absolute 和 Rotational, Speed 中输入 80。

选择 Thermal 选项卡, 在 Thermal Conditions 选择 Temperature, Temperature 中输入 1023, 如图 17-56 所示。

图 17-56 Thermal 选项卡

选择如图 17-57 所示的 Species 选项卡，保持默认设置，单击 OK 按钮确认。

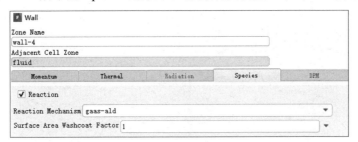

图 17-57　Species 选项卡

（7）在 Boundary Conditions 面板中双击 wall-5，弹出如图 17-58 所示的 Wall 对话框。

在 Wall Motion 中选择 Moving Wall，在 Motion 中选择 Absolute 和 Rotational，Speed 中输入 80。

图 17-58　Wall 对话框（四）

选择如图 17-59 所示的 Thermal 选项卡，在 Thermal Conditions 中选择 Temperature，Temperature 中输入 720，单击 OK 按钮确认。

图 17-59　Thermal 选项卡（一）

（8）在 Boundary Conditions 面板中双击 wall-6，弹出如图 17-60 所示的 Wall 对话框。

在 Thermal 选项卡的 Thermal Conditions 中选择 Temperature，Temperature 中输入 303，单击 OK 按钮确认。

（9）选择 Define→Models 命令，弹出 Models（模型设定）面板，双击 Species 选项，

弹出 Species Model（多组分模型）对话框。

在 Options 中取消选择 Inlet Diffusion，单击 OK 按钮确认。

图 17-60　Thermal 选项卡（二）

17.2.8　求解控制

（1）选择 Solution→Methods 命令，弹出如图 17-61 所示的 Solution Methods（求解方法设置）面板。保持默认设置不变。

（2）选择 Solution→Controls 命令，弹出如图 17-62 所示的 Solution Controls（求解过程控制）面板。保持默认设置不变。

图 17-61　Solution Methods 面板

图 17-62　Solution Controls 面板

17.2.9　初始条件

选择 Solution→Initialization 命令，弹出如图 17-63 所示的 Solution Initialization（初始化设置）面板。在 Initialization Methods 中选择 Hybrid Initialization，单击 Initialize 按钮进行初始化。

图 17-63　Solution Initialization 面板

17.2.10　求解过程监视

选择 Monitors 命令，弹出如图 17-64 所示的 Monitors（监视）面板，双击 Residual 选项，弹出如图 17-65 所示的 Residual Monitors（残差监视）对话框。

保持默认设置不变，单击 OK 按钮确认。

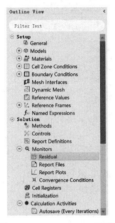

图 17-64　Monitors 面板

图 17-65　Residual Monitors 对话框

17.2.11　计算求解

选择 Solution→Run Calculation 命令，弹出如图 17-66 所示的 Run Calculation（运行计算）面板。

图 17-66　Run Calculation 面板

在 Number of Iterations 中输入 300，单击 Calculate 按钮开始计算。

17.2.12 结果后处理

（1）选择 Results→Reports 命令，弹出如图 17-67 所示的 Reports 面板。

图 17-67 Reports 面板

双击 Fluxes 选项，弹出如图 17-68 所示的 Flux Reports（流量结果）对话框，在 Boundaries 中选择 velocity-inlet 和 outlet，单击 Compute 按钮进行计算。

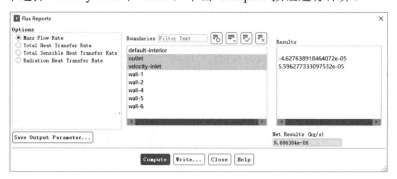

图 17-68 Flux Reports 对话框

（2）选择 Results→Graphics 命令，弹出如图 17-69 所示的 Graphics and Animations（图形和动画）面板，双击 Contours 选项，弹出如图 17-70 所示的 Contours（等值线）对话框。

在 Contours of 中选择 Species 和 Surface Deposition Rate of ga_s，在 Options 中选择 Filled 复选框，单击 Display 按钮，在 Surfaces 中选择 wall-4，显示如图 17-71 所示的云图。

第 17 章　能源化工行业中的应用

图 17-69　Graphics and Animations 面板

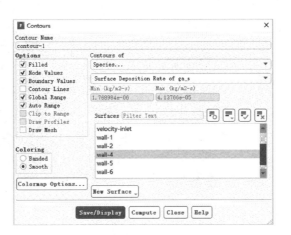

图 17-70　Contours 对话框

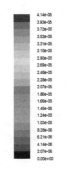

图 17-71　组分云图（一）

（3）选择 Surface→New→Iso-Surface 选项，弹出如图 17-72 所示的 Iso-Surface（等值面）对话框。

图 17-72　Iso-Surface 对话框

在 Surface of Contant 中选择 Mesh 和 Z-Coordinate，在 Iso-Values 中输入 0.075438，在 New Surface Name 中输入 z=0.07，单击 Create 按钮。

（4）在 Contours（等值线）对话框的 Contours of 中选择 Temperature 和 Static Temperature，Options 中选择 Filled 选项，Surfaces 中输入 z=0.07，单击 Display 按钮，显示如图 17-73 所示的云图。

469

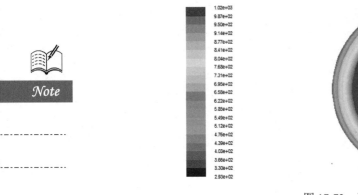

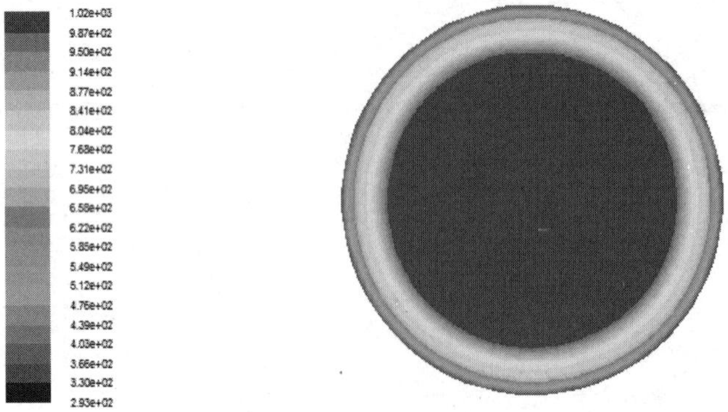

图 17-73 温度云图

（5）在 Contours of 中选择 Species 和 Surface Coverage of ga_s，在 Options 中选择 Filled 选项，单击 Display 按钮，在 Surfaces 中输入 wall-4，显示如图 17-74 所示的云图。

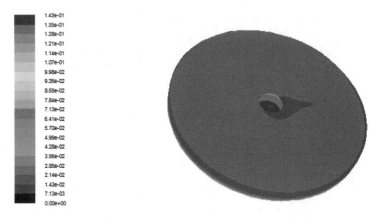

图 17-74 组分云图（二）

（6）选择 Surface→New→Line/Rake 命令，弹出如图 17-75 所示的 Line/Rake Surface 对话框。

创建表 17-5 所示参数的一条线，单击 Create 按钮。

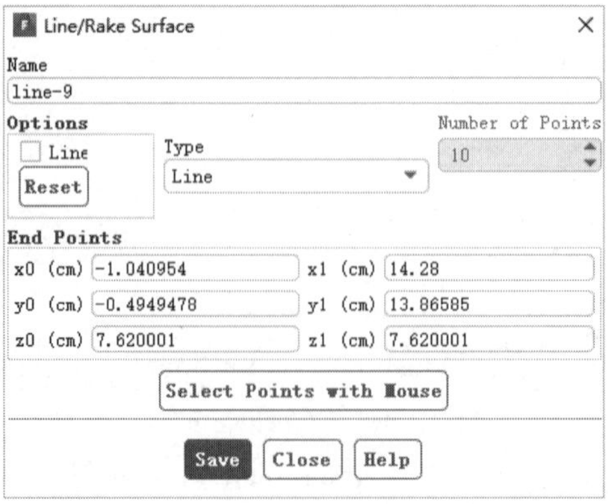

图 17-75 Line/Rake Surface 对话框

表 17-5 创建线坐标

Line	x0	y0	z0	x1	y1	z1
line-9	−0.01040954	−0.004949478	0.0762001	0.1428	0.01386585	0.01386585

（7）选择 Results→Plots 命令，弹出如图 17-76 所示的 Plots（图形）面板，双击 XY Plots 选项，弹出如图 17-77 所示的 Solution XY Plots（XY 曲线）对话框。

图 17-76　Plots 面板

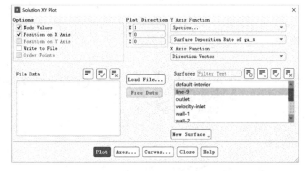

图 17-77　Solution XY Plots 对话框

取消选择 Node Values 复选框，在 Plot Direction 中输入（1，0，0），在 Y Axis Function 中选择 Species 和 Surface Deposition Rate of ga-s，在 Surfaces 中选择 line-9，单击 Plot 按钮，显示如图 17-78 所示的温度图。

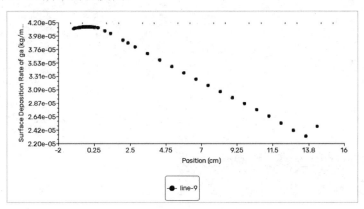

图 17-78　XY 图

17.3　本章小结

在能源化工行业中，设备处理工艺水平的提高都需要通过 CFD 仿真进行分析，优化其设计。

通过本章的学习，读者可以掌握 Fluent 模拟分析的基本操作及其在能源化工行业应用的主要分析方法。

第18章

电器行业中的应用

在电器行业中,能否设计并制造高质量的设备,将直接影响到公司的效益和发展潜力。从设备散热到产品制作过程的设计,用 CFD 软件都能通过模拟来帮助改良,并优化设计流程。

学习 Fluent 在以下方面的应用

- (1) 电器传热
- (2) 化学蒸气沉积(CVD)
- (3) 绝对清洁室
- (4) 杂质传输
- (5) 晶体生长
- (6) 扩散/氧化炉
- (7) 电镀
- (8) 晶体取向附生
- (9) 设备热控
- (10) 湿处理
- (11) 质量流控制器
- (12) 微电子密封
- (13) 微环境
- (14) 烘箱
- (15) 光阻材料螺旋涂料器
- (16) 快速热处理
- (17) 通风
- (18) 芯片清洗
- (19) 气体的分配和排放系统

第 18 章 电器行业中的应用

18.1 芯片传热分析

18.1.1 案例介绍

如图 18-1 所示电路板,来流流速为 0.5m/s,芯片为高温热源,请用 Fluent 分析芯片传热情况。

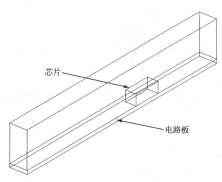

图 18-1 案例模型

18.1.2 启动 Fluent 并导入网格

(1) 在 Windows 系统中启动 Fluent,进入 Fluent Launcher 界面。

(2) 在 Fluent Launcher 界面的 Dimension 中选择 3D,在 Display Options 中选择 Display Mesh After Reading 复选框,单击 Start 按钮,进入 Fluent 主界面。

(3) 在 Fluent 主界面中,选择 File→Read→Mesh 命令,弹出如图 18-2 所示的 Select File 对话框,选择名为 chip.msh 的网格文件,单击 OK 按钮便可导入网格。

(4) 导入网格后,在图形显示区将显示几何模型,如图 18-3 所示。

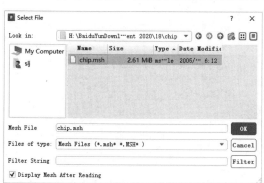

图 18-2 Select File 对话框

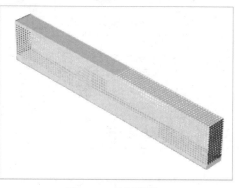

图 18-3 几何模型

(5) 选择 Mesh→Check 命令,检查网格质量,确保不存在负体积。

(6）选择 Mesh→Scale 命令，弹出如图 18-4 所示的 Scale Mesh（网格缩放）对话框。在 Scaling 中选择 Convert Units，Mesh Was Created In 中选择 in，在 View Length Unit In 中选择 in，单击 Scale 按钮完成网格缩放。

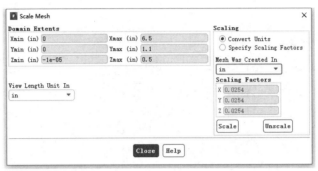

图 18-4 Scale Mesh 对话框

（7）选择 File→Write→Case 命令，弹出 Select File 对话框，在 Case File 中输入 chip，单击 OK 按钮，便可保存项目。

18.1.3 定义求解器

（1）选择 Setup→General 命令，弹出如图 18-5 所示的 General（总体模型设定）面板，在 Solver 中，Time 类型选择 Steady。

（2）选择功能区 Physics→Solver→Operating Conditions 命令，弹出如图 18-6 所示的 Operating Conditions（操作条件）对话框。保持默认设置，单击 OK 按钮确认。

图 18-5 General 面板

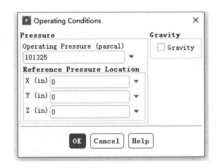

图 18-6 Operating Conditions 对话框

18.1.4 定义模型

（1）选择 Setup→Models 命令，弹出如图 18-7 所示的 Models（模型设定）面板，双击 Viscous 选项，弹出如图 18-8 所示的 Viscous Model（湍流模型）对话框。

在 Model 中选择默认的 Laminar，单击 OK 按钮确认。

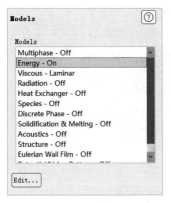

图 18-7　Models 面板

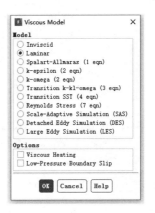

图 18-8　Viscous Model 对话框

（2）在 Models 面板中双击 Energy 选项，弹出如图 18-9 所示的 Energy（能量模型）对话框，选择 Energy Equation 复选框激活能量方程，单击 OK 按钮确认。

图 18-9　Energy 对话框

18.1.5　设置材料

（1）选择 Setup→Materials 命令，弹出如图 18-10 所示的 Materials（材料）面板，双击 Air 选项，弹出如图 18-11 所示的 Create/Edit Materials（物性参数设定）对话框。

（2）在 Density 中选择 incompressible-ideal-gas，单击 Change/Create 按钮。

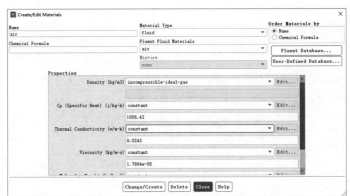

图 18-10　Materials 面板　　　　图 18-11　Create/Edit Materials 对话框

（3）在 Material Type 中选择 solid，在 Name 中输入 chip，在 Thermal Conductivity 中输入 1.0，单击 Change/Create 按钮创建新物质，弹出如图 18-12 所示的 Question（疑问）对话框，单击 No 按钮，不替换原来的物质。

图 18-12 Question 对话框

（4）在 Material Type 中选择 solid，在 Name 中输入 board，在 Thermal Conductivity 中输入 0.1，单击 Change/Create 按钮创建新物质，弹出 Question（疑问）对话框中，单击 No 按钮，不替换原来的物质。

（5）单击 Close 按钮关闭窗口。

18.1.6　设置区域条件

（1）选择 Setup→Cell Zone Conditions 命令，打开如图 18-13 所示的 Cell Zone Condition（区域条件）面板。

（2）双击 cont-solid-board 选项，弹出如图 18-14 所示的 Solid（固体域设置）对话框，在 Material Name 中选择 board，单击 OK 按钮确认。

图 18-13　Cell Zone Conditions 面板　　　　图 18-14　Solid 对话框（一）

（3）双击 cont-solid-chip 选项，弹出如图 18-15 所示的 Solid（固体域设置）对话框，在 Material Name 中选择 chip，选择 Source Terms 复选框，在 Source Terms 选项卡中单击 Edit 按钮，弹出如图 18-16 所示的 Energy sources（能量源）对话框，在 Number of Energy sources 中输入 1，选择 constant 并输入 904055，单击 OK 按钮确认。

图 18-15　Solid 对话框（二）　　　　　　　图 18-16　Energy sources 对话框

18.1.7 边界条件

(1) 选择 Setup→Boundary Conditions 命令，打开如图 18-17 所示的 Boundary Conditions 面板。

(2) 在面板中双击 inlet 选项，弹出如图 18-18 所示的 Velocity Inlet 对话框。

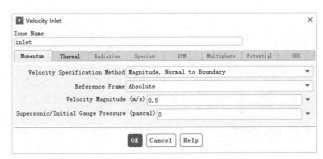

图 18-17　Boundary Conditions 面板　　　　图 18-18　Velocity Inlet 对话框

在 Velocity Magnitude 中输入 0.5，选择如图 18-19 所示的 Thermal 选项卡，在 Temperature 中输入 298，单击 OK 按钮确认并退出。

图 18-19　Thermal 选项卡（一）

(3) 在面板中双击 outlet 选项，弹出如图 18-20 所示的 Pressure Outlet 对话框。

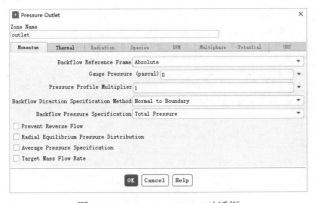

图 18-20　Pressure Outlet 对话框

在 Gauge Pressure 中输入 0，选择如图 18-21 所示的 Thermal 选项卡，在 Backflow Total Temperature 中输入 298，单击 OK 按钮确认并退出。

图 18-21　Thermal 选项卡（二）

（4）在面板中双击 wall-chip 选项，弹出如图 18-22 所示的 Wall 对话框。在 Thermal 选项卡的 Thermal Conditions 中选择 Coupled，单击 OK 按钮确认并退出。

图 18-22　Wall 对话框（一）

（5）同步骤（4），确保 wall-chip-shadow、wall-chip-bottom、wall-chip-bottom-shadow、wall-duct-bottom 和 wall-duct-bottom-shadow 的 Thermal Conditions 选择 Coupled。

（6）在面板中双击 wall-board-bottom 选项，弹出如图 18-23 所示的 Wall 对话框。

图 18-23　Wall 对话框（二）

在 Thermal 选项卡的 Thermal Conditions 中选择 Convection，Heat Transfer Coefficient 中输入 1.5，Free Stream Temperature 中输入 298，单击 OK 按钮确认并退出。

（7）在面板中单击 Copy 按钮，弹出如图 18-24 所示的 Copy Conditions（边界条件复制）对话框。

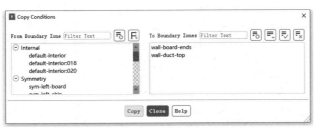

图 18-24　Copy Conditions 对话框

在 From Boundary Zone 中选择 wall-board-bottom，在 To Boundary Zone 中选择 wall-duct-top，单击 Copy 按钮完成复制。

18.1.8　求解控制

（1）选择 Solution→Methods 命令，弹出如图 18-25 所示的 Solution Methods（求解方法设置）面板。

在 Gradient 中选择 Green-Gauss Node Based。

（2）选择 Solution→Controls 命令，弹出如图 18-26 所示的 Solution Controls（求解过程控制）面板，保持默认设置不变。

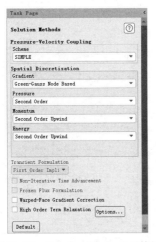

图 18-25　Solution Methods 面板　　　　图 18-26　Solution Controls 面板

18.1.9　初始条件

选择 Solution→Initialization 命令，弹出如图 18-27 所示的 Solution Initialization（初

始化设置）面板。

图 18-27　Solution Initialization 面板

在 Initialization Methods 中选择 Standard Initialization，在 Compute from 中选择 inlet，单击 Initialize 按钮进行初始化。

18.1.10　求解过程监视

（1）选择 Monitors 命令，弹出如图 18-28 所示的 Monitors（监视）面板，双击 Residual 选项，弹出如图 18-29 所示的 Residual Monitors（残差监视）对话框。

在 Absolute Criteria 中输入 0.0001，单击 OK 按钮确认。

（2）选择 Surface→New→Point 命令，弹出如图 18-30 所示的 Point Surface（点）对话框。

在 Coordinates 的 x0、y0 和 z0 中分别输入 2.85、0.25 和 0.3，单击 Create 按钮。

（3）在 Solution-Reports-Definitions 下单击 New 按钮选择 Surface Report，弹出如图 18-31 所示的表面监视对话框。

图 18-28　Monitors 面板

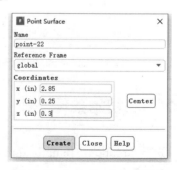

图 18-29　Residual Monitors 对话框　　　图 18-30　Point Surface 对话框

第 18 章 电器行业中的应用

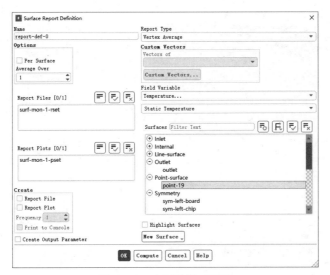

图 18-31　表面监视对话框

在 Report Type 中选择 Vertex-Average，在 Field Variable 中选择 Temperature 和 Static Temperature，在 Surface 中选择 point-19，单击 OK 按钮确认。

18.1.11　计算求解

选择 Solve→Run Calculation 命令，弹出如图 18-32 所示的 Run Calculation（运行计算）面板。

在 Number of Iterations 中输入 200，单击 Calculate 按钮开始计算。

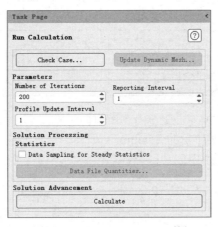

图 18-32　Run Calculation 面板

18.1.12　结果后处理

（1）选择 Result→Reports 命令，弹出如图 18-33 所示的 Reports（报告）面板，双击 Fluxes 选项，弹出如图 18-34 所示的 Flux Reports（流量报告）对话框。

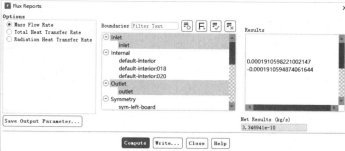

图 18-33　Reports 面板　　　　　图 18-34　Flux Reports 对话框

在 Options 中选择 Mass Flow Rate，Boundaries 中选择 inlet 和 outlet，单击 Compute 按钮计算。

（2）选择 Surface→New→Line/Rake 命令，弹出如图 18-35 所示的 Line/Rake Surface 对话框。

图 18-35　Line/Rake Surface 对话框

分别创建表 18-1 所示参数的两条线，单击 Create 按钮。

表 18-1　创建线坐标

Line	x0	y0	z0	x1	y1	z1
line-xwss	2.75	0.1001	0	4.75	0.1001	0
line-cross	3.5	0.25	0	3.5	0.25	0.5

（3）选择 Results→Plots 命令，弹出如图 18-36 所示的 Plots（图形）面板，双击 XY Plot 选项，弹出如图 18-37 所示的 Solution XY Plot（XY 曲线）对话框。

图 18-36　Plots 面板　　　　　图 18-37　Solution XY Plot 对话框（一）

在 Plot Direction 中输入（0，0，1），在 Y Axis Function 中选择 Temperature 和 Static Temperature，在 Surfaces 中选择 line-cross，单击 Plot 按钮，显示如图 18-38 所示的温度图。

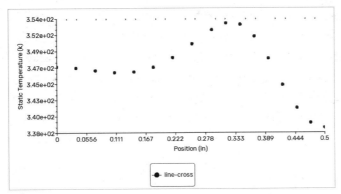

图 18-38　温度图

（4）如图 18-39 所示，在 Plot Direction 中输入（1，0，0），在 Y Axis Function 中选择 Wall Fluxes 和 X-Wall Shear Stress，在 Surfaces 中选择 line-xwss，单击 Plot 按钮，显示如图 18-40 所示的剪切应力图。

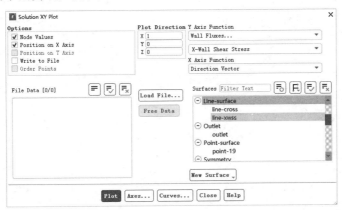

图 18-39　Solution XY Plot 对话框（二）

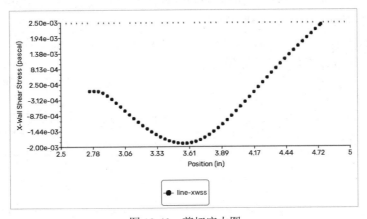

图 18-40　剪切应力图

18.1.13 网格自适应

（1）选择功能区 Domain→Adapt→Refine/Coarsen 命令，在弹出的 Adaption Control（梯度适应）对话框中选择 Cell Registers→New→Field Variable Register 命令，在 Method 中选择 Curvature，在 Field Value of 中选择 Pressure 和 Static Pressure，单击 Compute 按钮。如图 18-41 所示，在 Gradient-Max 中输入 1.76e-5，单击 Save 按钮。

单击 Cell Registers→Manage 按钮，弹出如图 18-42 所示的 Manage Cell Registers（管理自适应区域）对话框，单击 Display 按钮，显示如图 18-43 所示的区域。

图 18-41　Field Variable Register 对话框（一）

图 18-42　Manage Cell Registers 对话框（一）

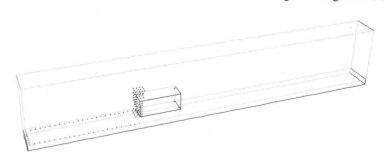

图 18-43　自适应区域（一）

（2）在 Field Value of 中选择 Velocity 和 Velocity Magnitude，单击 Compute 按钮。如图 18-44 所示，在 Gradient-Max 中输入 5.7e-5，单击 Save 按钮。

单击 Manage 按钮，弹出如图 18-45 所示的 Manage Cell Registers（管理自适应区域）对话框，单击 Display 按钮，显示如图 18-46 所示的区域。

图 18-44　Field Variable Register 对话框（二）

图 18-45　Manage Cell Registers 对话框（二）

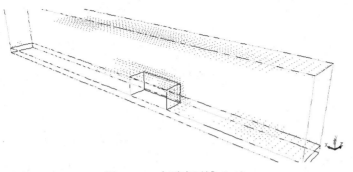

图 18-46　自适应区域（二）

（3）如图 18-47 所示，在 Gradient of 中选择 Temperature 和 Static Temperature，单击 Compute 按钮。

在 Curvature-Max 中输入 0.00977，单击 Mark 按钮。

单击 Manage 按钮，弹出如图 18-48 所示的 Manage Cell Registers（管理自适应区域）对话框，单击 Display 按钮，显示如图 18-49 所示的区域。

图 18-47　Field Variable Register 对话框（三）

图 18-48　Manage Cell Registers 对话框（三）

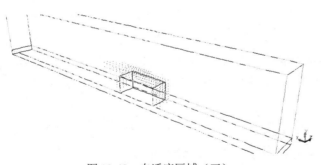

图 18-49　自适应区域（三）

（4）选择 Solution→Cell Registers→New→Region 命令，弹出如图 18-50 所示对话框。

在 X Min 中输入 2.75，在 X Max 中输入 5，在 Y Min 中输入 0.1，在 Y Max 中输入 0.4，在 Z Min 中输入 0，在 Z Max 中输入 0.5，单击 Mark 按钮。

单击 Manage 按钮，弹出如图 18-51 所示 Manage Cell Registers（管理自适应区域）对话框，单击 Display 按钮显示如图 18-52 所示区域。

图 18-50　Region Register 对话框

图 18-51　Manage Call Registers 对话框（四）

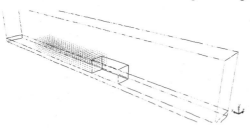
图 18-52　自适应区域（四）

（5）在 Manage Cell Registers（管理自适应区域）对话框的 Cell Registers 中选择 gradient_0、gradient_1、gradient_2 和 region_0，单击 Combine 按钮生成 combination-r5，单击 Display 按钮，显示如图 18-53 所示的区域。

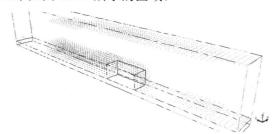
图 18-53　自适应区域（五）

（6）在 Manage Cell Registers（管理自适应区域）对话框的 Cell Registers 中选择 combination-r5，单击 Adapt 按钮，弹出如图 18-54 所示的 Question 对话框，单击 Yes 按钮确认。

图 18-54　Question 对话框

18.1.14　计算求解

选择 Solution→Run Calculation 命令，弹出如图 18-55 所示的 Run Calculation（运行计算）面板。

在 Number of Iterations 中输入 400，单击 Calculate 按钮开始计算。

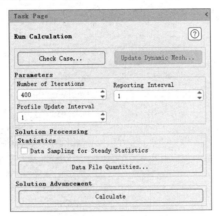

图 18-55　Run Calculation 面板

18.1.15　结果后处理

（1）选择 Results→Plots 命令，弹出如图 18-56 所示的 Plots（图形）面板，双击 XY Plot 选项，弹出如图 18-57 所示的 Solution XY Plot（XY 曲线）对话框。

图 18-56　Plots 面板　　　　　　图 18-57　Solution XY Plot 对话框

在 Plot Direction 中输入（0，0，1），在 Y Axis Function 中选择 Temperature 和 Static Temperature，在 Surfaces 中选择 line-cross，单击 Plot 按钮，显示如图 18-58 所示的温度图。

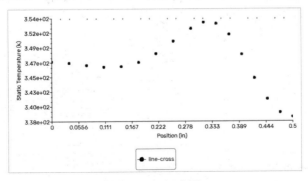

图 18-58　温度图

（2）如图 18-59 所示，在 Plot Direction 中输入（1，0，0），在 Y Axis Function 中选择 Wall Fluxes 和 X-Wall Shear Stress，在 Surfaces 中选择 line-xwss，单击 Plot 按钮，显示如图 18-60 所示的剪切应力图。

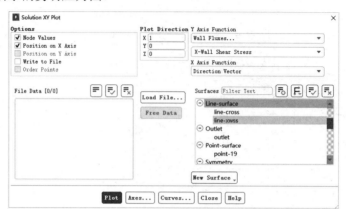

图 18-59　Solution XY Plot 对话框

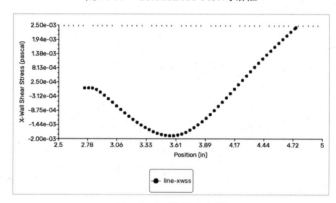

图 18-60　剪切应力图

（3）选择 Results→Graphics 命令，弹出如图 18-61 所示的 Graphics and Animations（图形和动画）面板，双击 Contours 选项，弹出如图 18-62 所示的 Contours（等值线）对话框。

 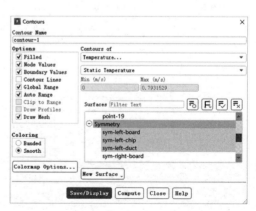

图 18-61　Graphics and Animations 对话框　　　　图 18-62　Contours 对话框

选择 Filled 和 Draw Mesh 复选框，在 Contours of 选择 Temperature 和 Static Temperature，在 Surfaces 中选择 sym-left-board、sym-left-chip、sym-left-duct，单击 Display 按钮，显示如图 18-63 所示的速度云图。

图 18-63　速度云图

18.2　固体燃料电池分析

18.2.1　案例介绍

如图 18-64 所示的固体电池，阳极内部充满着流量为 2.489e-7kg/s 的潮湿氢气，阴极内部充满着流量为 1.37kg/s 的空气，空气和氢气温度均为 974K，请用 Fluent 分析固体燃料电池内气体的流动情况。

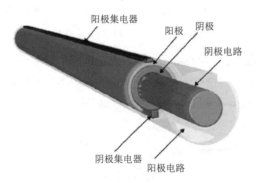

图 18-64　案例模型

18.2.2　启动 Fluent 并导入网格

（1）在 Windows 系统中启动 Fluent，进入 Fluent Launcher 界面。

（2）在 Fluent Launcher 界面的 Dimension 中选择 3D，在 Option 中选择 Double Precision，在 Display Options 中选择 Display Mesh After Reading，单击 Start 按钮，进入 Fluent 主界面。

(3）在 Fluent 主界面中，选择 File→Read→Mesh 命令，弹出如图 18-65 所示的 Select File 对话框，选择名为 tubular.msh 的网格文件，单击 OK 按钮便可导入网格。

(4）导入网格后，在图形显示区将显示几何模型，如图 18-66 所示。

图 18-65　Select File 对话框　　　　　　图 18-66　几何模型

(5）选择 Mesh→Check 命令，检查网格质量，确保不存在负体积。

(6）选择 Mesh→Scale 命令，弹出如图 18-67 所示的 Scale Mesh（网格缩放）对话框。在 Scaling 中选择 Convert Units，Mesh Was Created In 中选择 mm，在 View Length Unit In 中选择 mm，单击 Scale 按钮完成网格缩放。

图 18-67　Scale Mesh 对话框

(7）选择功能区 Domain→Zones→Combine→Merge 命令，弹出如图 18-68 所示的 Merge Zones（合并区域）对话框。在 Multiple Types 中选择 fluid，在 Zones of Type 中选择 flow-channel1-an 和 flow-channel2-an，单击 Merge 按钮合并计算域。

图 18-68　Merge Zones 对话框

在 Multiple Types 中选择 mass-flow-inlet，在 Zones of Type 中选择 inlet-an 和 inlet-an:33，单击 Merge 按钮合并计算域。

(8）选择 File→Write→Case 命令，弹出 Select File 对话框，在 Case File 中输入 tubular，单击 OK 按钮便可保存项目。

18.2.3 定义求解器

（1）选择 Setup→General 命令，弹出如图 18-69 所示的 General（总体模型设定）面板。在 Solver 中，Time 类型选择 Steady。

（2）选择功能区 Physics→Solver→Operating Conditions 命令，弹出如图 18-70 所示的 Operating Conditions（操作条件）对话框。保持默认设置，单击 OK 按钮确认。

图 18-69　General 面板

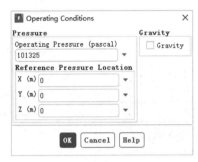

图 18-70　Operating Conditions 对话框

18.2.4 定义模型

（1）选择 Setup→Models 命令，弹出如图 18-71 所示的 Models（模型设定）面板。双击 Viscous 选项，弹出如图 18-72 所示的 Viscous Model（湍流模型）对话框。

在 Model 中选择默认的 Laminar，单击 OK 按钮确认。

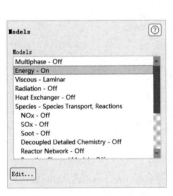

图 18-71　Models 面板

图 18-72　Viscous Model 对话框

（2）在面板中双击 Energy 选项，弹出如图 18-73 所示的 Energy（能量模型）对话框，选择 Energy Equation 复选框激活能量方程，单击 OK 按钮确认。

（3）选择 Setup→Models 命令，弹出 Models（模型设定）面板，双击 Species 选项，弹出如图 18-74 所示的 Species Model（多组分模型）对话框。

在 Model 中选择 Species Transport，在 Reactions 中选择 Volumetric 复选框，在 Options 中选择 Diffusion Engery Source、Full Multicomponent Diffusion 和 Thermal Diffusion，单击 OK 按钮确认。

图 18-73　Energy 对话框

图 18-74　Species Models 对话框

（4）载入 SOFC 模型

如图 18-75 所示，SOFC 模型在 Fluent 中位于 Models 中最下侧。

图 18-75　打开 SOFC 模型

（5）在 Model 面板中双击 SOFC 选项，弹出如图 18-76 所示的 SOFC Model（SOFC 模型）对话框，选择 Enable SOFC Model 复选框，在 Current Under-Relaxation Factor 中输入 0.3，在 Electrical and Electrolyte Parameters 的 Total System Current(Amp)、Electrolyte Thickness(m) 和 Electrolyte Resistivity(Ohm-m) 中分别输入 8、4e-05 和 0.1，单击 Apply 按钮确认。

选择如图 18-77 所示的 Electrochemistry 选项卡，在 Anode Exchang Current Density 中输入 1e+20，在 Cathode Exchange Current Density 中输入 512，在 H2 Reference Value 中输入 1，在 H2O Reference Value 中输入 1，在 O2 Reference Value 中输入 1，单击 OK 按钮确认。

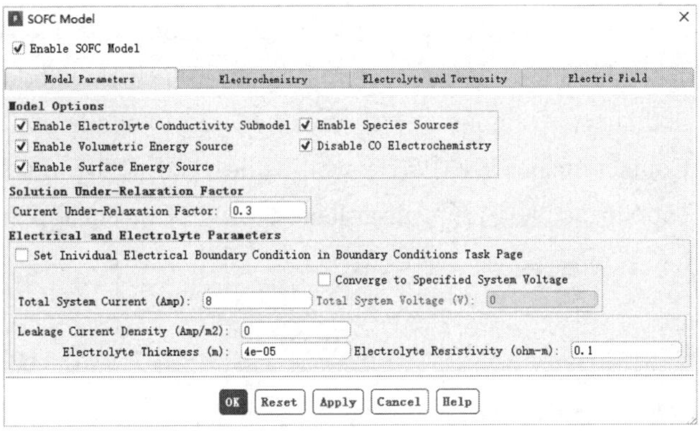

图 18-76　SOFC Model 对话框

图 18-77　Electrochemistry 选项卡

选择如图 18-78 所示的 Electrolyte and Tortuosity 选项卡，在 Anode Electrolyte 的 Zones 中选择 wall-electrolyte-anode-shadow，选择 Anode Interface 复选框；在 Cathode Electrolyte 的 Zones 中选择 wall-electrolyte-cathode，选择 Cathode Interface 复选框；在 Tortuosity Zone 的 Zones 中选择 anode，选择 Enable Tortuosity 复选框，单击 OK 按钮确认。

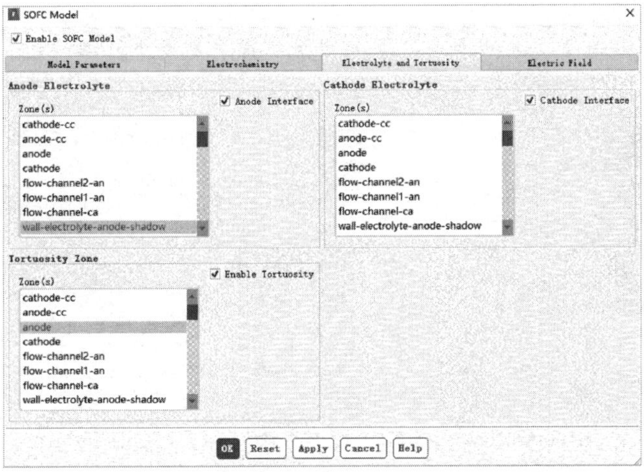

图 18-78　Electrolyte and Tortuosity 选项卡

选择如图 18-79 所示的 Electric Field 选项卡,在 Conductive Regions-1 中选择 anode,在 Conductivity 中输入 333330;在 Conductive Regions-2 中选择 cathode,在 Conductivity 中输入 7937;在 Conductive Regions-3 中选择 cathode-cc 和 anode-cc,在 Conductivity 中输入 1.5e+07;在 Contact Surfaces-1 中选择 wall-cathode-cc;在 Contact Resistance 中输入 1e-08;在 Voltage Tap Surface 中选择 wall-voltage-tap;在 Current Tap Surface 中选择 wall-current-tap;单击 OK 按钮确认。

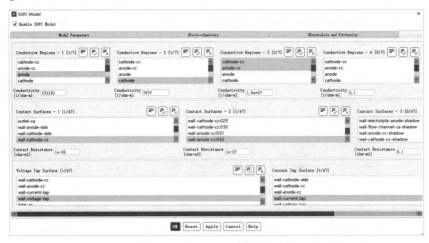

图 18-79 Electric Field 选项卡

18.2.5 设置材料

(1)选择功能区 User Defined→Function Hooks 命令,弹出如图 18-80 所示的 User-Defined Function Hooks(调整参数设置)对话框。

单击 Edit 按钮,弹出如图 18-81 所示的 Adjust Functions(调整函数)对话框,选择 adjust_function::sofc 选项,单击 Add 按钮,然后单击 OK 按钮确认。

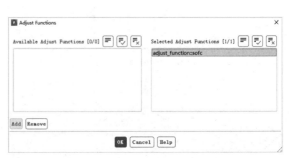

图 18-80 User-Defined Function Hooks 对话框　　图 18-81 Adjust Functions 对话框

（2）选择功能区 User Defined→Scalars 命令，弹出如图 18-82 所示的 User-Defined Scalars（自定义标量）对话框。

在 Number of User-Defined Scalars 中输入 1，在 Flux Function 中选择 none，然后单击 OK 按钮确认。

（3）选择功能区 User Defined→Memory 命令，弹出如图 18-83 所示的 User-Defined Memory（自定义存储）对话框。

在 Number of User-Defined Memory Locations 中输入 13，然后单击 OK 按钮确认。

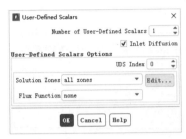

图 18-82　User-Defined Scalars 对话框　　　图 18-83　User-Definde Memory 对话框

（4）选择 Setup→Materials 命令，弹出如图 18-84 所示的对话框，在 Material Type 中选择 solid，在 Name 中输入 electrolyte-material，删除 Chemical Formula 中的公式，在 Density、Cp 和 Thermal Conductivity 中分别输入 5371、585.2、2.2，单击 Change/Create 按钮。

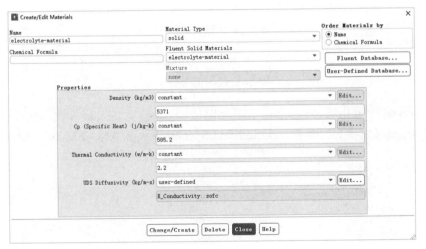

图 18-84　Create/Edit Materials 对话框

在 Name 中输入 anode-material，删除 Chemical Formula 中的公式，在 Density、Cp 和 Thermal Conductive 中分别输入 3030、595.1、6.23，单击 Change/Create 按钮。

在 Name 中输入 cathode-material，删除 Chemical Formula 中的公式，在 Density 和 Thermal Conductivity 中分别输入 4375 和 1.15，在 Cp 中选择 piecewise-linear，单击 Edit 按钮，弹出如图 18-85 所示的 Piecewise-Linear Profile 对话框，在 Points 中输入 2，在 Point 1 的 Temperature 和 Value 中分别输入 1073.15 和 570，在 Point 2 的 Temperature 和 Value 中分别输入 1273.15 和 565，单击 OK 按钮确认，再单击 Change/Create 按钮。

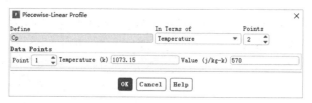

图 18-85 Piecewise-linear Profile 对话框

在 Name 中输入 Current-collector-material，删除 Chemical Formula 中的公式，在 Density、Cp 和 Thermal Conductivity 中分别输入 8900、446、72，单击 Change/Create 按钮。

单击 Fluent Database 按钮，弹出如图 18-86 所示的 Fluent Database Materials（材料数据库）对话框。在 Fluent Fluid Materials 中选择 Hydrogen，单击 Copy 按钮确认，再单击 Close 按钮退出。

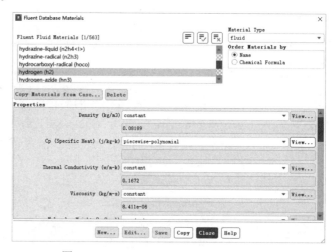

图 18-86 Fluent Database Materials 对话框

在 Material Type 中选择 mixture，单击 Mixture Species 后的 Edit 按钮，弹出如图 18-87 所示的 Species（物质）对话框，在 Selected Species 下添加 h2o、o2、h2、n2，单击 OK 按钮。

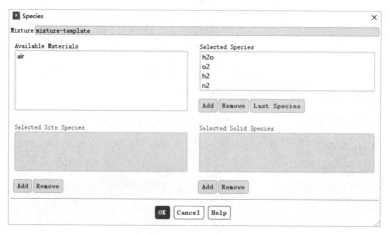

图 18-87 Species 对话框

在 Thermal Conductivity 和 User-Defined Function 中分别选择 user-Defined 和 diffusivity::sofc，单击 Change/Create 按钮。

18.2.6 设置区域条件

（1）选择 Setup→Cell Zone Conditions 命令，弹出如图 18-88 所示的 Cell Zone Conditions（区域条件）面板。

（2）双击 anode 选项，弹出如图 18-89 所示的 Fluid（流体域设置）对话框，在 Source Terms 选项卡中，设置 Mass、h2o、h2 和 Engery 为 udf Source::sofc。

图 18-88　Cell Zone Conditions 面板

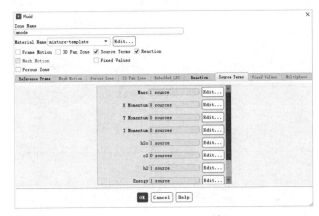

图 18-89　Fluid 对话框

选择如图 18-90 所示的 Porous Zone 选项卡，设置 Direction-1、Direction-2、Direction-3 均为 1e+13，并在 Solid Material Name 中选择 anode-material，在 Fluid Porosity 的 Porosity 中输入 0.3，单击 OK 按钮。

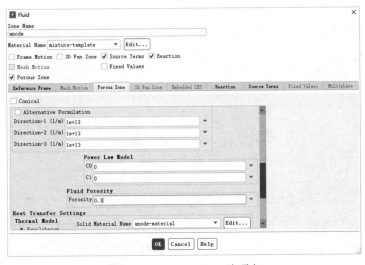

图 18-90　Porous Zone 选项卡

（3）同步骤（2）设置 cathode，在 Solid Material Name 中选择 cathode-material。

（4）双击 anode-cc 选项，弹出如图 18-91 所示的 Solid（固体域设置）对话框，在 Material Name 中选择 current-collector-material，再在 Source Terms 选项卡中设置 Engery 为 udf Source::sofc，单击 OK 按钮。

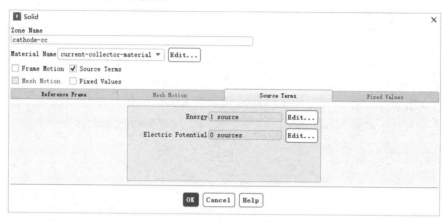

图 18-91　Solid 对话框

18.2.7　边界条件

（1）选择 Setup→Boundary Conditions 命令，弹出如图 18-92 所示的 Boundary Conditions 面板。

（2）在面板中双击 inlet-an 选项，弹出如图 18-93 所示的 Mass-Flow Inlet 对话框。

在 Mass-Flow Rate 中输入 2.48949e-07，在 Direction Specification Method 中选择 Normal to Boundary。

图 18-92　Boundary Conditions 面板

图 18-93　Mass-Flow Inlet 对话框

选择如图 18-94 所示的 Thermal 选项卡，在 Total Temperature 中输入 973。

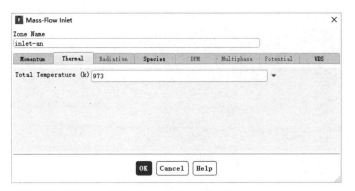

图 18-94　Thermal 选项卡

选择如图 18-95 所示的 Species 选项卡，在 Species Mass Fractions 的 h2o、h2 中分别输入 0.5248 和 0.4752，单击 OK 按钮确认并退出。

图 18-95　Species 选项卡

（3）在 Boundary Conditions 面板中双击 inlet-ca 选项，弹出如图 18-96 所示的 Mass-Flow Inlet 对话框。

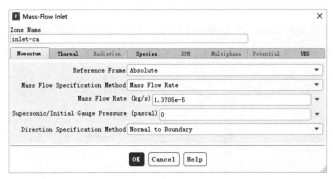

图 18-96　Mass-Flow Inlet 对话框

在 Mass Flow Rate 中输入 1.3705e-05，在 Direction Specification Method 中选择 Normal to Boundary。

选择如图 18-97 所示的 Thermal 选项卡，在 Total Temperature 中输入 973。

选择如图 18-98 所示的 Species 选项卡，在 Species Mass Fractions 的 o2 中输入 0.2329，单击 OK 按钮确认。

图 18-97　Thermal 选项卡

图 18-98　Species 选项卡

18.2.8　求解控制

（1）选择 Solution→Methods 命令，弹出如图 18-99 所示的 Solution Methods（求解方法设置）面板。

在 Gradient 中选择 Green-Gauss Cell Based。

（2）选择 Solution→Controls 命令，弹出如图 18-100 所示的 Solution Controls（求解过程控制）面板，保持默认设置不变。

图 18-99　Solution Methods 面板

图 18-100　Solution Controls 面板

18.2.9　初始条件

选择 Solution→Initialization 命令，弹出如图 18-101 所示的 Solution Initialization（初始化设置）面板。在 Initialization Methods 中选择 Standard Initialization，保持默认值，单击 Initialize 按钮进行初始化。

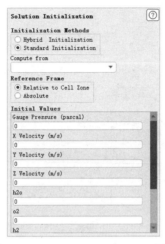

图 18-101　Solution Initialization 面板

18.2.10　求解过程监视

选择 Monitors 命令，弹出如图 18-102 所示 Monitors（监视）面板，双击 Residual 选项，弹出如图 18-103 所示的 Residual Monitors（残差监视）对话框。

在所有残差值中输入 1e-06，单击 OK 按钮确认。

图 18-102　Monitors 面板

图 18-103　Residual Monitors 对话框

18.2.11 计算求解

选择 Solution→Run Calculation 命令，弹出如图 18-104 所示的 Run Calculation（运行计算）面板。

在 Number of Iterations 中输入 200，单击 Calculate 按钮开始计算。

图 18-104 Run Calculation 面板

18.2.12 结果后处理

（1）选择功能区 User-Defined→Custom...命令，弹出如图 18-105 所示的 Custom Field Function Calculation（用户函数定义）对话框，在 Field Functions 中选择 User Defined Scalars 和 Electric Potential，在 New Function Name 中输入 voltage-volts，单击 Define 按钮确认，再单击 Close 按钮关闭对话框。

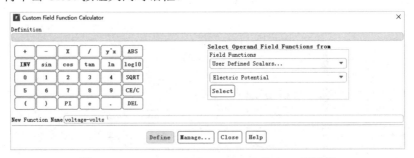

图 18-105 Custom Field Function Calculator 对话框

（2）选择 Results→Graphics 命令，弹出如图 18-106 所示的 Graphics and Animations（图形和动画）面板，双击 Contours 选项，弹出如图 18-107 所示的 Contours（等值线）对话框。

在 Contours of 中选择 Custom Field Functions 和 current-density-amp/m2，在 Options 中选择 Filled，在 Surfaces 中选择 wall-electrolyte-cathode，单击 Display 按钮，显示如图 18-108 所示的云图。

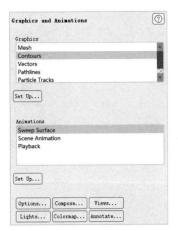

图 18-106　Graphics and Animations 对话框

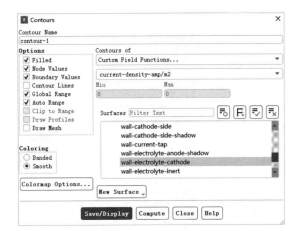

图 18-107　Contours 对话框

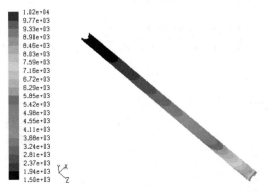

图 18-108　电流强度云图

在 Contours of 中选择 Custom Field Functions 和 nernst voltage volts，在 Options 中选择 Filled，在 Surfaces 中选择 wall-electrolyte-cathode，单击 Display 按钮，显示如图 18-109 所示的云图。

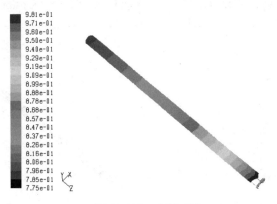

图 18-109　电压云图

在 Contours of 中选择 Custom Field Functions 和 activation-overpotential-volts，在 Options 中选择 Filled，在 Surfaces 中选择 wall-electrolyte-cathode，单击 Display 按钮，显

示如图18-110所示的云图。

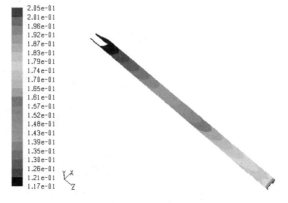

图18-110　活化超电势云图

在Contours of中选择temperature，在Options中选择Filled，在Surfaces中选择wall-electrolyte-cathode，单击Display按钮，显示如图18-111所示的云图。

图18-111　温度云图

在Contours of中选择Species和mass fraction of h2，在Options中选择Filled，在Surfaces中选择wall-electrolyte-cathode，单击Display按钮，显示如图18-112所示的云图。

图18-112　氢气组分云图

18.3 本章小结

在电器行业中，CFD 模拟分析的应用具有良好的发展势头，无论是对电器设备的优化设计，还是提高制造工艺水平，CFD 仿真模拟都将发挥重要的作用。通过本章的学习，读者可以掌握 Fluent 模拟分析的基本操作和在电器行业应用的主要分析方法，对 Fluent 模拟分析有更进一步的认识。